"十二五"职业教育国家规划教材
经全国职业教育教材审定委员会审定

21世纪高职高专规划教材
网络专业系列

网络工程
与综合布线

邓文达　唐铁斌　主编

邱春荣　王华兵　邓宁　副主编

U0378264

清华大学出版社
北京

内 容 简 介

本书以一个计算机网络工程建设过程为例,详细阐述了以网络基础设施建设为主体的网络工程建设的全过程,包括网络工程的需求分析、勘测设计、工程概预算、图纸绘制、工程实施、测试和验收以及网络工程招标和投标等内容,密切联系实际,内容丰富翔实。为了便于行动导向教学,本书将整个计算机网络工程建设项目分解成相应的 7 个子项目,还设计了一些面向实际的拓展实训项目。通过每个子项目的完成过程来介绍网络工程建设的全过程,能有效帮助学生将所学知识应用到实践中去。

本书可以作为高等学校计算机网络技术及相关专业的教材,也可作为培训教材或供在职人员参考。

图书在版编目(CIP)数据

网络工程与综合布线/邓文达,唐铁斌主编. --北京:清华大学出版社,2015(2022.8重印)
21 世纪高职高专规划教材. 网络专业系列
ISBN 978-7-302-38808-1

Ⅰ. ①网… Ⅱ. ①邓… ②唐… Ⅲ. ①计算机网络-高等职业教育-教材 ②计算机网络-布线-高等职业教育-教材 Ⅳ. ①TP393

中国版本图书馆 CIP 数据核字(2015)第 008200 号

责任编辑:孟毅新
封面设计:常雪影
责任校对:袁 芳
责任印制:曹婉颖

出版发行:清华大学出版社
      网 址:http://www.tup.com.cn,http://www.wqbook.com
      地 址:北京清华大学学研大厦 A 座　　　　邮 编:100084
      社 总 机:010-83470000　　　　　　　　　邮 购:010-62786544
      投稿与读者服务:010-62776969,c-service@tup.tsinghua.edu.cn
      质量反馈:010-62772015,zhiliang@tup.tsinghua.edu.cn
      课件下载:http://www.tup.com.cn,010-62795764
印 装 者:三河市金元印装有限公司
经 销:全国新华书店
开 本:185mm×260mm　　　印 张:19.25　　　字 数:442 千字
版 次:2015 年 2 月第 1 版　　　　　　　　　印 次:2022 年 8 月第 7 次印刷
定 价:59.00 元

产品编号:060634-02

前 言

随着互联网在我国的迅速普及,越来越多的企事业单位已经或者正在组建自己的网络。并且,已有的网络也随时面临着升级改造等问题。计算机网络的建设是一个涉及面广、技术复杂、专业性较强的系统工程,需要掌握专门的知识和技能才能完成。

本书力求根据高职高专学生的特点和培养目标,深入浅出地介绍计算机网络工程设计和建设的全过程,使读者对网络工程有较为全面的了解,指导读者从事网络工程各个阶段的工作。

本书的编写经过了行业企业的充分调研。教材按照网络工程的实施过程编写,根据网络工程的不同实施阶段确定课程的教学单元,采用真实的网络工程项目来提供教学情境,线索清晰,目的明确,体现真实的工作工程,充分实现了对学生职业能力的培养。本书特点如下。

(1) 将网络工程的建设过程根据不同的建设阶段分解成相应的项目,采用适合行动导向教学法进行教学。

(2) 本书的所有项目均来自实际的网络工程,具有较强的指导意义。

(3) 提供实训指导,便于学生在学习的过程中锻炼网络工程建设的各个环节需要的动手能力。

全书共分8个子项目,项目1介绍有关的预备知识,之后是将一个由计算机网络工程建设过程分解的网络工程需求分析、勘测设计、工程概预算、图纸绘制、工程实施、测试和验收以及网络工程招标和投标7个子项目,力求通过项目完成的过程来掌握网络工程建设的全过程,将所学知识应用到实践中去,同时锻炼表达能力和沟通协调能力。

本书由邓文达、唐铁斌任主编,邱春荣、王华兵、邓宁任副主编。项目1由长沙民政职业技术学院软件学院陶志勇编写,项目2由长沙民政职业技术学院图书信息中心王兆平编写,项目3和项目6由长沙民政职业技术学院软件学院唐铁斌编写,项目4由长沙民政职业技术学院软件学院邱春荣编写,项目5由长沙民政职业技术学院软件学院邓文达编写,项目7由北京市应用高级技术学校邓宁编写,项目8由长沙民政职业技术学院软件学院王华兵编写,网络工程项目案例由绿叶通信网络有限公司喻雄辉及湖南世纪凌云系统集成有限公司张佑明提供。邓文达和唐铁斌负责全书的统稿工作。

在编写过程中,我们得到了长沙民政职业技术学院软件学院及图书信息中心许多老师的大力支持,也得到了南京建策科技股份有限公司、杭州华三通信技术有限公司、湖南绿叶通信网络有限公司、湖南世纪凌云系统集成有限公司等企业的积极协助,还参考了大量的相关书籍和技术资料,在此表示深深的感谢!

　　本书可以作为普通高等学校计算机网络技术及相关专业的教材,也可以作为培训教材或供在职人员参考。

　　由于计算机网络技术的不断发展,编者水平有限,不足之处在所难免,恳请读者指正。

编　者

2015 年 1 月

目 录

项目1 预备知识 ……………………………………………………………………… 1

1.1 计算机网络布线工程概述 ……………………………………………… 1
1.1.1 什么是网络工程 ………………………………………………… 1
1.1.2 网络工程的建设目标 …………………………………………… 2
1.1.3 网络工程的建设步骤 …………………………………………… 2
1.1.4 网络工程的实施要求 …………………………………………… 3
1.1.5 网络工程的文档管理 …………………………………………… 5
1.2 网络布线工程基础知识 ………………………………………………… 9
1.2.1 综合布线系统的特点 …………………………………………… 10
1.2.2 综合布线系统的运用场合 ……………………………………… 11
1.2.3 综合布线系统的组成 …………………………………………… 12
1.3 本书项目说明 …………………………………………………………… 13
1.3.1 项目建设背景 …………………………………………………… 13
1.3.2 项目招标书 ……………………………………………………… 13
1.3.3 项目分解说明 …………………………………………………… 14

项目 2 网络工程需求分析 …………………………………………………………… 15

2.1 知识引入 ………………………………………………………………… 15
2.1.1 什么是需求分析 ………………………………………………… 15
2.1.2 综合布线系统的需求分析 ……………………………………… 16
2.2 任务 1：教学实训楼网络布线需求调查 ……………………………… 20
2.2.1 网络布线需求调查的方法 ……………………………………… 20
2.2.2 需求说明书 ……………………………………………………… 21
2.3 任务 2：教学实训楼网络应用需求调查 ……………………………… 22

项目 3 网络布线工程勘测与设计 …………………………………………………… 24

3.1 知识引入 ………………………………………………………………… 24
3.1.1 网络布线工程系统设计基础 …………………………………… 24

　　　　3.1.2　网络布线工程设计原则与步骤 ················· 43

　　3.2　任务 1：网络布线工程现场勘测内容 ·················· 45

　　3.3　任务 2：工作区子系统设计 ·························· 49

　　3.4　任务 3：配线子系统设计 ···························· 52

　　3.5　任务 4：干线子系统设计 ···························· 60

　　3.6　任务 5：设备间设计 ······························· 66

　　3.7　任务 6：进线间设计 ······························· 68

　　3.8　任务 7：管理子系统设计 ···························· 69

　　3.9　任务 8：建筑群子系统设计 ·························· 77

　　3.10　任务 9：布线防护系统设计 ························· 82

项目 4　网络布线工程图纸绘制 ····························· 86

　　4.1　知识引入 ······································· 86

　　　　4.1.1　图纸绘制目标和要求 ························· 86

　　　　4.1.2　图纸绘制常用软件 ·························· 92

　　　　4.1.3　AutoCAD 2010 ···························· 94

　　　　4.1.4　图纸绘制基本方法 ·························· 97

　　　　4.1.5　绘图辅助工具 ····························· 104

　　　　4.1.6　图形的常用编辑 ··························· 108

　　　　4.1.7　块的定义 ································ 120

　　　　4.1.8　文字和表格 ······························ 124

　　　　4.1.9　尺寸标注 ································ 128

　　　　4.1.10　图形的布局和输出 ························· 129

　　4.2　典型网络布线工程路由图绘制 ······················ 137

　　4.3　知识能力拓展 ···································· 152

　　　　拓展训练：复杂网络布线工程路由图绘制 ················· 152

　　4.4　课后习题 ······································ 156

项目 5　网络布线工程概算、预算 ·························· 157

　　5.1　知识引入 ······································· 157

　　　　5.1.1　预算定额 ································ 157

　　　　5.1.2　概算、预算相关信息的具体确定 ················· 166

　　　　5.1.3　建筑安装工程量概算、预算表（表三）·············· 170

　　　　5.1.4　器材/设备概算、预算表（表四）················· 175

　　　　5.1.5　建筑安装工程费概算、预算表（表二）·············· 178

　　　　5.1.6　工程建设其他费概算、预算表（表五）·············· 181

　　　　5.1.7　表一和项目费用汇总表 ······················ 183

　　5.2　任务 1：某公司办公楼网络布线工程概算、预算 ············ 186

5.2.1 已知条件 ·· 186

5.2.2 施工图预算编制 ·· 187

5.3 任务 2：复杂网络布线工程概算、预算 ·································· 190

5.3.1 已知条件 ·· 190

5.3.2 施工图预算编制 ·· 190

5.4 课后习题 ··· 193

项目 6 网络布线工程实施 ·· 194

6.1 知识引入 ··· 194

6.1.1 布线材料与布线工具 ··· 194

6.1.2 施工前的准备工作 ·· 230

6.1.3 管槽系统施工 ··· 232

6.1.4 机柜、机架及内部设备的安装 ······································ 235

6.1.5 双绞线施工 ·· 236

6.1.6 光缆施工 ··· 245

6.2 项目任务 ··· 248

6.2.1 任务 1：PVC 线槽、线管明安装 ·································· 248

6.2.2 任务 2：跳线的制作和信息模块的安装 ·························· 251

6.2.3 任务 3：光纤熔接 ·· 255

6.3 知识能力拓展 ··· 260

6.3.1 拓展训练 1 ·· 260

6.3.2 拓展训练 2 ·· 260

项目 7 网络布线工程测试与验收 ·· 261

7.1 知识引入 ··· 261

7.1.1 布线工程测试的类型 ··· 261

7.1.2 布线工程测试的标准 ··· 262

7.1.3 电缆传输通道认证测试 ·· 265

7.1.4 光纤传输通道认证测试 ·· 268

7.1.5 布线工程验收 ··· 270

7.2 项目任务 ··· 277

任务：使用 DTX 测试双绞线链路 ·· 277

7.3 知识能力拓展 ··· 281

拓展训练：工程项目测试验收 ··· 281

项目 8 招投标及其相关法规 ·· 283

8.1 知识引入 ··· 283

8.1.1 招标投标法的有关规定 ·· 283

8.1.2　系统集成资质……………………………………………………… 286

8.1.3　招标和投标的步骤………………………………………………… 288

8.1.4　招标和投标过程中相关文档的编写……………………………… 289

8.2　项目任务 ……………………………………………………………………… 296

任务：编写某高校图书馆综合布线系统项目招标书 ………………… 296

参考文献……………………………………………………………………………… 299

预 备 知 识

当今社会,计算机网络已经与人们的工作、学习和生活密不可分。不管是家庭,政府机构还是企事业单位,已建有或即将建设自己的计算机网络。建立一个计算机网络是一个涉及面广、技术复杂、专业性较强的系统工程,不同的用户对计算机网络的建设目标也不一样。这就需要根据用户的需求科学地设计,采用工程化的理念,有序地建设。

1.1 计算机网络布线工程概述

1.1.1 什么是网络工程

为了规范网络建设的过程,国际与国内都制定了相关的标准。所谓网络工程就是按照相关国家标准和国际标准进行计算机网络建设的全过程。

在网络工程建设过程中,通常把需要建设计算机网络的单位称为网络工程的用户或建设方,将进行网络工程设计的单位称为设计方,将进行网络工程建设施工的单位称为施工方。设计方和施工方也可以是同一个单位。有时还需要有第三方,通常是监理方。网络工程监理是指在网络工程建设中,监理方给建设方提供前期咨询、网络方案论证、系统集成商的确定、网络工程质量控制等一系列的服务,帮助建设一个性价比最优的网络系统。

一般来说,网络工程的建设包含两个方面的内容。

(1)网络基础设施的建设。这包括网络布线系统架设的以及网络互联设备如交换机、路由器等的安装和配置。

(2)网络应用服务的提供。这包括网站建设,网络应用系统如办公系统,邮件服务,以及网络安全管理,如安全监控,用户行为管理等应用服务的部署。

但是,随着物联网技术的不断发展,越来越多的其他应用系统接入计算机网络,成为网络工程建设的一部分,例如门禁系统、视频监控系统、一卡通系统等。

这就赋予了网络工程建设更广泛的含义。网络工程建设不是一件简单的事情,要根据用户的需求,将各种硬件和软件系统集成、组合成一体,它包括网络工程的设计和网络工程的实施两个方面。在网络工程设计的时候往往要采用系统集成的方法;网络工程的实施则是运用系统集成技术,在项目管理方法和理论的指导下,对网络工程所涉及的全部工作进行有效实施的过程。网络工程的建设常由系统集成公司来完成。

这也赋予了网络工程师这个职位更广泛的内涵。从事网络硬件安装、设备配置、系统部署、软件开发的各种专业技术工作的职位都被称为网络工程师。

本书将聚焦网络基础设施建设部分，以网络布线工程的建设为例，介绍网络工程建设的流程和项目管理的方法，并着重介绍网络布线工程所涉及的主要内容。

1.1.2　网络工程的建设目标

一个单位要建设计算机网络总是有自己的目的，而且，不同的计算机网络的建设目标也不尽相同。通常，计算机网络工程建设的目标如下。

(1) 建成实用、先进、安全的计算机网络平台。

(2) 提高资源管理水平，提高生产效率。

(3) 促进信息共享，宣传企业形象。

(4) 提供电子商务、电子政务等功能。

(5) 提供多种应用服务。

网络工程的建设目标也决定了要选用什么样的网络技术以及网络设备，采用什么样的拓扑结构，安装何种网络应用系统。因此，在网络工程设计时，首先要明确网络工程建设的目标。

一个网络工程在建设前，要按照国家的有关规定进行招标、投标。

建设方在网络工程招标时，应慎重选择经验丰富、售后服务良好的系统集成商。优秀的系统集成商能准确处理系统全方位的规划和集成。现在各种各样的公司很多，在选择系统集成商时主要有以下 6 个方面。

(1) 系统集成商的技术力量及技术支持水平。

(2) 做过的工程及其效果，必要时可进行实地考察。

(3) 服务质量，包括维护服务。

(4) 价格，主要是性能价格比。

(5) 系统集成商在理论研究和应用方面具有的特色。

(6) 公司的资质，所具有的国家信息产业部认定的系统集成资格水平。

系统集成不是简单的硬件和软件的堆积，而是在系统整合、优化过程中为满足客户需求的增值服务的业务，是一个价值再创造的过程。承揽计算机网络工程的系统集成商，必须具有与所承揽的计算机网络工程相符合的系统集成资质。

要参与网络工程投标的系统集成商应根据建设方的实际情况，网络工程招标项目的目标与特点以及实现的功能和技术要求，对项目方案的设计、设备的选型、技术的采用以及工程的实施过程进行详细的设计，并写出书面的投标书。

网络工程建设应依照中标的设计方的网络工程设计进行施工，并按照设计要求进行测试和验收。

1.1.3　网络工程的建设步骤

网络工程的建设过程中，工程的建设方和施工方，要遵守国家的相关法律、法规，遵循相关国家标准和国际标准，完成计算机网络工程的设计、施工、验收等工作。

计算机网络工程的建设过程可以被分解为几个顺序执行的阶段,每一个阶段都有明确的目标和任务,只有完成了本阶段的目标才能进入下一阶段,它们之间基本是线性的顺序关系,对于每一个阶段都要进行严格的控制,才能确保实现网络工程的建设目标。图 1-1 所示为网络工程建设过程模型。

图 1-1　网络工程建设过程模型

网络工程准备阶段进行工程立项等工作,主要是明确建设目标及要求,根据有关规定进行招投标等工作。需求分析阶段进行用户的需求调查,并进行相应的需求分析,掌握实际的用户需要,编写需求分析报告。网络工程设计阶段根据需求分析报告进行网络的设计。网络工程实施阶段依据工程设计方案进行工程实施。验收测试阶段进行系统测试和验收,测试和验收完毕,网络工程才可以交付使用。使用维护阶段进行网络工程的管理和维护。

1.1.4　网络工程的实施要求

网络工程项目的建设要在科学方法的指导下,根据用户的需求,采用适合的技术以及性能价格比高的产品,整合用户原有网络的功能和要求,提出科学、合理、实用的网络工程方案,然后按照方案将网络硬件设备、网络布线系统、网络应用软件和其他应用系统等组织成一体化的网络环境平台和资源应用平台,并按照网络工程项目管理的要求,对项目进行监控、测试和验收,使工程能满足网络设计的目标,满足用户的需要。

计算机网络工程必须按照国家的相关规范和国际标准实施。网络工程的施工方必须组成专门的项目班子,对网络工程实施的进度和工程质量进行严格的控制和管理。

1. 项目班子

网络工程的施工方为了确保工程项目顺利实施,应设立一个项目经理。项目经理负责整个项目的总体组织和协调工作,其下可设设备材料管理小组、施工管理小组、安装调试小组、培训小组等工作小组,分别负责相关的工作。各小组可设立组长一名。

（1）项目经理

项目经理负责网络工程项目计划的拟定及实施、施工过程的控制及管理。项目经理必须落实施工方案,对工程进度、质量、安全和成本负总责,管理整个施工团队,协调用户关系,解决施工现场出现的各种技术问题。

（2）设备材料管理小组

设备材料管理小组负责设备、材料的订购、运输和到货、验收等工作。

（3）施工管理小组

施工管理小组负责编制分项工程的详细实施计划,包括网络综合布线系统的实施、分项工程的施工质量和进度控制、布线系统测试、提交施工阶段总结报告等工作。

（4）安装调试小组

安装调试小组负责网络设备的安装调试，包括操作系统、网络管理系统、计费系统、各种网络应用系统的安装调试以及初始化数据的建立等工作。

（5）培训小组

培训小组负责编制详细的培训计划，包括培训教材的编写以及培训计划的实施，培训效果反馈意见的收集、分析整理、问题解决，提交培训总结报告等工作。

2. 施工进度

对网络工程项目要科学地进行计划、安排、管理和控制，使项目按时完工。为了对施工进度进行控制和协调，可以用甘特图或者波特图画出施工进度表（如表 1-1 所示为布线系统施工进度计划表）。

表 1-1　布线系统施工进度计划表

时间 / 项目	1	2	3	4	5	6	7	8	9	10
材料采购	▬	▬	▬	▬	▬	▬				
线管预埋		▬	▬	▬	▬	▬				
底盒预埋			▬	▬	▬	▬				
线缆布线			▬	▬	▬	▬	▬			
模块配线架端接						▬	▬			
系统测试							▬	▬		
系统验收									▬	
培训										▬

在制定施工进度表时要留有适当的余地，施工过程中意想不到的事情，随时可能发生，需要立即协调。

3. 质量管理

计算机网络工程施工主要包括布线施工、设备安装调试、Internet 接入、建立网络服务等内容。它要求有高素质的施工管理人员，有施工计划、施工和装修的安排协调、施工中的规范要求和施工测试验收规范要求等。施工现场指挥人员必须要有较高的素质，其临场决断能力往往取决于对设计的理解以及布线技术规范的掌握。

质量管理是关键，必须严格按照相关国家和国际标准进行施工。计算机网络工程施工的过程应按照 ISO 9000 或者软件过程能力成熟度模型 CMM 等标准、规范建立完备的质量保证体系,并能有效地实施。可以根据需要,请网络工程监理方负责网络工程质量控制。

1.1.5 网络工程的文档管理

计算机网络工程文档是描述计算机网络建设全过程的相关文档,它是网络工程建设的一部分。网络工程文档体现了网络工程的建设过程。在网络工程的实施过程中,文档资料的管理是整个项目管理的一个重要组成部分,必须根据相关的文档资料管理规范进行规范化的管理。

1. 文档的重要性

网络工程文档既要作为工程设计实施的技术依据,又要作为工程竣工后的历史资料文档,还要作为整个系统的未来维护、扩展、故障处理的客观依据,因此,具有十分重要的意义。网络工程文档的作用主要体现在以下 5 个方面。

(1) 提高系统设计过程的能见度。把网络工程设计的思想变成文字资料,便于管理人员检查网络工程实施的进展情况。

(2) 提高设计效率。大型的网络工程设计往往被分解为若干不同的任务,由不同的技术人员去完成。这些技术人员之间交流和联系正是通过网络工程文档来进行的。这样,极大地提高了网络工程设计的效率。

(3) 质量审查和评价的依据。网络工程有没有达到建设目标,其性能如何? 网络工程的质检人员或监理方可以根据网络工程文档所提供的信息评价网络工程的建设质量。

(4) 在工作和人员协调中发挥作用。当不同部门工作交接或者工作人员变动时,由于网络工程文档的存在,可以很方便地实现工作交接而不至于使网络工程建设发生停顿。

(5) 它是系统运行和维护、培训的重要依据。网络工程文档提供了网络工程有关运行、管理和维护的信息,使得用户可以方便地依据它对计算机网络系统进行管理和维护。

2. 文档的分类

可以将网络工程文档分为工程准备阶段文档、工程进行中文档和工程完成后文档 3 大类。

(1) 工程准备阶段文档

工程准备阶段文档包括需求分析报告、设计技术方案、项目进度表等,主要负责对网络工程设计的过程进行规范。它详细记录网络工程设计的有关信息,为跟踪网络工程的建设进度提供依据,同时也为将来维护和管理计算机网络系统提供支持。

(2) 工程进行中文档

工程进行中文档是网络工程实施过程的真实记录,是系统验收、系统维护的重要参考资料。工程进行中文档包括工程实施组织方案、设备到货验收记录、设备安装调试报告、设计变更文件、测试记录等。

(3) 工程完成后文档

工程完成后文档包括工程中所有技术参数、图、表、拓扑结构、接口、协议、配线、权限、地址等,以及操作手册、维护手册等文档,主要负责对网络系统的使用和维护等信息进行描述。有了它,即使没有参与网络工程建设的技术人员也可以根据它使用和维护所建成的计算机网络系统;网络工程的建设方还可以用它对用户进行培训。

3. 网络工程的主要文档

网络工程文档目前在国际上并没有统一的标准,各个公司所提供的文档内容也不一样。

在一个网络工程建设前,要进行招标,因此需要公布招标公告以及网络工程招标文件。前来投标的系统集成公司要提交投标函,并提供投标技术文件。开标后,中标的系统集成公司要组织网络工程的施工。为了保证施工正常进行,开工协调会是十分重要的。应将开工协调会记录下来,整理成开工协调会会议纪要。开工协调会上,施工方要提供项目实施计划书,各方签署开工协议书。开工后,在网络工程施工过程中,施工方要随时记录网络工程建设进度,网络布线要随布随测,记录测试结果。网络工程完工时,网络工程的建设方要组织验收,写出网络工程验收报告,施工方应提交网络工程技术文档。下面就对网络工程中主要的文档进行简要的介绍。

1) 网络工程招标文件

网络工程招标文件要说明网络工程建设的具体要求,招标文件应包括以下内容。

(1) 投标须知

① 项目说明,简要说明本项目的基本情况。

② 投标文件的编写要求,说明编写投标文件的格式,内容要求等。

③ 投标文件的递交,说明投标文件的递交方式,时间,联系人等。

④ 开标和评标,说明开标日期和评标依据。

(2) 合同特殊条款

合同特殊条款对有特殊要求的内容进行专门规定。例如:

① 招标内容,说明本次招标的具体内容。

② 技术资料,说明对技术资料的要求。

③ 设备安装与验收,说明对设备安装的要求、验收的时间、方式等内容。

④ 特殊工具,说明对本工程中使用的特殊工具的要求。

⑤ 质量保证,说明对工程质量保证的要求。

⑥ 备品备件,说明对备用品的型号、数量的具体要求。

⑦ 售后服务,说明对售后服务的具体要求。

⑧ 交货时间、地点及验收时间,说明对交货时间地点、验收时间的要求。

⑨ 付款方式,说明付款方式,如为分次付款,支付比例、时间等内容。

⑩ 特殊约定,说明其他特殊约定的事项。

(3) 技术规格及要求

① 总的建设原则。

② 应用范围及作用。

③ 技术参数及其他要求。

(4) 部分参考设备配置清单

略。

(5) 信息点统计与分布图

略。

2）投标技术方案

投标技术方案是网络工程设计的主要技术文档之一，它应说明网络工程的建设目标，以及为达到设计目标所采取的具体的技术方案。投标技术方案一般包括以下内容。

（1）本公司概况，简要介绍参与投标的网络系统集成公司的基本情况，资质等。

（2）网络工程建设目标，简要描述本网络工程项目的建设目标。

（3）用户需求分析报告及网络设计原则，根据需求调查的结果得出需求分析的结论，并简要描述本项目设计所依据的原则。

（4）网络拓扑结构设计及网络设备的选型，画出网络拓扑结构设计图，说明所选用的网络设备及依据。

（5）网络应用系统的设计及网络服务器的选型，描述所需要的网络应用系统及其设计方案，说明所选用的服务器及依据。

（6）网络布线系统设计。

① 网络布线方案选择，简要描述所选择的网络布线方案。

② 网络布线方案设计，画出网络布线方案设计图。

③ 数据线缆选择，说明选择的数据线缆及依据。

④ 网络配套设备选择，说明选用的网络配套设备及依据。

⑤ 布线材料计算和分析，估算所需要的材料数量。

（7）Internet 接入、网络安全及管理。

① Internet 接入设计，描述如何将网络接入 Internet。

② 网络安全及管理，描述网络安全设计和管理方案。

③ 网络中心的设计及管理方案。

（8）系统报价，给出系统报价。

（9）项目实施计划。

① 系统集成工程实施进度计划。

② 组织机构，描述项目组成员以及分工情况。

（10）售后服务和培训计划。

① 培训计划，对建设单位的相关人员进行培训的内容和计划。

② 技术支持及售后服务方案，以支持建设单位正常使用和维护网络。

3）开工协调会会议纪要

网络工程在开工前，应召集有关各方，组织开工协调会，协商与工程开工有关的各项事宜，包括各方的工作任务分配、工程的进度计划等。网络工程的相关各方要在开工协调会上一起制订《开工协议书》、《工程进度计划表》。应将开工协调会的主要内容记录下来，如表 1-2 所示。

4）项目实施计划书

项目实施计划书应包括项目实施方案，项目实施进度计划，设备安装调试计划，材料、人力资源，各类工具及辅材需求量计划，综合布线计划，网络设备安装配置计划，测试验收计划等。将各项计划列入项目实施计划表，如表 1-3 所示。

表 1-2　开工协调会会议纪要

开工协调会会议纪要				
工程名称			合同号	
工程督导				
会议时间				
会议地点				
用户方参加人员				
施工方参加人员				
内容概要				

表 1-3　项目实施计划表

项目名称				合同编号	
合同要求完成时间		计划完成时间		编制日期	
	时间	工作内容	人员	备注	
设计阶段					
	时间	工作内容	人员	备注	
施工阶段					
	时间	工作内容	人员	备注	
验收阶段					
文档输出					
编制		审核		批准	

5）网络工程验收报告

网络工程验收报告的内容包括系统验收计划,系统的验收依据和验收标准,验收内容、时间、地点、参加人员等;网络系统测试报告包括综合布线系统、网络设备、网络应用系统等测试报告以及网络性能分析报告;系统验收记录用于记录验收的过程、结果以及验收结论。表 1-4 所示为网络工程验收表。

表 1-4　网络工程验收表

项目名称：		
客户单位：		
验收地点：		
验收时间：	合同额	
提交的验收文档		
验收评定		
验收人员签字		
客户单位盖章：	施工单位盖章：	

6）系统集成技术文档

验收通过后，网络工程可以交付使用。这时，施工方应向建设方提供该工程的技术文档。系统集成技术文档应包括以下内容。

（1）网络设备清单及连接材料清单。

（2）端口、虚拟网划分和 IP 地址分配情况。

（3）网络设备的安装和配置指导。

（4）服务器的安装和配置指导。

（5）网络拓扑图。

（6）其他有关文档。

1.2　网络布线工程基础知识

网络布线工程是计算机网络工程的一个重要组成部分。随着网络融合的进程不断加快，网络早已不再专指计算机网络，网络布线也早就不仅是指计算机网络布线。早在 20 世纪 80 年代，智能建筑开始在世界各地兴起，将各种应用系统交给计算机控制，实现大楼的暖气、给排水、消防、保安、供电、照明等系统自动化综合管理,计算机网络布线已经与电信、电视以及大楼综合控制系统合并而成为综合布线系统。因此,在本书中后续将不再对计算机网络布线和综合布线的概念进行区分。

1.2.1　综合布线系统的特点

综合布线和传统的布线相比较,有许多优越性,是传统布线无法企及的,在设计、施工和维护等方面也带来了许多方便。

1. 兼容性

综合布线的首要特点是它的兼容性,可以适用于多种应用系统。

过去的布线方法是将各种各样设施的布线分别进行设计和施工,如电话、消防、安全报警系统、能源管理系统等都是独立进行的。一座自动化程度较高的大楼内,各种线路的密集度也较高,拉线时在墙上打洞、在室外挖沟,真可谓"填填挖挖挖挖填,修修补补补补修",不但造成难以管理,布线成本高,而且功能不足,不适应形势发展的需要。

而且,为一幢大楼或一个建筑群内的语音或数据线路布线时,往往是采用不同厂家生产的电缆线、配线架、插座及插头等。例如,电话交换机系统通常采用四芯双绞线,而计算机系统通常采用 8 芯双绞线。这些不同的设备用不同的线缆,各自的插头、插座等也互不相同,并且互相不能兼容。一旦改变电话机或计算机的位置,就要另外布线。

综合布线将语音、数据与监控设备的信号线经过统一的规划和设计,采用相同的传输介质、信息插座、连接设备、适配器等,把这些不同信号综合到一套标准的布线中。由此可见,综合布线比传统的布线大为简化,可以节约大量的物资、时间和空间。

在使用时,用户可不必定义某个工作区的信息插座的具体应用,只把某种终端设备(如计算机、电话、视频设备等)插入这个信息插座,然后在管理间和设备间的连接设备上做接线操作,这个终端设备就被接入自己的系统中了。

2. 开放性

对于传统的布线方式,只要用户选定了某种设备,也就选定了与之相适应的布线方式和传输介质。如果更换另一种设备,那么原来的布线就要全部更换。可以想象,对于一个已经完工的建筑,这种变化是十分困难的,而且要增加很多投资。

综合布线由于采用开放式体系结构,符合多种国际现行标准,因此它几乎对所有著名厂商的产品都是开放的,如计算机、交换机等设备,并支持所有通信协议。

3. 灵活性

传统的布线方式是封闭的,其体系结构是固定的,若要移动设备或是增加设备,是相当麻烦的。

综合布线采用标准的传输线缆和相关连接硬件,模块化设计。因此,所有通道都是通用的。所有设备的开通及更改均不需要改变布线,只需增减相应设备以及在配线架上进行必要的跳线管理即可。另外,组网也可以灵活多样,为用户组织信息流提供了方便。

4. 可靠性

传统的布线方式中,由于各个应用系统互不兼容,因而在一个建筑物中往往要有多种布线方案。因此,建筑系统的可靠性要由所选用的布线可靠性来保证。当有应用系统布线不当时,会造成交叉干扰。

综合布线采用高品质的材料和组合压接的方式构成一套高标准的信息传输通道,相关线缆和连接部件都通过 ISO 国际认证,每条通道都要采用专用仪器测量其电气特性,应用系统布线全部采用点到点连接,任何一条链路故障均不影响其他链路的运行,为链路的运行维护和故障维修都提供了方便,从而保障了系统的可靠运行。各个应用系统采用相同的传输介质,因此可以互为备用,提高了备用冗余。

5. 先进性

综合布线采用光纤与双绞线混合布线方式,极为合理地构成了一套完整的布线。所有布线均采用世界上最新的通信标准,链路全部使用 8 芯双绞线。通常 5 类双绞线的最大数据传输速率可以达到155Mbps,对于特殊用户的需求可以把光纤引到桌面。干线语音部分用对数电缆,数据部分用光缆,为同时传输多路实时多媒体信息提供了足够的容量。

6. 经济性

综合布线在经济性方面比传统的布线系统也有其优越性。

传统布线使用的线材比综合布线的线材便宜,但由于综合布线是将原来的相互独立、互不兼容的若干种布线系统,集中成为一套完整的布线系统,并由一个施工单位可以完成几乎全部弱电电缆的布线。这样可省去大量的重复劳动和设备占用,使布线周期大大缩短。而且在统一布线情况下,统一安排线路走向和统一施工可减少使用大楼的空间,美观大方。

由上可知,综合布线系统较好地解决了传统布线存在的许多问题。随着科学技术的迅猛发展,人们对信息资源共享的要求越来越迫切,越来越重视能够同时提供语音、数据和视频传输的集成通信网。因此,综合布线取代单一、昂贵、繁杂的传统布线,是信息时代的要求,是历史发展的必然趋势。

1.2.2　综合布线系统的运用场合

由于现代化的智能建筑和建筑群体的不断涌现,综合布线系统的适用场合和服务对象逐渐增多,目前主要有以下几类。

(1) 商业贸易类型,如商务贸易中心、金融机构(如银行和保险公司等)、高级宾馆饭店、股票证券市场和高级商城大厦等高层建筑。

(2) 综合办公类型,如政府机关、群众团体、公司总部等办公大厦,办公、贸易和商业兼有的综合业务楼和租赁大厦等。

(3) 指挥调度类型,如航空港、火车站、长途汽车客运枢纽站、江海港区(包括客货运站)、城市公共交通指挥中心、出租车调度中心、邮政枢纽楼、电信枢纽楼等公共服务建筑。

(4) 新闻机构类型,如广播电台、电视台、新闻通讯社、书刊出版社及报社业务楼等。

(5) 其他重要建筑类型,如医院、急救中心、气象中心、科研机构、高等院校和工业企业的高科技业务楼等。

此外,在军事基地和重要部门(如安全部门等)的建筑以及高级住宅小区等也需要采用综合布线系统。在 21 世纪,随着科学技术的发展和人类生活水平的提高,综合布线系统的应用范围和服务对象会逐步扩大和增加。例如,在智能化居住小区(又称智能化社区)方面,我国建设部计划在全国建成一批高度智能化的住宅小区技术示范工程,以便向全国推广。从以上所述和建设规划来看,综合布线系统具有广泛使用的前景,为智能化建筑中实现传送各种信息创造有利条件,以适应信息化社会的发展需要,这已成为时代发展的必然趋势。

1.2.3　综合布线系统的组成

综合布线系统伴随着智能大厦的发展而崛起,是智能大厦得以实现的"高速公路",有时它甚至成为智能大厦的代名词,因此综合布线系统的发展将会更快更迅速。

综合布线系统的目的就是满足实现智能大厦各综合服务需要,传输数位、语音、图像、图文等多种信号,并支持多厂商各类设备的集成化信息传输系统,它是智能大厦的重要组成部分。

综合布线系统能使语音、数据、图像设备和交换设备与其他信息管理系统彼此相连,也能使这些设备与外部通信网相连接。它包括建筑物外部网络或电信线路的连接点与应用系统设备之间的所有线缆及相关的连接部件。

1. 综合布线系统的模块化结构

综合布线系统采用模块化的结构,按每个模块的作用,依照 2007 年 10 月 1 日起实施的国家标准《GB 50311—2007　综合布线系统工程设计规范》,综合布线系统工程宜按下列七个部分进行设计。为了方便记忆,把这七个部分简称为"一区、二间、三系统、一个管理"。需要注意的是,不同的标准中对综合布线系统的组成部分划分是不一样的,例如,在 ANSI/EIA/TIA 568A 标准中,通常将综合布线系统划分为六个子系统:工作区子系统、水平干线子系统、管理子系统、垂直干线子系统、设备间子系统和建筑群子系统。本书将按照国家标准 GB 50311—2007 中的内容进行阐述。

这七个部分中的每一部分都相互独立,可以单独设计,单独施工。更改其中任何一个子系统时,不会影响其他子系统。综合布线系统模块化结构如图 1-2 所示。

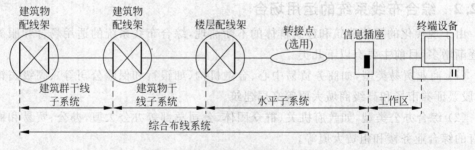

图 1-2　综合布线系统模块化结构

(1) 工作区。一个独立的需要设置终端设备(TE)的区域宜划分为一个工作区。工作区应由配线子系统的信息插座模块(TO)延伸到终端设备处的连接缆线及适配器组成。

(2) 配线子系统。配线子系统应由工作区的信息插座模块、信息插座模块至电信间配线设备(FD)的配线电缆和光缆、电信间的配线设备及设备缆线和跳线等组成。

(3) 干线子系统。干线子系统应由设备间至电信间的干线电缆和光缆,安装在设备间的建筑物配线设备(BD)及设备缆线和跳线组成。

（4）建筑群子系统。建筑群子系统应由连接多个建筑物之间的主干电缆和光缆、建筑群配线设备（CD）及设备缆线和跳线组成。

（5）设备间。设备间是在每幢建筑物的适当地点进行网络管理和信息交换的场地。对于综合布线系统工程设计，设备间主要安装建筑物配线设备。电话交换机、计算机主机设备及入口设施也可与配线设备安装在一起。

（6）进线间。进线间是建筑物外部通信和信息管线的入口部位，并可作为入口设施和建筑群配线设备的安装场地。

（7）管理。应对工作区、电信间、设备间、进线间的配线设备、缆线、信息插座模块等设施按一定的模式进行标识和记录。

2. 综合布线系统的组成部件

综合布线系统由不同系列和规格的部件组成，包括传输介质、相关连接硬件（如配线架、连接器、插座、插头、适配器等）以及电气保护设备等。这些部件可以用来构建各种子系统，它们都有各自的具体用途，不仅易于实施，而且能随需求的变化而平稳升级。

通常综合布线系统采用的主要组成部件有建筑群配线架 CD、建筑群干线电缆、建筑群干线光缆、建筑物主配线架 BD、建筑物干线电缆、建筑物干线光缆、楼层配线架 FD、水平电缆、水平光缆、转接点（选用）TP 和信息引出端（即信息插座 IO）。

建筑物主配线架放在设备间，楼层配线架放在楼层配线间，信息引出端（信息插座）安装在工作区。规模比较大的建筑物，在楼层配线架于信息插座之间也可以设置中间交叉配线架。中间交叉配线架安装在二级交接间。连接建筑物主配线架和楼层配线架的线缆称为建筑物主干线；连接楼层配线架和信息插座的线缆称为水平线。若有二级交接间，连接建筑物主配线架和中间交叉配线架的线缆称为干线；连接中间交叉配线架与信息插座的线缆称为水平线。

1.3 本书项目说明

本书将通过一个校园网络工程建设项目，来介绍网络工程建设和实施的完整流程，着重介绍以布线工程为主的网络基础设施建设过程。

1.3.1 项目建设背景

某大学校园网络建设于 2006 年。随着学校信息化水平的提升和基础设施建设的更新，原有网络已经不能满足广大师生的需要。2014 年，学校新建的图书馆、体育馆和教学实训楼将投入使用。为此，学校决定趁此机会进行校园网络的升级改造。

1.3.2 项目招标书

1. 工程名称

××大学校园网扩容升级改造工程。

2. 项目构成

（1）图书馆网络建设工程。

（2）体育馆网络建设工程。

（3）教学实训大楼网络建设工程。

（4）校园网扩容工程。

3．工程进度要求

××××年××月(由业主通知)初期设备进场，××月内完成整个工程，整个系统在竣工××月后组织专家组验收。

4．说明

（1）投标时需提供详细的网络工程及所有设备的售后服务保证书。

（2）投标时应根据我校信息化建设实施方案中的具体要求，提供详细的网络工程解决方案(含设计方案、工程施工图等)。

1.3.3　项目分解说明

为了顺利完成本项目，根据网络工程建设的流程，本书将该项目分解成以下子项目，在后续的章节中分别讲解。注意，本书将以布线工程为代表的基础设施建设为核心，而内容过于广泛的网络应用系统开发设计等方面，本书将不介绍。

（1）需求分析。

（2）勘测设计。

（3）图纸绘制。

（4）工程概预算。

（5）工程实施。

（6）工程测试和验收。

（7）工程招投标管理。

网络工程需求分析

【项目场景】

A 校即将建设一栋新的教学实训大楼。大楼共 7 层,其中第 7 层只有 4 间教室和一个大型楼顶露台;第 1~6 层每层有 16 间教室以及 2 间办公室;第 3 层整层为教师办公和科研区。新的教学实训大楼将接入学校校园网,以适应信息化教学的需要。××公司中标了该大楼的网络工程项目,为了做好这个项目,需要先进行网络工程的需求分析。

在本项目中,我们将通过以下两个任务来学习网络工程需求分析的方法。

任务 1:教学实训楼网络布线需求调查。

任务 2:教学实训楼网络应用需求调查。

2.1 知识引入

在网络工程建设开始进行的之前,首先要进行需求分析。用户不同,对网络的需求也不同。需求分析的目的就是为了充分了解用户建设网络的目的和要求。需求分析包括需求调查和调查结果分析两部分工作。需求调查就是通过调查的方式,了解用户的实际需求;调查结果分析就是对需求调查所取得的数据进行分析,以估算网络工程设计所需要的有关参数。在确定用户的需求之后,才可以开始网络工程的设计工作。

2.1.1 什么是需求分析

需求分析是从软件工程和管理信息系统引入的概念,是任何一个工程实施的第一个环节,也是关系一个网络工程成功与否最重要的环节。如果网络工程需求分析做得透彻,网络工程方案的设计就会比较准确,就更加能够赢得用户的青睐,并且,网络工程的实施以及应用系统的部署就相对容易得多。反之,如果网络工程设计方没有对用户方的需求进行充分的调研,不能和用户方达成共识,那么随意需求就会贯穿网络工程的始终,破坏网络工程项目的计划和预算。

因此,在网络工程建设之初,进行需求分析是十分必要的。

需求分析的意义如下。

(1)通过需求分析,可以了解用户现有网络的状况,更好地评价现有网络。

(2)需求分析可以帮助网络设计方在设计时,更客观地做出决策。

（3）设计方和用户方在论证工程方案时，工程的性价比是一个很重要的指标。把握用户的需求，提供合适的资源，可以获得更高的性价比。

（4）需求分析是网络设计的基础。

（5）网络建设的目标就是为了满足用户的需求。

需求分析并不是一件简单的事情。在进行需求分析的过程中，常常面临以下困难。

1. 需求是模糊的

一般用户不清楚需求，或者是有些用户虽然心里非常清楚想要什么，但却表述不清楚。

如果用户本身就懂，能把需求说得清清楚楚，这样需求分析就会十分容易。如果用户完全不懂，但信任网络工程设计方，需求分析人员可以引导用户，先阐述常规的需求，再由用户否定不需要的，最终也能确定用户真正的需求。不过有些用户是"不懂装懂"或者"半懂充内行"，会提出不切实际的需求。需求分析人员就要加强沟通和协商的技巧，争取最终和用户达成一致的认识。

2. 需求是变化的

需求自身常常会变动，这是很正常的事情。需求分析人员要先接受"需求是变化的"这个事实，才不会在需求变动时手忙脚乱。因此，在进行需求分析时应注意以下问题。

（1）尽可能地分析清楚哪些是稳定的需求，哪些是易变的需求，以便在进行网络工程设计时，将设计的基础建立在稳定的需求上。

（2）在合同中一定要说清楚"做什么"和"不做什么"。如果合同不说清楚，日后就容易发生纠纷。

3. 分析人员对用户的需求理解有偏差

用户表达的需求，不同的分析人员可能有不同的理解。如果需求分析人员理解错了，可能会导致网络工程设计走入误区。所以需求分析人员写好需求说明书后，务必要请用户方的各个代表验证。

有些用户对需求只有朦胧的感觉，说不清楚具体的需求。在需求分析阶段，对一般用户应尽量不要多问很专业的问题，诸如"需要多大带宽？两个结点之间的数据流量会有多大？"等。当然，如果用户也是技术人员，还是可以做一些技术上的沟通。

2.1.2 综合布线系统的需求分析

为了使综合布线系统更好地满足客观要求，除了系统设备和布线部件的技术性能及产品质量确有保证外，更主要的是要能适应用户信息在业务种类、具体数量以及位置（主要表现在通信引出端位置）等各方面的变化和增长的需要。为此，在综合布线系统工程的规划和设计前，必须对用户信息需求进行调查和预测，这也是编制建设规划、工程设计和今后维护管理的重要依据之一。

在综合布线系统工程规划和设计前所进行的用户信息需求的调查和预测，相当于本地电话网的用户预测的内容。其具体要求，就是对通信引出端（又称信息点或信息插座）的数量、位置以及通信业务需要进行调查预测，如果建设单位能够提供工程中所有信息点的翔实资料，且能够作为设计的基本依据时，可不进行这项工作。

通常，智能建筑和智能小区的建设规模、工程范围以及性质类型都会有所不同，即使基本相同,其使用功能、业务性质、人员数量、组成成分以及对外联系的密切程度也会有所区别。因此,用户信息调查预测是一项非常复杂、极为细致和烦琐的工作。用户信息调查预测的结果是综合布线系统的基础数据,它的准确和详尽程度将会直接影响综合布线系统的网络结构、设备配置、缆线分布以及工程投资等一系列重大问题。这些问题能否正确解决,与工程建设方案和日常维护使用密切相关,并对今后的发展有一定影响,所以用户信息需求调查预测非常重要。

1. 综合布线需求调查分析的对象和范围

综合布线系统工程设计的范围就是用户信息需求调查分析的范围。主要包括以下内容。

(1)工程区域的大小

综合布线系统的工程区域有单幢独立的智能建筑和由多幢组成的智能建筑群(包括校园式小区和智能化小区)两种。前者的用户信息预测只是单幢建筑的内部需要;后者则包括多幢组成的智能建筑群内部的需要。显然后者用户信息调查预测的工作量要增加若干倍。

(2)信息业务种类的多少

目前,综合布线系统一般用于语音、数据、图像和监控等信息业务。由于智能化的性质和功能不同,对信息业务种类的需求有可能增加或减少。在用户信息调查预测中,必须根据用户的实际需要选择信息业务的种类。

2. 综合布线需求调查分析的基本要求

为提高综合布线用户需求调查分析的准确性,必须遵循以下基本要求。

(1)充分体现三个要素,提高用户需求调查分析的准确性。在智能建筑中,对于所有用户信息业务种类(包括电话机、计算机、图像设备和控制信号装置等)的信息需求的发生点都应包含三个要素,即用户信息点出现的时间、所在的位置和具体数量;否则在工程设计中无法确定配置设备和敷设缆线的时间、地点、规格和容量。

因此,对此三个要素的调查预测应尽量做到准确、翔实而具体。

(2)以近期需求为主,适当结合今后发展需要,留有余地。智能化建筑一旦建成,其建筑性质、建设规模、结构形式、使用功能、楼层数量、建筑面积和楼层高度等一般都已固定,并在一定程度和具体条件下已决定其使用特点和用户性质(如办公楼或商贸业务楼等)。因此,智能化建筑内近期设置的通信引出端(又称信息插座)的位置和数量,在一般情况下是固定的。在用户信息需求预测中,应以近期需求为主,但要考虑智能化建筑的使用功能和用户性质在今后有可能变化。因此,通信引出端的分布数量和位置要适当留有发展和应变的余地。

例如,对今后有可能发展变化的房间和场所,要适当增加通信引出端的数量,其位置也应布置得较为灵活,使之具有应变能力。

(3)对各种信息终端统筹兼顾、全面调查。综合布线系统的主要特点之一是能综合语音、数据、图像和监控等设备的传输性能要求,具有较高的兼容性和互换性。它是将各种信息终端设备的插头与标准信息插座互相配套使用,以连接不同类型的设备(如计算机、电话机、传真机等)。因此,在预测过程中,对所有信息终端设备都要统筹兼顾、全面考虑,不应偏废哪一种信息,以免造成遗漏。

(4) 根据调查收集到的基础资料和了解的工程建设项目的情况,参照类似智能建筑的建筑性质、建设规模和使用功能进行分析比较和预测,初步得到综合布线系统工程设计所需的用户信息,其数据可作为参考依据。

(5) 将初步得到的用户信息预测结果提供给建设单位或有关部门共同商讨,广泛听取意见。如初步预测结果是由建设单位提供时,工程设计人员应了解该预测结果的依据及有关资料,共同对初步预测结果进行分析讨论,并进行必要的补充和修正。

(6) 参照以往其他类似工程设计中的有关数据和计算指标,结合工程现场调查研究,分析预测结果与现场实际是否相符,特别要避免项目丢失或发生重大错误。

3. 用户需求量估算参考指标

由于智能化建筑的类型较多,其建筑规模、使用性质、工程范围和人员结构也不同,例如办公大楼和商场就显然有别,因此,用户信息需求量的估算指标也有多种。

此外,智能化建筑和智能化小区是新兴事物,工程中积累的经验和数据较少,而且有关数据和参考指标也不是固定不变的,应随着科学技术的发展和形势的变化而不断修正、补充和完善。在使用这些数据和指标时,还应结合工程现场的实际情况,不宜生搬硬套,以免产生错误的后果。

1) 常见的智能建筑信息需求量估算参考指标

(1) 综合办公类型和商业贸易类型

综合办公类型和商业贸易类型的单位主要有政府机关、公司总部和商贸中心等,也包括专业银行、保险公司和股票证券市场,其用户信息需求的预测指标一般有以下两种。

① 按在职工作人员的数量估算。通常党政机关、金融单位、科研设计部门的每个工作人员应配有一个信息点。规模较小或不太重要的部门可以 2~3 个工作人员配 1 个信息点。在比较特殊或重要的部门,其信息点数量可增加到每人 2 个或更多。

② 按组织机构的设置估算。在一般行政机关、工矿企业、科研设计等部门,可根据其组织机构、人员编制及对外联系的密切程度来考虑。一般单位的处级最少配置 3~4 个信息点,科室至少配有 2 个信息点,也可根据实际需要和业务量多少增减信息点数量。

(2) 指挥调度类型和新闻机构类型

指挥调度类型和新闻机构类型的单位主要有航空港、火车站、长途汽车客运枢纽站、航运港、通信枢纽楼、公交指挥中心等;此外,还有广播电台、电视台、新闻通讯社和报社等。上述单位的智能建筑都属于重要的公共建筑,要求很高,信息需求量大,一般有以下几种预测指标。

① 按工作人员的数量估算。根据单位的工作性质、业务量多少和对外联系密切程度估算。重要单位每人应配备 1 个信息点,一般单位最少 2~3 个人配有 1 个信息点。

② 按工作岗位设置估算。有些单位(如客运、货运调度岗位)采用的是 24 小时工作制,而且业务性质较重要,除必备的信息点外,还应设置备用信息点,以保证工作不间断。

③ 按参与活动和来往人员的多少估算。在从事交通运输工作的智能化建筑中,参与活动和来往人员较多,且活动时间较长和对外联系频繁,因此,可根据上述因素估算

信息点数量。一般可以按正比关系考虑,信息点的设置位置也应考虑人员分散活动的特点。

(3) 其他类型的重要建筑

其他类型的重要建筑较为复杂,各有特点,其中有高级宾馆饭店、商城大厦、购物中心、医院、急救中心、贸易展览场馆、社会活动中心或会议中心等。其估算参考指标除可采用上述几种外,还可用以下两种。

① 按经营规模的大小或工作岗位的多少来估算。如商场按柜台、宾馆饭店按房间、会议中心按座位、医院按床位或门诊病人数量作为基本计量单位。但要注意上述智能建筑本身的差异很大,对信息的需求也就不同,在估算时必须有所区别。

② 按建筑面积大小估计。上述几种场所也可按建筑面积的大小,办公室房间的多少、商场营业面积、商贸洽谈场所数量面积和展览摊位数来估算。

此外,还可根据建筑性质,按其内部具体单位数量来估算。如以租赁大厦的租用单位多少进行估算。或采取人员数量和建筑面积相结合进行估算。

2) 常见的智能小区信息需求量估算参考指标

智能小区一般是以居住建筑为主,其他为公共服务设施的建筑群组成。它与智能建筑有所不同,其估算参考指标也不一样。如智能小区为高等院校的校园时,可根据其建筑性质和功能,参照智能建筑用户信息需求的参考指标进行估算。

智能小区中的居住建筑可分为以下几类,在用户信息需求估算时,对它们应加以区别。

(1) 按居住建筑使用对象划分,有别墅式住宅、高级干部住宅、一般干部住宅和普通住宅,后两种又称为经济适用住房。由于建筑使用对象不同,与外界的联系频繁程度和生活方式的差异,对通信的需求也有很大区别。

(2) 按居住建筑的房间数和套型划分,有小套、中套、大套和特大套;1 室型、2 室型、3 室型和 3 室以上型等几种。

(3) 按居住建筑的智能化程度划分,有普及型、先进型和领先型(又称超前型)3 种。

对于上述居住建筑用户信息需求的估算参考指标有以下几种。

(1) 按建筑套数估算,并根据套型大小分成不同级别。

(2) 按每套中的房间数量估算。

(3) 按居住面积的智能化程度高低而分级估算。

4. 需求调查的方式

了解需求的方式一般有以下几种。

(1) 直接与用户交谈。直接与用户交谈是了解需求最简单,直接的方式。

(2) 问卷调查。通过请用户填写问卷获取有关需求信息也不失为一项很好的选择,但最终还是要建立在沟通和交流的基础上。

(3) 专家咨询。有些需求用户讲不清楚,分析人员又猜不透,这时就要请教行家。

(4) 吸取经验教训。有很多需求可能客户与分析人员想都没有想过,或者想得太幼稚。因此,要经常分析优秀的网络工程方案和蹩脚的同类方案,看到了优点就尽量吸取,看到了缺点就引以为戒。

2.2　任务 1：教学实训楼网络布线需求调查

　　A 学校新建的教学实训楼共有 6 层，每层楼有 16 间教室或实训室，以及 2 间管理员办公室。第 3 层整层作为教师科研办公区域。为了更好地进行网络建设，实施网络工程，首先需要搭建网络基础设施，明确网络布线的需求。

　　本任务要求对教学实训楼的网络布线需求状况进行调查，并编写需求说明书。

2.2.1　网络布线需求调查的方法

1. 实地考察

　　实地考察是网络工程设计人员获取第一手资料的最直接的方法。实地考察需要网络工程设计人员深入工程现场，了解施工环境，勘测施工路线，明确施工要求。

　　实地考察之后，需要将了解的施工现场条件和要求等详细信息绘制成现场图纸，以供布线工程设计和施工参考。

2. 用户访谈

　　用户访谈要求网络工程设计人员与建设方有关人员通过多种沟通交流方式来获取需求信息。用户访谈需要了解的内容一般包括以下方面。

　　（1）用户方信息点的数量和位置

　　一般需要将用户方信息点的数量和位置用统计表统计出来。

　　通过现场实地考察和用户访谈，A 学校教学实训大楼的信息点调查统计情况填入表 2-1。

表 2-1　信息点调查表

大楼名称		大楼配线间位置		
		大楼配线间与网络中心距离		
楼层	房号	信息点数	楼层配线间位置	与楼层配线间距离

　　（2）了解用户方的布线要求

　　根据表 2-2 所示内容，了解教学实训楼的网络布线要求。

表 2-2　网络布线项目要求表

项　　目	要　　求
布线走向	
布线环境	
其他	

2.2.2 需求说明书

网络应用需求调查完毕后,需要编写需求说明书,作为网络工程设计的重要依据。

1. 项目综述,简单介绍网络建设项目

用户网络建设的目的就是为了实现现代化管理、现代化教学、现代化信息服务或是其他等。用户建设计算机网络的目标是搭建现代化管理平台、现代化教学平台、现代化信息服务平台还是其他。

2. 需求数据总结

需求数据总结表如表 2-3 所示。

表 2-3 需求数据总结表

项目名称		项目类型		投资规模	
用户名称		用户技术员	姓名	职务	电话

用户目前现状概述:

拟建项目需求详细说明(附信息点分布图、建筑物位置图):

设备需求			
序号	产 品	优 选 品 牌	
1	交换机	□Cisco □华为 □H3C □注明	
2	路由器	□Cisco □华为 □H3C □注明	
3	硬件防火墙	□国产品牌,注明 □国外品牌,注明	
	软件防火墙	注明品牌:	
4	Windows 服务器	□Sun □联想 □注明	
	UNIX 服务器	□Sun □HP □IBM □注明	
布线产品需求			
□Lucent	□IBDN	□Siemon	□其他
系统软件需求			
□Windows	□办公 OS	□VOD	□其他
应用需求			
□Internet	□VOD	□注明	

备注:

售前人员: 审核:

3. 申请确认和批准

对上述的需求数据,要由用户方进行书面确认之后,才可以用于指导网络工程的设计。

另外,由于网络工程需求是会变化的,因此,在进行网络建设的过程中,还要随时根据用户的意见反馈,修改需求说明书。

2.3   任务 2：教学实训楼网络应用需求调查

网络工程应用需求调查的内容主要有以下几方面。

1. 业务和组织机构调查

业务和组织机构调查是与用户方的相关主管人员、相关应用的部门进行交流。通过交流，需要获得以下信息。

(1) 主要相关人员信息，如决策者的信息（包括联系方法）和信息提供者的信息（包括联系方法）。

(2) 网络工程的关键点信息，如要求开工和完工的时间与主要相关人员时间安排（假期和出差）。

(3) 投资规模信息，如预算限制、费用控制。

(4) 性能要求，如不同网段的性能要求。

(5) 预测增长率情况，如客户数量增长预测情况。

(6) 业务活动情况，如主要进行什么业务活动？有什么新产品、新业务、新服务？网络活动的近期或中期计划。

(7) 业务活动的可靠性和有效性，如什么活动（业务）是最重要的？什么时间对业务活动是最重要的？

(8) 安全性要求，如必须保护哪些信息或系统？它们需要什么程度的保护？病毒防护、网络管理有什么要求？

(9) 电子商务的需求情况。

(10) 与 Internet 的连接方式。

(11) 远程访问信息，如需要怎样的远程访问？有多少人需要远程访问？

业务需求收集完毕后，应列出业务需求清单。

2. 用户调查

用户的感觉经常是主观的，不精确的，但它却是需要精确了解的重要信息。用户的关注点常常是：信息能否及时传输？信息的传输是否有效、可靠？网络系统的适应性如何？网络的可扩展性好不好？网络的安全性怎样？网络建设的成本是多少？等等。

因此，收集用户需求时，要鼓励用户量化需求。例如，网络故障是否可以接受？如果可以接受，可以接受到何种程度？何时可以接受？响应时间多长叫太长？对用户的需求调查结束，应列出用户需求表，如表 2-4 所示。

表 2-4   用户需求表

需 求	现 有 服 务	期 待 服 务

3. 应用调查

不同的行业有不同的应用要求,不能够张冠李戴。应用调查就是要弄清楚用户方建设网络的真正目的。

一般的网络应用,从企事业单位的办公自动化系统、人事档案、工资管理到企事业单位的 MIS(管理信息系统)、ERP(企业资源规划)系统、URP(大学资源规划)等,从文件信息资源共享到 Internet 信息服务,从数据流到多媒体的音频(如 IP 电话)、视频(如 VOD 视频点播)等,只有对用户方的应用类型、数据量大小、数据源的重要程度、网络应用的安全性及可靠性、实时性等要求,才能设计出适合用户实际需要的网络工程方案。

应用调查通常是以会议或走访的形式,邀请用户方的代表发表意见,并填写网络应用调查表,如表 2-5 所示。

表 2-5　网络应用调查表

应用名称	应用需求					
	单用户、多用户、网络	平均用户数	平均事务大小	峰值时间	使用频率	是否实时

4. 计算平台调查

一般来说,计算平台分为 4 类:PC、工作站、中型机、大型机。

计算平台需求涉及的范围有可靠性、有效性、安全性、响应速度、CPU、内存、存储容量、操作系统等。

一般可以通过问卷调查形式获取计算平台需求信息。应将对计算平台的调查结果填入计算平台调查表,如表 2-6 所示。

表 2-6　计算平台调查表

计算平台名称	现状与需求					
	CPU	内存	I/O 接口	硬盘	操作系统	网卡

5. 调查结果分析

通过需求调查,主要可以获得以下三个方面的数据。

(1)网络需求。包括网段的位置、性能要求、主要功能、扩展性要求。

(2)网络管理需求。包括管理类型、管理协议、网络配置、性能监视、故障排除。

(3)网络安全需求。包括安全类型、认证服务、访问控制、物理安全。

通过对以上数据的综合分析,写出需求说明书,作为网络工程设计的依据。

项目 3

网络布线工程勘测与设计

【项目场景】

某大学新建图书馆需要进行综合布线系统建设。

建设目标是：以高性能综合布线系统支撑，建成一个包含多用途的办公自动化系统，能适应日益发展的办公业务电子化要求的现代化智能楼宇，从而实现对大楼的电器、防火防盗、监控、计算机通信等系统实施按需控制，实现资源共享与外界信息交流。

该工程项目设计范围包括整个教学实训大楼的办公区域、计算机机房和管理区域，要求采用先进成熟、可靠实用的结构化布线系统，将建筑物内的程控交换机系统、计算机网络系统统一布线，统一管理，使整个教学实训大楼成为能满足未来高速信息传输的、灵活的、易扩充的智能化建筑。为了做好这个项目，需要先对该工程的实地进行现场勘测，以便综合布线的设计与施工人员熟悉现场的环境和熟悉建筑物的结构，然后现场勘测内容，完成该项目综合布线工程各子系统的设计。

在本项目中，我们将通过 9 个任务来学习网络布线工程勘测与设计的内容。

3.1 知识引入

3.1.1 网络布线工程系统设计基础

1. 综合布线术语、符号与缩略词

本书中都采用《GB 50311—2007 综合布线系统工程设计规范》中定义的综合布线有关术语与符号。

（1）综合布线术语如表 3-1 所示。

表 3-1 综合布线术语

术　语	英　文	说　明
布线	cabling	能够支持信息电子设备相连的各种缆线、跳线、接插软线和连接器件组成的系统
建筑群子系统	campus subsystem	由配线设备、建筑物之间的干线电缆或光缆、设备线缆、跳线等组成的系统

术　语	英　文	说　明
电信间	telecommunications room	放置电信设备、电缆和光缆终端配线设备并进行线缆交接的专用空间
工作区	work area	需要设置终端设备的独立区域
信道	channel	连接两个应用设备的端到端的传输通道。信道包括设备电缆、光缆和工作区电缆、光缆
链路	link	一个 CP 链路或是一个永久链路
永久链路	permanent link	信息点与楼层配线设备之间的传输线路。它不包括工作区线缆和连接楼层配线设备的设备线缆、跳线，但可以包括一个 CP 链路
集合点(CP)	consolidation point	楼层配线设备与工作区信息点之间水平线缆路由中的连接点
CP 链路	CP link	楼层配线设备与集合点(CP)之间，包括各端的连接器件在内的永久性的链路
建筑群配线设备	campus distributor	终接建筑群主干线缆的配线设备
建筑物配线设备	building distributor	为建筑物主干线缆或建筑群主干线缆终接的配线设备
楼层配线设备	floor distributor	终接水平电缆或水平光缆和其他布线子系统线缆的配线设备
建筑物入口设施	building entrance facility	提供符合相关规范机械与电气特性的连接器件，使得外部网络电缆和光缆引入建筑物内
连接器件	connecting hardware	用于连接电缆线对和光纤的一个器件或一组器件
光纤适配器	optical fiber connector	将两对或一对光纤连接器件进行连接的器件
建筑群主干电缆、建筑群主干光缆	campus backbone cable	用于在建筑群内连接建筑群配线架与建筑物配线架的电缆、光缆
建筑物主干线缆	building backbone cable	连接建筑物配线设备至楼层配线设备及建筑物内楼层配线设备之间相连接的线缆。建筑物主干线缆可为主干电缆和主干光缆
水平线缆	horizontal cable	楼层配线设备到信息点之间的连接线缆
永久水平线缆	fixed horizontal cable	楼层配线设备到 CP 的连接线缆，如果链路中不存在 CP 点，为直接连至信息点的连接线缆
CP 线缆	CP cable	连接集合点(CP)至工作区信息点的线缆
信息点(TO)	telecommunications outlet	各类电缆或光缆终接的信息插座模块
设备电缆、设备光缆	equipment cable	通信设备连接到配线设备的电缆、光缆
跳线	jumper	不带连接器件或带连接器件的电缆线对与带连接器件的光纤，用于配线设备之间进行连接
线缆(包括电缆、光缆)	cable	在一个总的护套里，由一个或多个同一类型的线缆线对组成，并可包括一个总的屏蔽物
光缆	optical cable	由单芯或多芯光纤构成的线缆
电缆、光缆单元	cable unit	型号和类别相同的电缆线对或光纤的组合。电缆线对可有屏蔽物

术　语	英　文	说　明
线对	pair	一个平衡传输线路的两个导体,一般指一个对绞线对
平衡电缆	balanced cable	由一个或多个金属导体线对组成的对称电缆
屏蔽平衡电缆	screened balanced cable	带有总屏蔽和(或)每线对均有屏蔽物的平衡电缆
非屏蔽平衡电缆	unscreened balanced cable	不带有任何屏蔽物的平衡电缆
接插软线	patch calld	一端或两端带有连接器件的软电缆或软光缆
多用户信息插座	multi-user telecommunications outlet	在某一地点,若干信息插座模块的组合
交接(交叉连接)	cross-connect	配线设备和信息通信设备之间采用接插软线或跳线上的连接器件相连的一种连接方式
互连	interconnect	不用接插软线或跳线,使用连接器件把一端的电缆、光缆与另一端的电缆、光缆直接相连的一种连接方式

（2）综合布线符号与缩略词如表 3-2 所示。

表 3-2　综合布线符号与缩略词

英文缩写	英 文 名 称	中文名称或解释
ACR	Attenuation to crosstalk ratio	衰减串音比
BD	Building distributor	建筑物配线设备
CD	Campus distributor	建筑群配线设备
CP	Consolidation point	集合点
dB	dB	电信传输单元:分贝
d. c.	Direct current	直流
EIA	Electronic industries association	美国电子工业协会
ELFEXT	Equal level far end crosstalk attenuation(loss)	等电平远端串音衰减
FD	Floor distributor	楼层配线设备
FEXT	Far end crosstalk attenuation(loss)	远端串音衰减(损耗)
IEC	International electro-technical commission	国际电工技术委员会
IEEE	The institute of electrical and electronics engineers	美国电气及电子工程师学会
IL	Insertion loss	插入损耗
IP	Internet protocol	因特网协议
ISDN	Integrated services digital network	综合业务数字网
ISO	International Organization for Standardization	国际标准化组织
LCL	Longitudinal to differential conversion loss	纵向对差分转换损耗
OF	Optical fiber	光纤
PSNEXT	Power sum NEXT attenuation(loss)	近端串音功率和
PSACR	Power sum ACR	ACR 功率和
PS ELFEXT	Power sum ELFEXT attenuation(loss)	ELFEXT 衰减功率和
RL	Return loss	回波损耗

英 文 缩 写	英 文 名 称	中文名称或解释
SC	Subscriber connector(optical fiber connector)	用户连接器（光纤连接器）
SFF	Small form factor connector	小型连接器
TCL	Transverse conversion loss	横向转换损耗
TE	Terminal equipment	终端设备
TIA	Telecommunications Industry Association	美国电信工业协会
UL	Underwriters Laboratories	美国保险商实验所安全标准
Vr. m. s	Vroot. mean. square	电压有效值

2. 综合布线系统通信链路基本结构

综合布线系统网络通信链路结构基本构成如图 3-1 所示，从建筑物设备间（CD）至工作区的终端设备（TE），形成一条完整的的通信链路。其中配线子系统中可以设置集合点（CP），也可以不设置 CP。

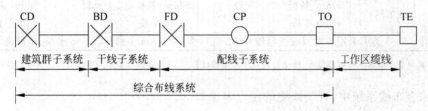

图 3-1　综合布线系统网络通信链路结构基本构成

3. 综合布线系统分级与类别

在《TIA/EIA 568A　商业建筑电信布线标准》中对于 D 级布线系统，支持应用的器件为 5 类，但在 TIA/EIA 568B 中仅提出 5e 类（超 5 类）与 6 类的布线系统，并确定 6 类布线支持带宽为 250MHz。在 TIA/EIA 568B 标准中又规定了 6A 类（增强 6 类）布线系统支持的传输带宽为 500MHz。目前，3 类与 5 类的布线系统只应用于语音主干布线的大对数电缆及相关配线设备。

国家标准《GB 50311—2007　综合布线系统工程设计规范》按照系统支持的带宽和使用的双绞线的类型不同，将综合布线铜缆系统分为 A、B、C、D、E、F 六个级别，如表 3-3 所示。在实际工作中，可用等级也可以用类别表示综合布线系统，例如 D 级综合布线系统就是 5/5e 类综合布线系统。

表 3-3　铜缆布线系统的分级与类别

系 统 分 级	支持带宽/Hz	支持应用器件	
		电缆	连接硬件
A	100k	—	—
B	1M	—	—
C	16M	3 类	3 类
D	100M	5/5e 类	5/5e 类
E	250M	6 类	6 类
F	600M	7 类	7 类

综合布线系统工程的产品类别及链路、信道等级确定应综合考虑建筑物的功能、应用网络、业务终端类型、业务的需求及发展、性能价格、现场安装条件等因素。

在综合布线系统中,布线链路主要包括配线子系统、干线子系统和建筑群子系统,主要业务是语音和数据通信,这样就要求同一布线信道及链路的缆线和连接器件应保持系统等级与阻抗的一致性。

对不同的子系统使用的线缆和光缆应符合表 3-4 的规定。

表 3-4　布线系统等级与类别的选用

业务种类	配线子系统		干线子系统		建筑群子系统	
	等级	类别	等级	类别	等级	类别
语音	D/E	5e/6	C	3(大对数)	C	3(室外大对数)
数据	D/E/F	5e/6/7	D/E/F	5e/6/7(4 对)	—	—
	光纤(多模或单模)	62.5μm 多模/50μm 多模/<10μm 单模	光纤	62.5μm 多模/50μm 多模/<10μm 单模	光纤	62.5μm 多模/50μm 多模/<1μm 单模
其他应用	5e/6 类可采用 4 对双绞线电缆和 62.5μm 多模/50μm 多模/<10μm 多模、单模光缆					

注:其他应用指数字监控摄像头、楼宇自控现场控制器(DDC)、门禁系统等采用网络端口传送数字信息时的应用。

在综合布线系统中,有关线缆的注意事项如下。

(1) 综合布线系统光纤信道应采用标称波长为 850nm 和 1300nm 的多模光纤及标称波长为 1310nm 和 1550nm 的单模光纤。

(2) 单模和多模光缆的选用应符合网络的构成方式、业务的互通互连方式及光纤在网络中的应用传输距离。楼内宜采用多模光缆,建筑物之间宜采用多模或单模光缆,需直接与电信业务经营者相连时宜采用单模光缆。

(3) 为保证传输质量,配线设备连接的跳线宜选用产业化制造的各类跳线,在电话应用时宜选用双芯对绞电缆。

(4) 工作区信息点为电端口时,应采用 8 位模块通用插座(RJ-45),光端口宜采用 SFF 小型光纤连接器件及适配器。

(5) FD、BD、CD 配线设备应采用 8 位模块通用插座或卡接式配线模块(多对、25 对及回线型卡接模块)和光纤连接器件及光纤适配器(单工或双工的 ST、SC 或 SFF 光纤连接器件及适配器)。

(6) CP 集合点安装的连接器件应选用卡接式配线模块或 8 位模块通用插座或各类光纤连接器件和适配器。

4. 综合布线系统工程结构

综合布线工程主要布线部件如图 3-1 所述,包括建筑群配线设备(CD)、建筑群子系统电缆或光缆、建筑物配线设备(BD)、建筑物干线子系统电缆或光缆、电信间配线设备(FD)、配线子系统电缆或光缆、集合点(CP)(选用)、信息插座模块(TO)、工作区线缆和终端设备(TE)。

从系统结构上看,综合布线系统分为建筑群子系统、干线子系统、配线子系统三个层级。

设备配置是综合布线系统设计的重要内容,关系到整个网络和通信系统的投资和性能,设备配置首先要确定综合布线系统的工程结构,然后再对配线架、布线子系统、传输介质、信息插座和交换机等设备作实际配置。

综合布线系统的主干线路连接方式均采用星状网络拓扑结构,要求整个布线系统的干线电缆或光缆的交接次数一般不应超过两次,即从楼层配线架到建筑物配线架之间,只允许经过一次配线架,及建筑物配线架,成为 FD-BD-CD 的结构形式。这是采用两级干线系统(建筑物干线子系统和建筑群干线子系统)进行布线的情况。如果没有建筑群配线架,而只有一次交接,则成为 FD-BD 结构形式的一级建筑物干线子系统的布线。

建筑物配线架至每个楼层配线架的建筑物干线子系统的干线电缆或光缆一般采取分别独立供线给各个楼层的方式,在各个楼层之间无连接关系。这样当线路发生故障时,影响范围较小,容易判断和检修,有利于安装施工。缺点是线缆长度和条数增多,工程造价提高,安装敷设和维护的工作量增加。

如上所述,标准规范的设备配置分为建筑物 FD-BD 一级干线布线系统结构和建筑区 FD-BD-CD 两级干线布线系统结构两种形式,但在实际工程中,往往会根据惯例的要求、设备间和配线间的空间要求、信息点的分布等多种情况对建筑物综合布线系统进行灵活的设备配置,形成如下几种结构。

(1) 建筑物标准 FD-BD 结构

建筑物标准 FD-BD 结构是两级配线点设备配置方案,这种结构是在大楼设备间放置 BD、楼层配线间放置 FD 的结构,每个楼层配线架 FD 连接若干个信息点 TO,也就是传统的两级星状拓扑结构,是国内普遍使用的典型结构,也可以说是综合布线系统基本的设备配置方案之一,如图 3-2 所示。

这种结构只有建筑物子系统和配线子系统,不会设置建筑群子系统和建筑群配线架。主要适用于单幢的中、小型智能化建筑,其附近没有其他房屋建筑,不会发展成为智能化建筑群体。这种结构具有网络拓扑结构简单,且较常用,只有两级;维护管理较为简单,调度较灵活等优点。

(2) 建筑物 FD/BD 结构

建筑物 FD/BD 结构是一级配线点设备配置方案,这种结构是大楼没有楼层配线间,只配置建筑物配线架(BD),将建筑物子系统和配线子系统合二为一,缆线从 BD 直接连接到信息点(TO),如图 3-3 所示。它主要适用于以下场合。

① 建设规模很小,楼层层数不多,且其楼层平面面积不大的单幢智能化建筑。

② 用户的信息业务要求(数量和种类)均较少的住宅建筑。

③ 别墅式的低层住宅建筑。

④ TO 至 BD 之间电缆的最大长度不超过 90m 的场合。

⑤ 当建筑物不大但信息点很多时,且 TO 至 BD 之间电缆的最大长度不超过 90m,为便于管理维护和减少对空间占用的目的采用这种结构。例如,高校旧学生宿舍楼的综合布线系统,每层楼信息点很多,而旧大楼大多在设计时没有考虑综合布线系统,如果占用房间作楼层配线间,势必占用宿舍资源。

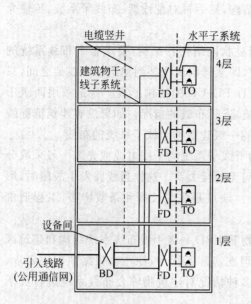

图 3-2　建筑物标准 FD-BD 结构

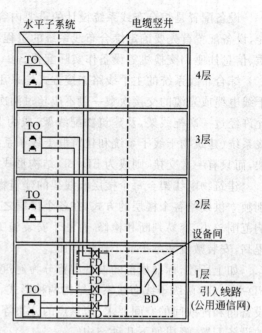

图 3-3　建筑物 FD/BD 结构

高层房屋建筑和楼层平面面积很大的建筑均不适用。具有网络拓扑结构简单,只有一级;设置配置数量最少,降低工程建设费用和维护开支;维护工作和人为故障机会均有所减少等优点。但灵活调度性差,使用有时不便。

（3）建筑物 FD-BD 共用楼层配线间结构

建筑物 FD-BD 共用楼层配线间结构也是两级配线点设备配置方案（中间楼层供给相邻楼层）,根据每个楼层需要进行配置楼层配线架（FD）,采取每 2～4 个楼层设置 FD,分别供线给相邻楼层的信息点 TO,要求所有最远的 TO 到 FD 之间的水平线缆的最大长度不应超过 90m 的限制,如超过则不应采用本方案,如图 3-4 所示。

这种方案主要适用于单幢的中型智能化建筑中因其楼层面积不大,用户信息点数量不多或因各个楼层的用户信息点分布极不均匀,有些楼层用户信息点数量极少（如地下室）,为了简化网络结构和减少接续设备,可以采取这种结构的设备配置方案。但在智能化建筑中用户信息点分布均匀,且较密集的场合不应使用。

（4）建筑物 FD-FD-BD 结构

建筑物 FD-FD-BD 结构可以采用两次配线点,也可采用三级配线点。这种结构需要设置二级交接间和二级交接设备,视客观需要可采取两级配线点或三级配线点,如图 3-5 所示。在图中有两种方案。

① 第 3 层楼层为两级配线点,建筑物干线子系统的缆线直接连到二级交接间的 FD 上,不经过干线交接间的 FD,这种方案为两级配线点。

② 第 2、4、5、6 层楼层为三级配线点,建筑物干线子系统的缆线均连接到干线交接间的 FD_1,然后再连接到二级交接间的 FD_2,形成三级配线点的方案。

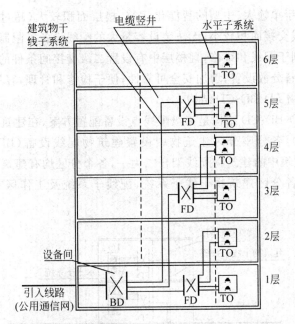

图 3-4　建筑物 FD-BD 共用楼层配线间结构

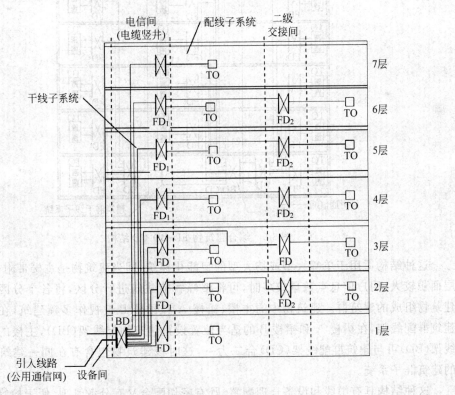

图 3-5　建筑物 FD-FD-BD 结构

这种结构适用于单幢大、中型的智能化建筑,楼层面积较大(超过 1000m²)或用户信息点较多,因受干线交接面积较小,无法装设容量大的配线设备等限制。为了分散安装缆线和配线设备,有利于配线和维修,且楼层中有设置二级交接间条件的场合。

具有缆线和设备分散设置,增加安全可靠性,便于检修和管理,容易分隔故障等优点。

(5) 综合建筑物 FD-BD-CD 结构

综合建筑物 FD-BD-CD 结构是三级配线点设备配置方案,在建筑物的中心位置设置建筑群配线架(CD),各分座分区建筑物中设置建筑物配线设备(BD)。建筑群配线架(CD)可以与所在建筑中的建筑物配线架合二为一,各个分区均有建筑群子系统与建筑群配线架(CD)相连,各分区建筑物干线子系统、配线子系统及工作区布线自成体系。如图 3-6 所示。

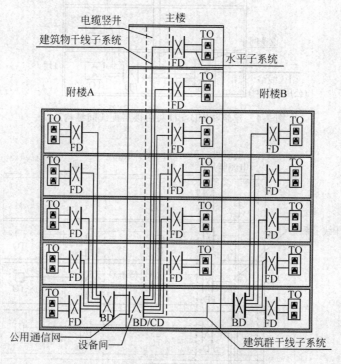

图 3-6 综合建筑物 FD-BD-CD 结构

这种结构适用于单幢大型或特大型的智能化建筑,即当建筑物是主楼带附楼结构,楼层面积较大,用户信息点数量较多时,可将整幢智能建筑进行分区,将各个分区视为多幢建筑物组成的建筑群。建筑物中的主楼、裙楼 A 和裙楼 B 被视作多幢建筑,在主楼设置建筑群配线架,在裙楼 A 和裙楼 B 的适当位置设置建筑物配线架(BD),主楼的建筑物配线架(BD)可与建筑群配线架(CD)合二为一,这时该建筑物包含有在同一建筑物内设置的建筑群子系统。

这种结构具有缆线和设备合理配置、既有密切配合又有分散管理、便于检修和判断故障、网络拓扑结构较为典型、可调度使用、灵活性较好等优点。

（6）建筑群 FD-BD-CD 结构

这种结构适用于建筑物数量不多、小区建设范围不大的场合。选择位于建筑群中心的建筑物作为各建筑物通信线路和对公用通信网络连接的汇接点，并在此安装建筑群配线架（CD），建筑群配线架（CD）可与该建筑物的建筑物配线架（BD）合设，达到既能减少配线接续设备和通信线路长度，又能降低工程建设费用的目的。各建筑物中装设建筑物配线架（BD）作为中间层，敷设建筑群子系统的主干线路并与建筑群配线架（CD）相连，相应的有再下一层的楼层配线架和配线子系统，构成树状网络拓扑结构，也就是常用的三级星状拓扑结构，如图 3-7 所示。

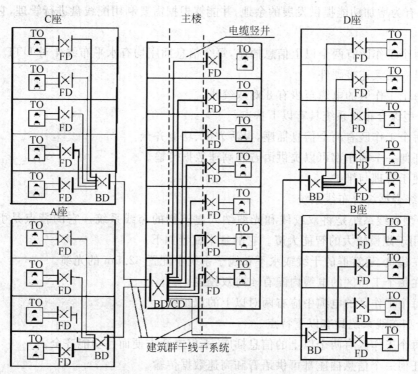

图 3-7 建筑群 FD-BD-CD 结构

5. 综合布线系统设计等级

对于建筑物的综合布线系统，一般定为三种不同的设计等级。

① 基本型。适用于综合布线中配置标准较低的场合，一般使用铜芯双绞线。

② 增强型。适用于综合布线中等配置标准的场合，一般使用铜芯双绞线。

③ 综合型。适用于综合布线配置标准较高的场合，使用光缆和双绞线或混合电缆。

这三种系统等级的综合布线都能够支持语音、数据等服务，能随着工程的需要转向更高功能。它们的主要区别在于：①支持语音和数据服务所采用的方式不同；②在移动和重新布局时实施链路管理的灵活性不同。

（1）基本型综合布线系统

基本型综合布线系统方案是一项经济有效、有价格竞争力的布线方案。它支持语音或综合型语音/数据产品,并能够全面过渡到数据的异步传输或综合型布线系统。它的基本配置如下。

① 每一个工作区有 1 个信息插座、一条水平布线的 4 对 UTP 电缆。

② 采用交叉连接硬件,并与未来的附加设备兼容。

③ 每个工作区的干线电缆至少有两对双绞线。

基本型综合布线系统具有便于维护、管理的特点。

(2) 增强型综合布线系统

增强型综合布线系统不仅支持语音和数据的应用,还支持图像、影像、影视、视频会议等。它具有为增加功能提供发展的余地,并能够根据需要利用配线盘进行管理,它的基本配置如下。

① 每个工作区有两个以上信息插座,每个信息插座均有水平布线 4 对 UTP 系统。

② 具有交叉连接硬件。

③ 每个工作区的电缆至少有 8 对双绞线。

增强型综合布线系统具有以下特点。

① 每个工作区有两个信息插座,灵活方便、功能齐全。

② 任何一个插座都可以提供语音和高速数据传输。

③ 便于管理与维护。

(3) 综合型综合布线系统

综合型布线系统是将双绞线和光缆纳入建筑物的布线系统。它的特点是引入了光缆,可以用于规模较大的智能大厦。它的基本配置如下。

① 在建筑、建筑群的干线或水平布线子系统中配置 62.5m 的光缆。

② 在每个工作区的电缆内配有 4 对双绞线。

③ 每个工作区的电缆中应有两对以上的双绞线。

综合型布线系统具有以下特点。

① 每个工作区有两个以上的信息插座,不仅灵活方便而且功能齐全。

② 任何一个信息插座都可供语音和高速数据传输。

③ 有一个很好的环境,为客户提供多种服务。

6. 屏蔽布线系统

屏蔽布线系统源于欧洲,它是在普通非屏蔽布线系统的外面加上金属屏蔽层,利用金属屏蔽层的反射、吸收及趋肤效应实现防止电磁干扰及电磁辐射的功能。屏蔽布线系统综合利用了双绞线的平衡原理及屏蔽层的屏蔽作用,因而具有非常好的电磁兼容(EMC)特性。欧洲大多数的最终用户会选择屏蔽布线系统,尤其在德国,大约 95% 的用户安装是屏蔽布线系统,而另外的 5% 安装的为光纤。

目前屏蔽布线系统已为越来越多的用户所认识它在电磁兼容方面的良好性能也正在为越来越多的用户所认可。市场上的屏蔽布线产品除了进口于欧洲,越来越多的厂商也提供屏蔽布线产品。在最新发布的北美布线 TIA/EIA 568B 标准中,屏蔽电缆和非屏蔽电缆同时被作为水平布线的推荐媒介,从而结束了北美没有屏蔽系统的历史。在中国越来越多的用户,尤其是涉及保密和辐射强烈的项目,开始关注和使用屏蔽系统,甚至是六类屏蔽布线系统。

综合布线产品无论是非屏蔽布线系统还是屏蔽布线系统都有着广泛的使用基础,并可以针对不同用户的不同需求(网络的工作频率和周围的电磁环境的不同)提供各种端到端的解决方案,包括屏蔽、非屏蔽以及光纤布线解决方案。但在对抗干扰和保密性要求高(如政府机关、军事设施)或下列电磁环境中,屏蔽布线系统将是非常适合的。

综合布线网络在大楼内部存在配电箱和配电网产生的高频干扰,大功率电动机电火花产生的谐波干扰,荧光灯管、电子启动器、电源开关、电话网的振铃电流、信息处理设备产生的周期性脉冲等干扰源,在不能保持安全间隔时应采用屏蔽布线系统。

综合布线网络在大楼外部存在雷达、无线电发射设备、移动电话基站、高压电线、电气化铁路、雷击等干扰源,若处于较高电磁场强度的环境应采用屏蔽布线系统。

周围环境的干扰信号场强或综合布线系统的噪声电平超过下列规定时应采用屏蔽布线系统。

(1) 计算机局域网引入 10kHz～600MHz 的干扰信号,其场强为 1V/m;引入 600～800MHz 的干扰信号,其场强为 5V/m。

(2) 电信终端设备通过信号、直流或交流等引入线,引入 RFO 15～80MHz 的干扰信号,其场强度为 3V,幅度调制 80%,1kHz。

(3) 具有模拟/数字终端接口的终端设备,提供电话服务时,噪声电平超过 −40dBm 的带宽总和小于 200MHz。

(4) 当终端设备提供声学接口服务时,噪声电平超过基准电平的带宽总和小于 200MHz。

7. 开放型办公室布线系统

综合布线系统开放型办公室布线是一种特例,主要的服务对象是在办公楼、综合楼、商业贸易楼和具有租赁性质的智能化建筑中,都有面积较大的公共区域或大开间的办公区等场地。由于其使用对象极不固定、数量也不稳定,因此,综合布线系统的布线方式也必须采取适应变化的相应措施和技术方案。国家标准《GB 50311—2007　综合布线系统工程设计规范》提出了以下规定。

当智能化建筑中面积很大,业主在使用时可能会根据工作需要,采取临时隔断措施或敞开办公,这时,宜按开放办公室的综合布线系统要求设计,并应符合下列要求。

(1) 采用多用户信息插座时,多用户信息插座的安装位置宜适中,且在较为稳定不变的建筑构件上(如墙体或柱子等),不得安装在临时活动的结构处。每一个多用户信息插座包括适当的备用量在内,宜能支持 12 个工作区所需的 8 位模块通用插座。

(2) 采用集合点(CP)时,要求集合点(CP)配线设备与楼层配线设备(FD)之间水平缆线的长度应大于 15m。集合点(CP)配线设备的容量宜以满足 12 个工作区所配置的信息点的需求设置为佳。在同一个水平电缆路由中不允许超过一个集合点(CP),从集合点(CP)处引出的 CP 缆线应终端连接于工作区的信息插座或多用户信息插座上。

8. 工业级布线系统

工业级布线系统应能支持语音、数据、图像、视频、控制等信息的传递,并能应用于高温、潮湿、电磁干扰、撞击、振动、腐蚀气体、灰尘等恶劣环境中。

工业布线应用于工业环境中具有良好环境条件的办公区、控制室和生产区之间的交界场所、生产区的信息点,工业级连接器件也可应用于室外环境中。

工业级布线系统的设计,应注意的问题如下。

(1) 在工业设备较为集中的区域应设置现场配线设备。

(2) 工业级布线系统宜采用星状网络拓扑结构。

(3) 工业级配线设备应根据环境条件确定 IP 的防护等级。

9. 需求分析

综合布线系统的需求分析,主要是针对智能建筑物的建设规模、工程范围、使用性质、用户信息需求以及业务功能、通信性质、人员数量、未来扩展等开展的前期总体分析。其分析的结果是综合布线系统基础性的设计依据,它的准确和详尽程度将会直接影响综合布线系统的网络结构、设备配置、线缆分布以及工程投资等一系列重大问题。

1) 综合布线系统的应用类型

通常,综合布线系统应用类型分为智能建筑综合布线、智能小区综合布线和智能家居综合布线三种类型。那么,在需求分析过程中,需求分析的对象有下面几种类型。

(1) 智能建筑

综合布线系统是随着智能建筑的兴起而发展起来的。智能建筑是指建筑物的系统集成中心通过综合布线系统将各种终端设备,如通信终端(计算机、电话机、传真机等)、传感器(如烟雾、压力、温度、湿度等传感器)的连接,实现楼宇自动化、通信自动化和办公自动化(3A)三大功能。

(2) 智能小区

近年来,智能建筑技术有了新的发展,人们把智能建筑技术扩展到一个区域内的多座智能建筑中,这样的区域被称为智能小区。所谓智能小区,就是将在一定地域范围内多个具有相同或不同功能的建筑物(主要指住宅小区)按照统筹方法,利用计算机技术、通信技术和多媒体技术等高科技手段,分别将其功能进行智能化,使资源充分共享,以统一管理。智能小区已成为建筑行业中继智能建筑之后的又一个热点,也是房地产的一个亮点。它在提供安全、舒适、方便、节能、可持续发展的生活环境的同时,便于统一管理和控制,并尽可能地提高了性能价格比。

小区管理智能化系统是以信息传输通道(可采用电话线、有线电视网、高速宽带数据网、宽带光纤用户接入网、现场总线或 RS-485 总线等)为物理集成平台的多功能管理与监控的综合性系统,并与 CATV、公共交换网、互联网等联网使用。小区内部可以采用多种网络拓扑结构(如树状结构、星状结构或混合结构)。住宅小区管理智能化系统的总体框图如图 3-8 所示。

目前,根据建设部有关在全国建成一批智能小区示范工程规划,根据智能化程度将智能小区示范工程分为三种类型,分别为一星级、二星级和三星级,需达到的要求如下。

① 一星级。一星级系统可采用多种布线,但要求科学合理,经济适用。

② 二星级。

• 建立通达每户的小区宽带数据接入网络,网络类型可采用以下所列类型之一或其

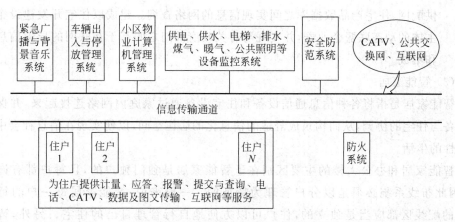

图 3-8　住宅小区管理智能化系统总体框图

组合：光缆同轴电缆网（HFC）、FTTx（x 可为 B、F、H，即光纤到楼栋、光纤到楼层、光纤到户）、高速数字用户环路 ADSL/VDSL 等或其他类型的数据网络。

- 通过上述宽带数据接入网络支持 50％以上的住户以每户 300Kbps 以上的下行速率同时高速接入本地骨干 IP 网，具有独立的网络计费系统，小区与外界具有 64Kb/s 以上的数据专线连接。
- 基于 IP 协议的物业信息管理，提供许可住户访问的小区 Web 站点。

③ 三星级。住宅小区开发建设和物业管理依照实施现代集成建造系统（HI-CIMS）的基本要求。

- 建立通达每户的小区宽带光纤用户接入网络，向住户综合提供两种以上的基本业务（普通电话、高速数据、有线电视）。网络类型可采用以下三种类型之一或其组合：光缆同轴电缆网（HFC）、FTTx（x 可为 B、F、H，即光纤到楼栋、光纤到楼层、光纤到户）、高速非对称数字用户线路 ADSL/VDSL 等。
- 基于上述宽带光纤用户接入网，提供业务质量（QoS）合格的基于 MPEG-2 的交互式数字视频业务，支持数字视频广播、按次付费数字电视、电子节目指南（EPG）等高级数字视频应用。
- 住宅小区智能化系统作为 HI-CIMS 的一个重要组成部分和动态联盟的一个企业，必须符合 HI-CIMS 的信息标准体系和信息交换技术。对小区智能化系统开发过程的建模、质量、进度和成本控制进行研究，确定其分解方法、控制方法和控制点。控制信息的提取和分析可以使业主对智能化系统开发过程中质量、进度和成本进行有效监督与控制。
- 采用符合住宅信息集成系统要求的商品化软件，以开发建设企业为主体，在住宅产品供配系统和住宅产品数据库的支撑下完成住宅开发建设从立项、勘察设计、施工（包括施工组织、质量控制等）、性能认定、房屋销售到物业管理等住宅开发建设全过程的信息化管理。
- 分系统中各专业间的信息数据实现共享和统一管理，住宅建设各环节与住宅产品供配网、住宅产品数据库之间实现信息的网络查询。建成以住宅开发建设企业为主体的动态联盟企业群,并实现与有关政府部门之间基于互联网的异地信息交换和集成。

(3) 智能家居

智能家居是指将各种信息通信设备和住宅设备通过家庭内网络连接起来,并保持这些设备与住宅的协调,从而构筑成舒适的信息化的居住空间,以便实现在信息社会中富有创造性的生活。

智能家居和办公大楼的主要区别在于智能家居是独门独户的,且每户都有许多房间,因此布线系统必须是以分户管理为特征的。一般来说,智能家居每一户的每一个房间的配线区都应当是独立的,住户可以方便地自行管理自己的住宅。另外,智能家居和办公大楼布线的一个较大的区别是智能住宅需要传输的信号种类较多,不仅有语音和数据,还有有线电视、楼宇对讲等。因此,智能家居每个房间的信息点较多,需要的接口类型也较为丰富。由于智能家居具有以上特点,因此智能家居的布线最好选用专门的智能布线产品。

智能家居布线将成为今后一段时间内布线系统的新热点。虽然目前有在家办公、上网等多媒体需求的用户还不多,但由于家居住宅投资使用的周期长(至少在 10 年以上),而信息技术发展迅速,如果现在不设置智能家居布线,将来有这些应用需求时,再增加布线将会很麻烦。

2) 综合布线系统的工程环境

(1) 综合布线系统的信息业务种类

随着全球信息产业的蓬勃兴起,计算机及其信息通信技术的飞速发展,新建的高级办公楼、写字楼等建筑物中,都让人们意识到了智能建筑的功能应用。实际上,目前智能建筑的弱电系统通常都会涉及以下几个子系统。

① 语音、数据、图像通信系统。

② 保安监控系统(闭路监控系统、防盗报警系统、可视对讲、巡更系统、门禁系统)。

③ 楼宇自控系统(空调、通风、照明、给排水、变配电、冷冻站、换热站等设备的监控与自动调节)。

④ 卫星电视接收系统。

⑤ 消防监控系统。

根据对国内一些智能建筑招标书规划方案的分析可以看出,智能建筑的信息类型和传输介质如表 3-5 所示。由于智能化的性质和功能不同,对信息业务种类的需求有可能增加或减少。目前,智能建筑的布线系统一般用于语音、数据、图像和监控等信息业务,随着技术的进步,今后会有更多新的子系统进入智能建筑中。在用户信息需求分析中,必须根据用户的实际需要选择信息业务的种类。从现阶段来看,要确定哪个或哪几个子系统采用结构化布线方式,仍需从技术可行性、经济合理性、工程实施及维护管理上权衡考虑。

表 3-5　智能建筑的信息类型和传输介质

应 用 系 统	信 息 类 型	可用传输介质
通信和互联网	模拟电话、传真线路	UTP 双绞线
	ISDN 一线通	UTP 三类双绞线
	ADSL 宽带接入	UTP 五类双绞线
	长城宽带网接入(FTTP)	UTP 五类双绞线
	有线电视宽带网接入(HFC)	75Ω 同轴电缆
	卫星宽带网(CATV)	75Ω 同轴电缆
娱乐系统	有线电视信号	75Ω 同轴电缆
	直播卫星电视信号	75Ω 同轴电缆
	音、视频信号系统(AV)	UTP 五类双绞线
	视频点播	75Ω 同轴电缆
	网络和办公系统	UTP 五类双绞线
	计算机局域网络	UTP 五类双绞线
	打印机和周边设备共享	UTP 五类双绞线
安保消防	红外、烟雾和温度感应	UTP 双绞线
	室外摄像和室内监控	UTP 双绞线
	可视门铃和楼宇对讲	UTP 双绞线
	安全报警设备	UTP 双绞线
设备管理	远程抄表	UTP 双绞线
	物业管理	UTP 双绞线

考虑网络通信类型时,首先要确认综合布线系统是否包括视频或语音(电话)信号。通常人们会认为,对弱电各子系统统一配线便于管理,可以提高维护的效率。但目前通常出于实际技术水平和成本经济效益的考虑,设计时只把暂时必须接入综合布线系统的通信自动化、办公自动化系统接入综合布线网络,而其他系统仍采用独立运行方式,但设计时要考虑其他系统今后接入的可能性。确定以上设计方案是基于从目前的实际情况出发,本着先进、经济实用的原则,让综合布线这一先进技术的优势得以充分发挥。原因有以下几点。

① 经济上是否合理决定了资金投向。事实上,智能型建筑并不以是否采用结构化为标准,也不以结构化布线系统应用范围的大小(即有多少个子系统采用)评估智能化程度。虽然结构化布线系统已从最初只在语音、数据、图像传输中应用发展到今天在控制系统中应用,但从目前情况看,一座建筑全部弱电均采用结构化布线的情况是很少见到的。

语音系统的设备程控交换机、话机无须任何适配器模块即可用结构化布线作为信号传输平台。

② 计算机网络系统执行的多种标准都可以在以双绞线作为传输平台的基础上选择和建立。网络设备如交换机、集线器、网卡等的接口模块采用 EIA/TIA 标准,可直接与结构化布线接口。对于采用非双绞线传输的系统,重要的是弄清所选择的结构化布线系统是否支持该计算机网络采用的标准,如支持,则用户能够购买到相应的适配器以实现与结构化布线系统的接口,否则就应考虑其他解决方案。

③ 从原理上讲,几乎所有的数据、信息传输均可以接入综合布线系统,但每一线路的两端必须加装价格较贵的适配器。有线电视接收系统(CATV)的布线技术相对成熟稳定,其自动化要求不高,其平面位置和使用功能均要稳定,虽然采用结构化布线在技术上是可行的,但这样的布线系统的灵活性和互换性优势不能发挥出来,况且有线电视系统基本上采用光缆和同轴电缆构成系统,而综合布线采用双绞线传输方式,不能达到1000MHz 的要求。因此实际工程中有线电视系统不纳入综合布线系统,这是从节约成本且能满足要求的角度考虑的。

④ 闭路电视监控系统(CCTV)属安全保卫系统范畴,强调独立成网,保密性强,而且75Ω视频电缆属于不对称电缆。为了在对称的双绞线上传输视频信号,在摄像机端及监视器端都要设置阻抗匹配转换器,这样会导致工程造价成本升高。因此闭路电视监控系统也不纳入综合布线系统,这是从安全管理及节约成本的角度考虑的。

(2) 综合布线的工程范围

对于综合布线系统的工程区域,有由单幢独立的智能大楼组成的工程区域和由多幢智能化建筑群(包括校园式小区和智能小区)组成的工程区域两种。前者的用户信息需求只是单幢建筑的内部需要,后者则包括多幢组成的智能化建筑群内部的需要。显然后者用户信息需求分析的工作量要较前者增加若干倍。

3) 综合布线系统的网络拓扑结构

(1) 星状拓扑结构

星状拓扑结构是一种放射状的布线方式,由通过点到点链路接到中央结点的各站点组成。星状网络中有一个唯一的转发结点(中央结点),每一计算机都通过单独的通信线路连接到中央结点。

星状拓扑的优点是:利用中央结点可方便地提供服务、配置新网络结点;单个连接点的故障只影响一个设备,不会影响全网,因此改动或重新布置主设备时,只须改动相关的那条线路;模块化星状结构设计容易检测和隔离故障,便于系统维护和故障分析;任何一个连接只涉及中央结点和一个站点,因此控制介质访问的方法很简单,访问协议也十分简单。

星状拓扑的缺点是:每个站点直接与中央结点相连,需要大量电缆,因此费用较高;如果中央结点产生故障,则全网不能工作,所以对中央结点的可靠性和冗余度要求很高。

(2) 总线拓扑结构

总线拓扑结构采用单根传输线作为传输介质,所有的站点都通过相应的硬件接口直接连接到传输介质(总线)上。任何一个站点发送的信号都可以沿着介质传播,而且能被其他所有站点接收。

总线拓扑的优点是:电缆长度短,易于布线和维护;结构简单,传输介质又是无源器件,从硬件的角度看,十分可靠。

总线拓扑的缺点是:总线拓扑网不是集中控制的,所以故障检测需要在网上的各个站点上进行;在扩展总线的干线长度时,需重新配置中继器、剪裁电缆、调整终端器等;总线上的站点需要介质访问控制功能,这就增加了站点的硬件和软件费用。以太网等常采用总线拓扑结构。

（3）环状拓扑结构

环状拓扑结构是由连接成封闭回路的网络结点组成的，每一结点与它左右相邻的结点连接。环状网络常使用令牌环来决定哪个结点可以访问通信系统。在环状网络中信息流只能是单方向的，每个收到信息包的站点都向它的下游站点转发该信息包。信息包在环网中"旅行"一圈，最后由发送站进行回收。当信息包经过目标站时，目标站根据信息包中的目标地址判断出自己是接收站，并把该信息拷贝到自己的接收缓冲区中。环上流通着一个叫令牌的特殊信息包，只有得到令牌的站才可以发送信息，当一个站发送完信息后就把令牌向下传送，以便下游的站点可以得到发送信息的机会。

环状拓扑的优点是：能高速运行，而且为了避免冲突，其结构相当简单。

无论将来网络技术如何发展，其拓扑结构一定是总线、环状、星状、树状或以上几种形式的组合。星状的结构化物理布线，只要在配线架上对电缆（或光缆）及应用设备进行适当连接，便可实现上述的总线、环状、星状或混合（含有环状、总线等形式）拓扑结构。

4）综合布线系统的现场勘察

在网络布线系统还没有施工之前，最好提前到工地进行现场的观察了解，以便综合布线的设计与施工人员熟悉现场的环境和熟悉建筑物的结构，我们可以通过查看建筑施工图纸和到工程现场进行勘察来完成。

5）综合布线系统的设计目标

（1）功能性

为用户提供快捷、开放、易于管理的语音与数据信息基础传输平台。布线系统应能适应各种计算机网络体系结构的需要，并能支持语音或楼宇自控和保安监控等系统的应用。可为用户提供可视图文、电子信箱、中国公用分组交换数据网（CHINAPAC）接口，为用户提供电子数据交换（EDI）等各种服务的传输平台，为实现无纸办公创造条件。为用户及时传递可靠、准确的各类重要信息，最终实现办公自动化系统（OA）。

（2）先进性

系统应适应综合布线技术发展的潮流，能为数据及高清晰图像信息提供高速及宽带的传输能力，适应异步传输模式（ATM）。各性能指标满足支持高带宽的 100Mbps、1000Mbps 以太网和异步传输（ATM）应用，满足宽带综合业务数字网（B-ISDN）的要求，支持复杂的多任务的 ISDN、DDN、xDSL、X.25 等分组交换接入应用，能实现大厦与Internet 等全球信息高速公路接轨的需求。布线系统要既能满足现阶段技术水平应用的需要，也能满足未来多媒体大量的声音、图像、数据传输的需要。

（3）灵活性

系统要具有极大的弹性以能适应不同的计算机主机系统（如 IBM、DEC、APPLE 等）和不同的局域网结构（以太网、令牌环网、ATM 网）等。大厦内任一信息端口均可接驳计算机终端、工作站、电话等，其功能可随时通过简单的跳线来改变。系统要能支持综合信息传输和连接，实现多种设备配线的兼容，要能使网络拓扑结构方便在星状、总线、环状等之间进行转换。

（4）方便性

设备变迁时要有高度的灵活性、管理的方便性，能在设备布局和需要发生变化时实施灵活的线路管理，能够保证系统很容易扩充和升级而不必变动整体配线系统，能够提供有效的工具和手段，以简单、方便地进行线路的分析、检测和故障隔离，当故障发生时，可迅速找到故障点并加以排除。

（5）可靠性

具有对环境的良好适应能力（如防尘、防火、防水），对温度、湿度、电磁场以及建筑物的振动等的适应能力。系统可方便地设置雷电、异常电流和电压保护装置，使设备免受破坏。

（6）扩展性

适应未来网络发展的需要，系统的扩充升级容易。也就是说，系统不仅能支持现有常规的计算机网络、计算机终端、电话、传真、摄像机、控制设备等通信需要，而且能支持未来的语音、视频、数据多网融合的局域网技术和接入网技术，具有适应未来需求，平稳过渡到增强型分布技术的智能型布线系统。

（7）开放性

结构化布线系统能满足任何特定建筑物及通信网络的布线要求，完全开放化，既支持集中式网络系统，又支持分布式网络系统，支持不同厂家、不同类别的网络产品；为用户提供统一的局域网和广域网接口，满足目前要求和未来发展的需要。

（8）标准化

综合布线工程所有网络通道、信息端口系统应遵循统一的标准和规范，性能指标应保证达到国家标准《GB 50312—2007 综合布线系统工程验收规范》的要求。

（9）经济性

经济性即系统经济、使用简单、维护方便、管理成本低，布线出口方式美观、耐用、防尘。

（10）生命周期

本项目系统设计能满足现在和未来的通信网络应用需要，具有 20 年使用生命周期。

6）综合布线系统的设计内容

（1）系统总体方案设计

系统总体方案设计主要包括以下 5 个部分。

① 系统的设计目标。

② 系统设计原则。

③ 系统设计依据。

④ 系统各类设备的选型及配置。

⑤ 系统总体结构等内容。

系统总体方案的设计，应根据工程具体情况灵活进行。

例如，单个建筑物楼宇的综合布线设计就不应考虑建筑群子系统的设计；有些低层建筑物信息点数量很小，考虑到系统的性价比的因素，可以取消楼层配线间（管理子系统），只保留设备间，配线间与设备间功能整合到一起设计。

在总体设计时,对综合布线系统的组成需要注意以下两点。

① 各个布线子系统之间,它们的缆线都不应互相直接连接,其中间必须装有配线接续设备(如配线架等),利用跳线(或称跨接线或连接线)等器材,连接成传送信号的通路,以保证系统性和完整性,使布线通路使用方便、调度灵活、检修简便和管理科学。

② 建筑群配线架(CD)、建筑物配线架(BD)和楼层配线架(FD)分别属于建筑群主干布线子系统、建筑物主干布线子系统和水平布线子系统。因此,在总体设计中必须对上述各个子系统之间关系分清。同时,要求它们之间互相匹配、彼此连接,不应有矛盾和脱节,例如各种配线架的装设位置、缆线容量和技术性能等都要求从整个系统的总体考虑,务必要求使用方便,有利于维护检修和日常管理。

（2）各个子系统详细设计

综合布线工程的各个子系统设计是系统设计的核心内容,它直接影响用户的使用效果。具体应根据国家标准《GB 50311—2007　综合布线系统工程设计规范》进行 7 个子系统的设计,详细内容见后面章节的描述。

3.1.2　网络布线工程设计原则与步骤

要设计一个结构合理、技术先进、满足需求的综合布线系统方案之前,除了完成上面讲述的建筑物现场勘测等工作之外,还需要做好相关技术准备,确定设计原则并按照设计步骤逐步完成网络布线工程的设计方案。

综合布线系统的设计,既要充分考虑所能预见的计算机技术、通信技术和控制技术飞速发展因素,同时又要考虑政府宏观政策、法规的指导和实施原则。它包括系统设计和工程设计两个方面。

1. 设计原则

综合布线系统的设计主要是通过对建筑物结构、系统、服务与管理 4 个要素的合理优化,把整个系统成为一个功能明确、投资合理、应用高效、扩容方便的使用综合布线系统。具体来说,应遵循兼容性、开放性、灵活性、可靠性、安全性、经济性的原则。

（1）兼容性原则

综合布线系统是能综合多种数据信息传输于一体的信息传输系统,在进行工程设计时,需确保相互之间的兼容性。兼容性指它自身是完全独立的而与应用系统无关,可以适用于多种应用系统。综合布线系统通过统一的规划和设计,采用相同的传输介质、信息插座、交连设备、适配器等,把语音、数据及视频设备的不同信号综合到一套标准系统中,在使用时,用户可不用定义某个工作区的信息插座具体应用,只把某种终端设备插入这个信息插座,然后在电信间和设备间的交接设备上做相应的跳线操作,这个终端设备就接入各自的系统中。

（2）开放性原则

综合布线系统由于采用开放式体系结构,符合多种国际上现行的标准,因此几乎对所有著名厂商的产品都是开放的,并支持所有的通信协议。在进行综合布线系统设计时,采用国际标准或国内标准及有关工业标准,支持基于基本标准的主流厂商的网络通信产品。布线系统中除了固定于建筑物中的电缆之外,其余所有的接插件全部采用标准部件,以便扩容及重新配置。

（3）灵活性原则

综合布线系统中任意信息点应能够很方便地与多种类型设备进行连接。综合布线系统采用标准的传输缆线和相关连接器件，模块化设计。

（4）可靠性原则

综合布线系统采用高品质的传输介质和组合压接的方式构成一套标准化的数据传输信道。所有线槽和相关连接件均通过 ISO 认证，每条信道都采用专用仪器测试链路阻抗及衰减，保证了其电器性能。应用系统布线全部采用点到点端接，任何一条链路故障均不影响其他链路的运行，为链路的运行维护及故障检修提供方便，从而也保障了应用系统的可靠运行。各应用系统往往采用相同的传输介质，因而可互为备用，提高冗余度。

（5）安全性原则

能防止网络的非法访问，保护关键数据不被非法窃取、篡改或泄露。

（6）经济性原则

在保证系统需求的前提下，尽量节约开支，降低运营成本。越先进、完善的网络系统，需要越多的资金和越高技术水平的网络管理人员。网络的设计者要在资金许可的范围内，采用先进、成熟的技术与设备满足用户的需求，实现较高的性价比。

2. 设计步骤

一个完善而又合理的综合布线系统，其目标为：在既定的时间内，允许在有新需求集成过程中，不必再去进行水平布线，以免损坏建筑装饰而影响美观。图 3-9 为综合布线系统设计流程图。

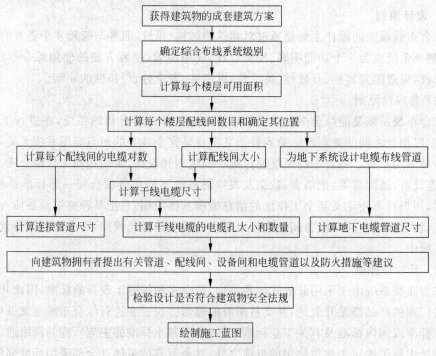

图 3-9   综合布线系统设计流程图

综合布线的结构是开放式的,它由各个相对独立的部件组成,改变、增加或修改其中一个布线部件并不会影响其他子系统。将应用系统的终端设备与信息插座或配线架相连可以支持多种应用,但完成这些链接所用的设备不属于综合布线系统。

设计一个合理的综合布线系统一般有以下步骤。

（1）分析用户需求。

（2）获取建筑物平面图。

（3）系统结构设计。

（4）布线路由设计。

（5）可行性论证。

（6）绘制综合布线施工图。

（7）编制综合布线用料清单。

综合布线系统工程工作流程图如图 3-10 所示。

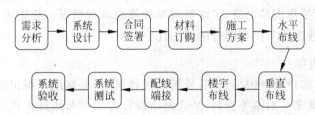

图 3-10　综合布线系统工程工作流程图

3.2　任务 1：网络布线工程现场勘测内容

A 学校新建的教学实训大楼共有 6 层,每层楼有 16 间教室或实训室与 2 间管理员办公室。第 3 层整层作为教师科研办公区域。为了更好地进行网络建设,实施网络工程,首先需要在网络布线工程还没有施工之前,派相关的工程技术人员到项目的工地现场观察了解、熟悉现场的环境和该建筑物的结构。

本任务要求工程承包商的技术人员与客户协商网络需求,现场勘测建筑物,根据用户提出的网络布线要求,参考建筑平面图、装饰平面图等资料,结合网络设计方案对布线施工现场进行勘测,作出工程的勘测报告,并且完成综合布线系统设计现场勘察记录表的填写。

1. 综合布线工程按照现场分类

在网络布线系统还没有施工之前,最好提前到工地进行现场的观察了解,以便综合布线的设计与施工人员熟悉现场的环境和熟悉建筑物的结构,我们可以通过查看建筑施工图纸和到工程现场进行勘察来完成。

一般来说,综合布线工程按照现场可以分为以下几大类。

（1）原有建筑物改造

原有建筑物改造项目一般施工现场比较复杂,施工成本高。应仔细了解建筑物的结构,设计出合理的改造方案,特别要注意机柜位置和线路路由等情况。

（2）开放型办公室

有些楼层房间面积较大，从几百平方米到几层（几千平方米），而且房间办公用具布局经常变动，墙（地）面又不容易安装信息插座，这类项目称为开放性办公室。综合布线系统开放型办公室布线是一种特例，主要的服务对象是在办公楼、综合楼、商业贸易楼和具有租赁性质的智能化建筑中，都有面积较大的公共区域或大开间的办公区等场地。由于其使用对象极不固定、数量也不稳定，因此，综合布线系统的布线方式也必须采取适应变化的相应措施和技术方案。

（3）新建建筑物

此类项目，一般由设计院已经提供了设计图纸。在现场勘察之前详细阅读建筑图纸，这样现场勘测就会容易很多。

（4）扩容项目

此类项目必须要作现场勘察，了解原有布线系统详细情况。根据现有布线系统作设计，来保证原有布线系统与扩容部分的统一性。

2．现场勘测内容

主要任务是与客户协商网络需求，现场勘测建筑物，根据用户提出的网络布线要求，参考建筑平面图、装饰平面图等资料，结合网络设计方案对布线施工现场进行勘测，作出综合布线调研报告。

（1）勘测各楼层的施工区域吊顶情况，如走廊、工作区等。查看吊顶是否可以打开，测量吊顶高度等，根据吊顶的情况确定水平主干线缆的铺设方式。确定布线系统需要用到的电缆竖井的位置和结构，是否有光缆管道，管径是否够用，施工会否对其他线路有影响（非常重要，如果要铺设光缆一定要充分了解管道走势）。

（2）没有可用的电缆竖井，那么需要甲方技术负责人商定垂直干线布线管槽的位置，并确定其垂直管槽的种类。

（3）查看双绞线、光缆路由中有无强的辐射干扰源（位置），也就是水平、垂直干线布线路由中有无强干扰源。

（4）勘察现场信息点详情，是否有可能超过 100m 的位置。

（5）确定设备间和楼层配线间位置（房间编号、楼号、楼层），设备间是否使用了防静电地板（高架活动地板），并测量静电地板高度，是否有吊顶。

（6）在设备间和楼层配线间，要确定机柜的安放位置，确定到机柜的主干线槽的敷设方式。

（7）讨论网络布线施工项目的土建情况，一般包括承重墙的位置，大楼外墙和内墙的施工处理方法，施工建筑物有无防雷设计等。

3．填写综合布线系统设计现场勘察记录表

根据现场勘察情况，完成综合布线系统设计现场勘察记录表（网络、电话）（见表 3-6）的填写。

表 3-6　综合布线系统设计现场勘察记录表(网络、电话)

甲方单位		施工队伍			
乙方负责人		勘察日期		勘察次数	第　　次

现场勘察情况登记

是否有施工场地 CAD 原图		信息点总数		弱电间个数	
是否确认过 CAD 图纸正确性		网络点总数(个)		弱电间是否有强电空气开关	
是否对修改部分记录		语音点总数(个)		弱电间是否有电源插座	
工作区 86 盒位置有无要求		语音点及数据点功能是否确定			
是否有室内装修设计图、强电说明					
弱电间位置是否已确定(是否合理)					
弱电间是否要求使用静电地板					
是否存在特殊网络(涉密、党政、财务)					
是否有光缆管道,管径是否够用,施工会否对其他单位有影响(非常重要,如果要敷设光缆一定要充分了解地下管道走势)					
是否有影响弱电施工的人为其他因素					
楼层总数		楼高		图示房间号是否已确定不变	
弱电间位置(房间编号、楼号、楼层)					
弱电间是否使用防静电地板		静电地板高度		是否现有吊顶	
弱电间面积		弱电间是否有语音及数据之外的弱电系统			
甲方对隐蔽性有无具体要求					
甲方对管道布置有无具体要求(管道大小、房间容纳条数、在房间内的位置、在弱电间的位置、在桥架上的位置)					
弱电间信息点详情(弱电间编号、网络点个数、语音点个数)					
施工场地土建情况		是否已经有了水平、垂直系统管道填埋			
有否弱电干扰源		有无特殊通信设备接口需求			
现有管径是否符合线缆布放要求		现有管道路线是否符合布放线缆要求			

水平布线系统是否有桥架连接	桥架高度是否确定（位置）	
桥架是在吊顶上面还是吊顶下面	水平、垂直走线是否有弱电专用桥架	
施工现场信息点布局是否有一致性	水平系统最短与最长距离	
预留管道是否符合施工要求		
水平、干线走线中有无强干扰源		
线缆计划经过途中有无高温、振动、腐蚀、水浸、挤压、粉尘等区域，能否避开		
勘察现场是否有可能超过 100m 的位置（包括工作区跳线距离）		
甲方是否有独立的网络中心机房	机房和各水平弱电间是否在同一栋楼	
甲方弱电间现是否有网络通信设备	单个弱电间信息点总数最小和最大	
现有设备基本信息（品牌、型号、接口速率、上连接口速率）		
甲方期望后期较长时间内楼内主干设备传输速率	甲方现是否有服务器（台）	
甲方期望后期较长时间主干设备间传输速率	甲方是否有多媒体应用或后期计划	
甲方当前有无使用光纤连接及有无光纤地下管道	施工场地管道是否有预留线	
施工现场有无其他场地施工人员在施工（施工内容）		
其他施工单位负责人是否可联系（联系人、电话）		
甲方是否有专人配合综合布线工作（联系人、电话）		
施工建筑物有无避雷设计	□一级避雷　　　□二级避雷　　　□三级避雷	
双绞线、光缆路由中有无强的辐射干扰源（位置）		
其他更多备注和现场勘察记录、甲方其他具体要求记录如下		
单位有没有房间为专门会议室需要特别设计		

续表

有没有领导办公室有特殊安全或装饰需求	
有否存在特殊如党政、财务网等需要物理隔离的	
是否对房间内不同网络的点数有要求	
其他常驻施工队联系方式	
线材供应商联系人、联系方式	
强电施工队联系人、联系方式	
装饰装修队联系人、联系方式	
甲方委派监理联系人、联系方式	
甲方项目负责人、联系方式	

3.3　任务 2：工作区子系统设计

　　根据项目场景中的需求,本任务要求完成教学实训大楼的教室或实训室,以及管理员办公室网络布线方案的设计,即教学实训大楼工作区子系统的设计。

　　在综合布线系统中,一个独立的需要设置终端设备(TE)的区域宜划分为一个工作区。工作区应由配线子系统的信息插座模块(TO)延伸到终端设备处的连接缆线及适配器组成。它包括信息插座、信息插座模块(TO)、适配器(网卡)和连接所需的线缆(跳线),并在终端设备和输入/输出之间搭接,相当于电话配线系统中连接话机的用户线及话机终端部分。典型的终端连接系统如图 3-11 所示。终端设备可以是电话、PC 和数据终端,也可以是绘图仪、打印机或扫描仪。

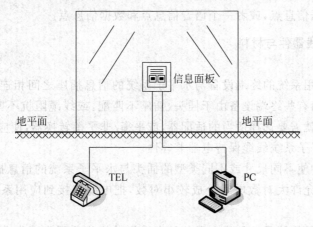

图 3-11　工作区示意图

工作区布线要求相对简单,用户根据工作需要可以随时移动、添加和变更设备。工作区的设计首先要确定每个工作区内应安装信息插座的数量,每个工作区可以设置一部电话或一台计算机终端,或者既有电话又有计算机终端,也可根据用户提出的要求并结合系统的设计等级确定信息插座安装的种类和数量。

根据相关设计规范要求,一般来说,一个工作区的服务面积可按 $5\sim10\mathrm{m}^2$ 计算。

1. 工作区面积划分

目前建筑物的功能类型较多,大体上可以分为商业、文化、媒体、体育、医院、学校、交通、住宅、通用工业等类型,因此,对工作区面积的划分应根据应用的场合做具体的分析后确定,工作区面积需求如表 3-7 所示。

表 3-7　工作区面积的划分

建筑物类型及功能	工作区面积/m²
网管中心、呼叫中心、信息中心等终端设备较为密集的场地	3～5
办公区	5～10
会议、会展	10～60
商场、生产机房、娱乐场所	20～60
体育场馆、候机室、公共设施区	20～100
工业生产区	60～200

需要注意的有两点:①对于应用场合,如终端设备的安装位置和数量无法确定时或为大客户租用并考虑自行设置计算机网络时,工作区面积可按区域(租用场地)面积确定;②对于 IDC 机房(即数据通信托管业务机房或数据中心机房)可按机房每个配线架的设置区域考虑工作区面积,对于此类项目,如涉及数据通信设备的安装工程,应单独考虑实施方案。

工作区信息点数量主要根据用户的具体的需求来确定。对于用户不能明确信息点数量的情况下,应根据工作区设计规范来确定,即一个 $5\sim10\mathrm{m}^2$ 面积的工作应配置一个语音信息点或一个数据信息点,或者一个语音信息点和数据信息点。

2. 工作区布线器件与材料

(1) 适配器

一般来讲,应用系统的终端设备与水平子系统的信息插座之间相连接最简单的方法是用接插软线。而有些终端设备由于插头、插座不匹配,或线缆阻抗不匹配,不能直接插到信息插座上,这就需要选择适当的适配器,或平衡/非平衡转换器,使应用系统的终端设备与综合布线水平子系统线缆保持电器兼容性。

适配器是一种使不同尺寸或不同类型的插头与水平子系统的信息插座相匹配,提供引线的重新排列,允许大对数电缆分成较小对数,把电缆连接到应用系统的设备端口的器件。

平衡/非平衡转换器是一种将电器信号由平衡转换为非平衡或由非平衡转换为平衡的器件。

工作区选用的适配器的要求如下。

① 当在设备连接处采用不同信息插座的连接器时,可以使用专用接插电缆或适配器。

② 当在单一信息插座上进行两项服务时,应使用 Y 形适配器,如图 3-12 所示。

③ 当在配线子系统中选用的电缆类别不同于设备所需要的电缆类别时,应采用适配器。

④ 在连接使用不同信号的数控转换或数据速率转换等相应的装置时,应采用适配器。

图 3-12　Y 形适配器

⑤ 为了网络的兼容性,可以采用协议转换适配器。

⑥ 根据工作区内不同的电器终端设备,可配备相应的适配器。

（2）信息插座（面板、底盒、模块）

① 信息插座类型:信息插座必须具有开放性,即能兼容多种系统的设备连接要求。一般来说,工作区应安装足够的信息插座,以满足计算机、电话机、传真机、电视机等终端设备的安装使用。

② 信息插座位置:考虑到信息插座要与建筑物内装修相匹配,安装在墙面或柱子上的信息插座底盒、多用户信息插座盒的底部离地面的高度宜为 300mm,如果房间地面采用活动地板,信息插座应离地板地面为 300mm。而且信息插座应与计算机设备的距离保持在 5m 范围以内。

③ 安装在地面上的信息插座应采用防水和抗压的接线盒。

④ 光纤信息插座模块:安装的底盒大小应充分考虑到水平光缆终接处的光缆盘留空间和满足光缆对弯曲半径的要求。

⑤ 信息插座模块的需求量一般为

$$m = n + n \times 3\%$$

式中:m 表示信息模块的总需求量;n 表示信息点的总量;3% 表示富裕量。

（3）跳线

对跳线的选择,应当遵循以下规定。

① 跳线使用的线缆（双绞线或光缆）必须与水平布线完全相同,并且完全符合布线系统标准的规定。

② 每个信息点需要一根跳线。

③ 跳线的长度通常为 2～3m,最长不超过 5m。

④ 如果水平布线采用超 5 类非屏蔽双绞线,从节约投资的角度,可以现场手工制作跳线;如果采用 6 类或 7 类布线,建议订购成品跳线。

现场手工制作,RJ-45 跳线所需的数量为

$$m = n \times 4 + n \times 4 \times 5\%$$

式中:m 表示 RJ-45 跳线的总需求量;n 表示信息点的总量;5% 表示富裕量。

（4）电源规定

① 每 1 个工作区至少应配置 1 个 220V 交流电源插座。

② 工作区的电源插座应选用带保护接地的单相电源插座,保护接地与零线应严格分开。

③ 信息插座附近有电源插座的,信息插座应距离电源插座 20cm 以上,如图 3-13 所示。

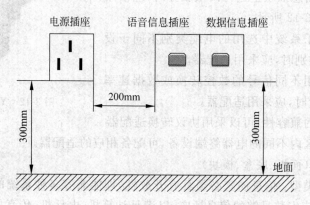

图 3-13   工作区信息插座与电源插座布局图

3.4   任务 3:配线子系统设计

根据项目场景中的需求,本任务要求对教学实训大楼各楼层的教室或实训室,以及管理员办公室到对应楼层电信间水平方向上网络布线的方案进行设计,即教学实训大楼配线子系统的设计。配线子系统主要涉及水平布线系统的网络拓扑结构、布线路由、管槽设计、线缆类型的选择、线缆长度的确定、线缆布放和设备配置等内容。

在综合布线中,配线子系统应由工作区的信息插座模块、信息插座模块至电信间配线设备(FD)的配线电缆和光缆、电信间的配线设备及设备缆线和跳线等组成。配线子系统是综合布线工程中工程量最大,最难施工的一个子系统。它的布线路由一般处在同一楼层上,与每个工作区密切相关,如图 3-14 所示。

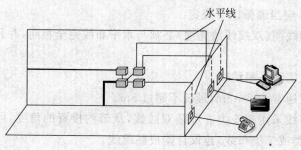

图 3-14   配线子系统

1. 配线子系统设计步骤

(1) 确定信息插座的位置、类型、数量。

(2) 确定配线子系统的网络拓扑结构。

（3）确定配线子系统的水平布线的路由和布线方式，即管槽系统的设计。

（4）确定线管、线槽的类型和数量。

（5）确定布线线缆的类型和长度。

（6）如果打吊杆走线槽，则要计算出吊杆数量。

（7）如果不用吊杆走托臂架，则要计算出托臂架数量。

2. 设计要点与规范

（1）配线子系统布线设计应符合的要求

① 根据工程提出的近期和远期的终端设备要求。

② 每层需要安装的信息插座的数量及其位置。

③ 终端将来可能产生移动、修改和重新安排的预测情况。

④ 一次性建设或分期建设的方案。

（2）配线子系统拓扑结构

配线子系统的布线一般用星状网络拓扑结构，它以楼层配线架 FD 为中心结点，如图 3-15 所示，水平线缆的两端分别与楼层配线设备和信息插座连接。图中的 TO 是指通信引出端，即信息插座。FD 是指楼层配线设备，如配线架。

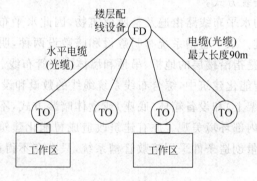

图 3-15　星状网络拓扑结构

星状网络的物理拓扑结构对其他逻辑拓扑形式（如总线、环状）具有很好的通融性，而且这种通融性一般是在楼层配线架上实现的。综合布线系统采用星状网络拓扑结构，很好地解决了它对各种应用的开放性。

配线子系统缆线应采用非屏蔽或屏蔽 4 对双绞线电缆，在需要时也可采用室内多模或单模光缆。根据我国通信行业标准规定，配线子系统的配线电缆或光缆长度不应超过 90m，是指工作区的电信插座到楼层配线架上的电缆、光缆机械终端之间的缆线长度。若水平布线超过 90m，就要考虑设置两个或多个楼层交接间或二级交接间。在能保证链路性能时，水平光缆距离可适当加长。这种结构的线路长度较短，工程造价低，维护方便，保障了通信质量。

3. 配线子系统管槽布线路由设计

管槽系统是综合布线系统缆线敷设和设备安装的必要设施。因此，管槽系统设计在综合布线系统的总体方案设计中是极为重要的内容。虽然具体设计是由智能化建筑设计统一考虑,但管槽的总体系统布局、规格要求等资料,主要根据综合布线系统各种缆线分布和设备装置等总体方案的要求,向建筑设计单位提供,以便在房屋建筑设计中考虑。由于管槽系统设计具有涉及面广(包括建筑和其他管线系统)、技术要求高和工作具体烦琐等特点,对于新建建筑物,管槽系统应与建筑物设计和施工同步进行。对于原有建筑物改造的项目,应先仔细了解建筑物的结构,设计出合理的管槽系统。

管槽系统施工完成后,它与建筑物成为一个整体,属于永久设施,因此,它的使用年限应与建筑物使用年限一致。这样,管槽系统的规格、尺寸和数量要依据建筑物的终期需要从整体和长远来考虑。

管槽系统是由引入管路、上升管路(包括上升房、电缆竖井和槽道等)、楼层管路(包括槽道和工作区管路)和联络管路等组成。它们的走向、路由、位置、管径和槽道的规格以及与设备间、交接间等的连接,都要从整体和系统的角度来统一考虑。此外,对于引入管路和公用通信网的地下管路的连接,也要做到互相衔接、配合协调,不应产生脱节和矛盾等现象。

配线子系统缆线宜采用在吊顶、墙体内穿管或设置金属密封线槽及开放式(电缆桥架,吊挂环等)敷设,当缆线在地面布放时,应根据环境条件选用地板下线槽、网络地板、高架(活动)地板布线等安装方式。

由于配线子系统的水平布线路由遍及整座建筑物,因此水平布线路由是影响综合布线工程美观程度的关键。水平管槽系统有明敷设和暗敷设两种,明敷设是指沿墙面和无吊顶走廊布线,暗敷设是指沿楼层的地板、吊顶和墙体内穿管布线。

在新建或扩建的智能化建筑中,综合布线系统缆线的敷设和设备安装方式,应采用暗敷管路槽道(包括在桥架上)和设备箱体(底座)或盒体暗装方式,不宜采用明敷管槽和明装箱体方式,以免影响内部环境美观。原有建筑改造成智能化建筑需增设综合布线系统时,可根据工程实际尽量创造条件采用暗敷管槽系统,只有在不得已时,才允许采用明敷管槽系统。

1) 常见的暗敷设管槽系统的方式

(1) 天花板吊顶内敷设线缆方式

天花板吊顶内敷设线缆方式,适合于新建建筑和有天花板吊顶的已建建筑的综合布线工程。这种布线方式有区域布线方式、内部布线方式和电缆槽道方式 3 种。这 3 种方式都要求有一定的操作空间,以利于施工和维护,但操作空间也不宜过大,否则将增加楼层高度和工程造价。此外,在天花板或吊顶的适当地方应设置检查口,以便日后维护检修。

① 区域布线方式

区域布线方式类似电话布线,把楼层的天花板空间划分为若干个区域,从配线间把大容量的电缆敷设到每个小区域中心的转接点,再由转接点分出电缆经墙壁或墙柱通向信息插座。这种方法配线容量大、灵活性强、经济实用,能节省工程造价和施工劳力,但线缆穿管敷设会受到限制。

② 内部布线方式

在内部布线方式中,每个信息插座都由配线间单独引一条实心电缆。这种方式的灵活性最大,不受其他因素限制,且不同的双绞线传输的信号互不干扰,但需要的电缆数很多。

③ 电缆槽道方式

电缆槽道方式也就是先走线槽再走支管布线方式,这种布线方式的线槽由金属或阻燃高强度 PVC 材料制成,分单件扣合方式和双件扣合方式两种类型,为了方便线缆转弯,配有各种规格的转弯线槽、T 形线槽等。线槽一般安装在吊顶内或悬挂在顶棚上,用在大型建筑物或布线系统比较复杂又需要有额外支持物的场合,如图 3-16 所示。

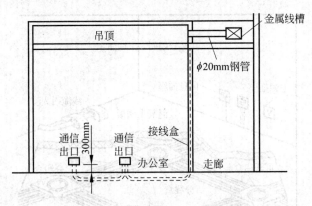

图 3-16　先走线槽再走支管布线方式

由图 3-16 可以看出,线缆由配线间引出先走吊顶内的线槽,到各房间后,经分支线槽从横梁式电缆管道分叉后,将电缆穿过一段支管引向墙柱或墙壁,沿墙而下到本层的信息出口,或沿墙而上引到上一层的信息出口,最后端接在用户的信息插座上。在设计、安装线槽时应尽量将线槽放在走廊的吊顶内,并且至各房间的支管应适当集中至检修孔附近,以便维护。

(2) 地板下敷设线缆方式

地板下敷设线缆方式在智能建筑中使用较为广泛,尤其对新建和扩建的建筑物更为适宜。由于线缆敷设在地板下面,既不影响美观,又无须考虑其荷重,施工安装和维护检修均较方便;加上操作空间大,劳动条件好,所以深受施工和维护人员欢迎。

当电缆在地板下布放时,应根据环境条件选用地板下直接埋管道布线方式、地面线槽布线法、高架地板布线法等安装方式。

① 直接埋管布线方式

直接埋管布线方式由一系列密封在现浇混凝土里的金属布线管道或金属线槽组成。这些管道或线槽从配线间向信息插座的位置辐射。根据通信和电源布线要求、地板厚度和占用的地板空间等条件,直接埋管布线方式可能要采用厚壁镀锌管或薄型电线管。

这种方式在老式建筑物的布线路由设计中非常普遍,因为其设计、安装、维护非常方便,安全性好,减少障碍机会,而且工程造价较低。但现代建筑有很多语音点和数据点,使综合布线的水平线缆外径比较大,如三类 4 对非屏蔽双绞线外径为 1.7mm,其截面积为 17.34mm²;五类 4 对非屏蔽双绞线外径为 5.6mm,其截面积 24.62mm²;屏蔽双绞线则更大,在设计中三、五类混用,统一取截面积为 20mm²。对于目前使用较多的 SC 镀锌钢管及阻燃高强度 PVC 管,占空比取 30％。信息点多也使配线间引出的管很多,常规是将这些管子埋在走廊的混凝土垫层或排管中,但是这会产生排管不能太长,垫层加厚,难以变更,影响施工质量和工艺要求高等问题。

② 地面线槽布线方式

地面线槽布线法就是由配线间出来的缆线走地面线槽到地面出线盒,或者由线盒出来的支管到墙上的信息插座,如图 3-17 所示。由于地面出线盒或线盒不依赖于墙或柱体直接走地面垫层,所以这种方式适用于大开间或需要打隔断的场合。

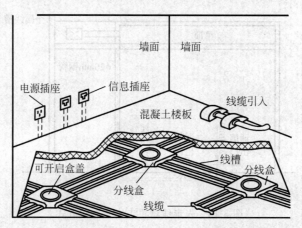

图 3-17　地面线槽布线方式

地面线槽布线法的优点如下。

- 信息出口离弱电间的距离不限;布线方便简洁,适应于大开间房。
- 强弱电系统可以同路由。
- 适应各种布置和变化,灵活性大。

地面线槽布线法的缺点如下。

- 需要较厚的垫层,增加了楼板荷重;楼板太薄时容易被吊杆打中。
- 工程造价较高。
- 不适合石质地面。
- 不适合信息点特别多的场合。

③ 高架地板布线方式

高架地板也称活动地板,由许多安装在地板上锁定支架上的方块面板组成。为了能接触下面的电缆,每一块面板都是活动的,如图 3-18 所示。这种方法布线灵活,可将电缆端口做到办公桌上,适应性强,可容纳的电缆量大,易于安装施工。但初期安装费用大,对电缆的走向控制不太方便,在地板上行走会有共鸣效应,影响操作环境,而且会降低房间的高度。

（3）墙体内穿管方式

建筑物土建设计时,已考虑综合布线管线设计,水平布线路由从配线间经吊顶或地板下进入各房间后,采用在墙体内预埋暗管的方式,将线缆布放至信息插座。这种布线方式的示意图可以参考前面提到的天花板吊顶内敷设线缆方法中的线缆槽道布线方式。

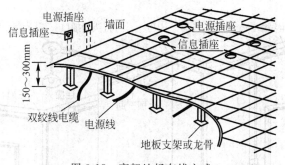

图 3-18　高架地板布线方式

2）常见的明敷设管槽系统的布线方式

明敷设布线方式主要用于既没有天花板吊顶又没有预埋管槽的建筑物的综合布线系统，通常采用走廊槽式桥架和墙面线槽相结合的方式来设计布线路由。

（1）走廊槽式桥架方式

走廊槽式桥架方式是指将线槽用吊杆或托臂架设在走廊的上方，如图 3-19 所示。

图 3-19　走廊槽式桥架方式

目前在各高校教学楼内的网络建设中、学生宿舍的综合布线工程中大对数采用这种走廊槽式桥架方式。

（2）墙面线槽布线方式

墙面线槽布线方式适用于既没有天花板吊顶又没有预埋管槽的旧建筑物综合布线工程改造项目的水平布线，如图 3-20 所示。

4. 管槽大小选择

管槽大小选择，可采用以下简易方式来计算。

$$槽（管）截面积＝n×线缆截面积/m$$

式中：n 表示用户所要安装的多少条线（已知数）；m 表示布线标准规定管槽截面的利用率；槽（管）截面积表示要选择的槽管截面积；线缆截面积表示选用的线缆截面积。

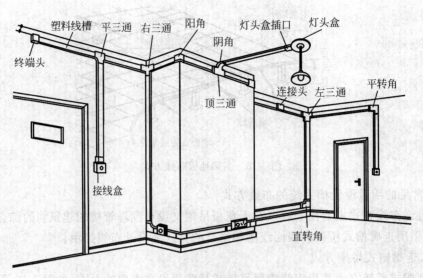

图 3-20　墙面线槽布线方式

　　以上计算方法的管槽按要求留有较多的余量空间,在实际工程中可根据具体情况也可适当多容纳一些线缆。

　　预埋线槽和暗管敷设缆线应符合下列规定:预埋线槽宜采用金属线槽,预理或密封线槽的截面利用率应为 30%~50%。敷设暗管宜采用钢管或阻燃聚氯乙烯硬质管。布放大对数主干电缆及 4 芯以上光缆时,直线管道的管径利用率应为 50%~60%,弯管道应为 40%~50%。暗管布放 4 对对绞电缆或 4 芯及以下光缆时,管道的截面利用率应为 25%~30%。

　　在计算中,管、槽及桥架的容积表参考值见表 3-8~表 3-10。

表 3-8　铜缆外径统计表　　　　　　　　　　　　　单位:mm

规格	3 类 4 对线	5e 类 4 对线	25 对 3 类线	50 对 3 类线	100 对 3 类线	25 对 5 类线
外径	4.7	4.57	9.7	13.4	18.2	12.45

表 3-9　光缆外径统计表　　　　　　　　　　　　　单位:mm

规格	NTF-DMGR-04	NTF-DMGR-06	NTF-DMGR-12
外径	5.08	5.59	7.62

表 3-10　管槽线缆容量对照表

PVC 槽(型号)	20mm×10mm	24mm×14mm	39mm×19mm	59mm×22mm	99mm×27mm	99mm×40mm
五类线(根数)	2	4	9	16	32	48
PVC 管(型号)	φ16mm	φ20mm	φ25mm	φ32mm	φ40mm	φ50mm
五类线(根数)	2	3	6	9	15	24
镀锌线槽(型号)	25mm×25mm	25mm×50mm	25mm×75mm	50mm×50mm	50mm×100mm	100mm×100mm
五类线(根数)	7	15	22	30	60	120

5. 开放型办公室布线系统

对于办公楼、综合楼等商用建筑物或公共区域大开间的场地，由于其使用对象数量的不确定性和流动性等因素，宜按开放办公室综合布线系统要求进行设计，并应符合下列规定。

（1）多用户信息插座设计方案

采用多用户信息插座时，每一个多用户插座包括适当的备用量在内，宜能支持 12 个工作区所需的 8 位模块通用插座，各段缆线长度可按表 3-11 选用，也可按下式计算。

$$C = (102 - H)/1.2$$
$$W = C - 5$$

式中：$C = W + D$ 表示工作区电缆、电信间跳线和设备电缆的长度之和；D 表示电信间跳线和设备电缆的总长度；W 表示工作区电缆的最大长度，且 $W \leqslant 22m$；H 表示水平电缆的长度。

表 3-11　各段缆线长度限值

电缆总长度/m	水平布线电缆 H/m	工作区电缆 W/m	电信间跳线和设备电缆 D/m
100	90	5	5
99	85	9	5
98	80	13	5
97	25	17	5
97	70	22	5

（2）集合点设计方案

采用集合点时，集合点配线设备与 FD 之间水平线缆的长度应大于 15m。集合点配线设备容量宜以满足 12 个工作区信息点需求设置。同一个水平电缆路由不允许超过一个集合点（CP），从集合点引出的 CP 线缆应终接于工作区的信息插座或多用户信息插座上。

6. 配线子系统的线缆长度

配线子系统的线缆要依据建筑物信息的类型、容量、带宽或传输速率来确定。双绞线电缆是水平布线的首选。但当传输带宽要求较高，管理间到工作区超过 90m 时选择光纤作为传输介质。

（1）配线子系统布线距离

配线子系统的水平线缆主要是指从楼层配线架到信息插座间的固定布线，一般采用 100Ω 的双绞线电缆，水平电缆最多长度为 90m，配线架调节至交换设备、信息模块跳接至计算机的跳线总长度不超过 10m，通信通道总长度不超过 100m。在信息点比较集中的区域，如一些较大的房间，可以在楼层配线架与信息插座之间设置集合点（CP，最多转接一次），这种集合点到楼层配线架的电缆长度不能过短（至少 15m），但整个水平电缆最长 90m 的传输特性保持不变。

（2）线缆长度计算方法

① 确定以下两个值。

平均电缆长度＝(配线间至最近信息插座水平电缆的长度

＋配线间至最远信息插座水平电缆的长度)/2

总电缆长度＝平均电缆长度＋备用部分电缆长度(平均电缆长度的10%)

＋6m端接容差

② 用以下这个公式计算每个楼层线缆的用线量。

$$L = [0.55(F+S)+6] \times n \quad (\text{单位：m})$$

式中：L 表示每个楼层的用线量；F 表示配线间至最远信息插座水平电缆的长度；S 表示配线间至最近信息插座水平电缆的长度；n 表示每层楼的信息插座(IO)的数量。

③ 计算整栋建筑物的用线量。

$$C = \sum (m \times L) \quad (\text{单位：m})$$

式中：m 表示整栋建筑物的楼层数。

④ 计算电缆采购数量。

$$\text{线缆总箱数} = C/305 \quad (\text{单位：箱})$$

式中：C 表示整栋建筑物的用线量；305 表示每箱 4 对双绞线电缆包装标准的长度，单位为 m。

注：不够一箱时按照一箱计算。

3.5 任务4：干线子系统设计

根据项目场景中的需求，本任务要求对教学实训大楼不同楼层的设备间和配线间多条连接路径的网络布线的方案进行设计，即教学实训大楼干线子系统的设计。

干线(垂直干线)子系统通常是由主设备间提供建筑中最重要的铜线或光纤线主干线路，是整个大楼的信息交通枢纽。一般它提供位于不同楼层的设备间和配线间的多条连接路径。对于高层建筑而言，通常叫作垂直干线子系统。

干线子系统应由设备间至电信间的干线电缆和光缆、安装在设备间的建筑物配线设备(BD)及设备缆线和跳线组成，如图 3-21 所示。

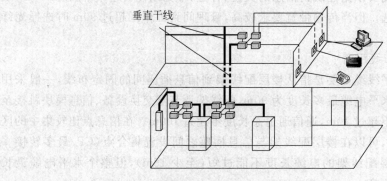

图 3-21 干线(垂直干线)子系统

1. 设计要点与规范

1）设计规范

智能化建筑综合布线系统中的干线子系统是中枢神经系统,在工程设计中必须重视。国家标准《GB 50311—2007　综合布线系统工程设计规范》对干线子系统设计有以下规定。

（1）干线子系统所需要的电缆总对数和光纤总芯数应满足主体工程中用户实际信息需求,并应留有适当的备份容量。主干缆线宜设置电缆与光缆,并互相作为备份路由。

（2）干线子系统主干缆线应选择较短的安全的路由。主干电缆宜采用点对点端接方式,它是最简单、最直接的配线方法,要求电信间的每根干线电缆直接从设备间延伸敷设到指定的楼层电信间。有时主干电缆也可采用分支递减终接。分支递减终接是用1根大对数干线电缆来支持若干个电信间的通信缆线容量,通常是经过电缆接头保护箱分出若干根小电缆,它们分别延伸敷设到相应的电信间,并端接到目的地的配线接续设备上。

（3）当智能化建筑中的用户电话交换机和计算机主机分别设置在不同的楼层或设备间内时,宜采用不同的主干缆线,如电缆或光缆分别满足传送语音和数据的信息需要。

（4）在智能化建筑中,如楼层面积极大,在同一楼层中需要设置多个电信间时,为保证通信网络灵活机动,可考虑在电信间之间设置干线路由,以便互相联络,彼此支持。

（5）主干电缆和主干光缆所需的容量要求及配置,应符合以下规定。

① 对语音业务,大对数主干电缆的对数,应按每一个电话 8 位模块通用插座配置 1 对线,并在总的需求线对的基础上至少预留约 10％ 的备用线对。如语音信息点的 8 位模块通用插座连接 ISDN 用户终端设备,并采用 S 接口(即 4 线接口),相应的主干电缆则应按 2 对线配置,其各用线对也同样按比例考虑增设。

② 对于数据业务,应以集线器(HUB)或交换机(SW)群(按 4 个 HUB 或 SW 组成 1 群),或以每个 HUB 或 SW 设备设置 1 个主干端口配置。每 1 群网络设备或每 4 个网络设备宜考虑设置 1 个备份端口。主干端口为电端口时,应按 4 对线容量配置,如果是光端口时,则按 2 芯光纤容量配置。

③ 当工作区至电信间的水平光缆延伸敷设到设备间内的光配线设备(BD/CD)时,主干光缆的容量应包括所延伸的水平光缆光纤的容量,切勿遗漏,以防漏算或少算。

④ 智能化建筑与建筑群体的配线设备处,各类设备缆线和跳线的配置,宜与上面配线子系统的规定相同。

2）拓扑结构

垂直干线子系统宜采用星状拓扑结构。如果把综合布线系统的基本组成单元做结点,连接相邻结点的线路看作链路,则星状拓扑结构是由一个中心主结点(建筑物配线架 BD)及其向外延伸到各从结点(楼层配线架 FD 或二级连接)构成的,如图 3-22 所示。

每一条从中心结点(BD)到从结点(FD)的线路均与其他线路相对独立,所以星状拓扑结构是一种模块化设计。主结点采用集中式访问控制策略,故主结点的控制设备较为复杂,而各从结点的信息处理负担却较小。主结点可与从结点直接通信,而从结点之间必须经中心结点转接才能相互通信。

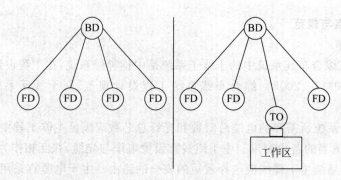

图 3-22   干线子系统拓扑结构

2. 干线子系统线缆的类型

可根据建筑物的楼层面积、建筑物的高度和建筑物的用途来选择干线子系统线缆的类型。在干线子系统中可采用 4 种类型的线缆。

(1) 100Ω 双绞线电缆。

(2) 150Ω 双绞线电缆。

(3) $8.3\mu m/125\mu m$ 单模光缆。

(4) $62.5\mu m/125\mu m$ 多模光缆。

在干线子系统中,采用双绞电缆时,根据应用环境可选用非屏蔽双绞线或屏蔽双绞线电缆。在实际工程设计中,常用的缆线是 100Ω 大对数 UTP(传输语音信号)和 $62.5\mu m/125\mu m$ 多模光缆(传输数据信号)。选择线缆和相关连接硬件,一定要从实际出发,认真分析要求。

3. 干线子系统的布线距离

为了保证信号传输的质量,对干线子系统的布线距离有如下的限制。

(1) 综合布线干线系统布线的最大距离要求:建筑群配线架(CD)到楼层配线架(FD)间的距离不应超过 2000m,建筑物配线架(BD)到楼层配线架(FD)的距离不应超过 500m。通常将设备间的主配线架放在建筑物的中部附近以使线缆的距离短。当超出上述距离限制时,可以分成几个区域布线,使每个区域满足规定的距离要求。采用单模光缆时,建筑群配线架到楼层配线架的最大距离可以延伸到 3000m。采用 5 类双绞线时,传输速率超过 100Mbps 的高速应用系统,布线距离不宜超过 90m,否则宜选用单模或多模光缆。

(2) 在建筑群配线架和建筑物配线架上,接插软线和跳线长度不宜超过 2m,超过 2m 的长度应从允许的干线线缆最大长度中扣除。

(3) 水平子系统和干线子系统布线的距离与信息传输速率、信息编码技术,以及选用的线缆和相关硬件有关。比如 $62.5\mu m/125\mu m$ 多模光纤,信息传输速率为 100Mbps 时,传输距离为 2km。这种光纤信道传输千兆以太网(1000Base-SX)信息,采用 8B/10B 编码技术,并使用损耗最小的短波激光收发机,传输距离也只能约为 260m 远。$8.3\mu m/125\mu m$ 模光纤信道传输以太网(1000Base-LX)信息,传输距离为 5km。采用 5 类非屏蔽电缆和相关连接硬件构成的通道,信息传输速率为 100Mbps,传输距离为 100m。这种通道传输千兆位以太网,采用先进的处理技术和信息处理技术,传输距离也能达到 100m。但屏蔽绞线电缆,传输距离只能达 25m。

(4) 把电信设备(如用户交换机)直接连接到建筑群配线架(CD)或建筑物配线架(BD)时,所用的设备缆线长度不宜超过 30m。

4. 干线子系统电信间的结合方法

干线电缆通常采用点对点端接,也可采用分支递减端接或电缆直接连接方法。

(1) 点对点端接法

点对点端接是最简朴、最直接的接合方法,干线子系统每根干线电缆直接延伸到指定的楼层和交接间,如图 3-23 所示。

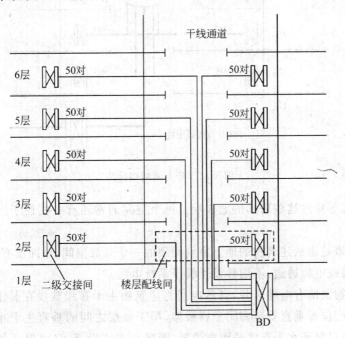

图 3-23　点对点端接法

(2) 分支递减端接法

分支递减端接是指使用一根大对数电缆作为主干,经过电缆铰接盒分出若干根小电缆,分别延伸到每个交接间或每个楼层,并端接于目的地的连接硬件,如图 3-24 所示。

(3) 电缆直接连接法

电缆直接连接法是特殊情况使用的技术。一种情况是一个楼层的所有水平端接都集中在干线交接间;另一种情况是二级交接间太小,在干线交接间完成端接。

对于一幢建筑物的综合布线工程来说,这三种干线子系统的结合方法采用哪一种比较适宜,需要根据工程的施工难度和线缆预算等方面通盘考虑。

5. 配线子系统路由设计

配线子系统布线走向应选择干线电缆最短、确保人员安全和最经济的路由。建筑物有两大类型的通道,即封闭型和开放型。宜选择带门的封闭型通道敷设干线线缆。

封闭型通道是指一连串上下对齐的空间,每层楼都有一间。电缆竖井、电缆孔、管道

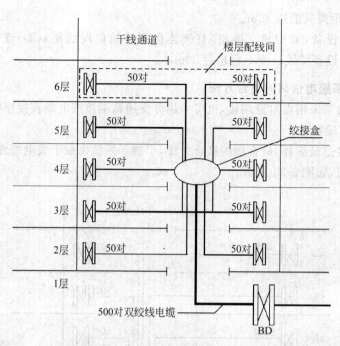

图 3-24　分支递减端接法

电缆、电缆桥架等穿过这些房间的地板层。每个空间通常还有一些便于固定电缆的设施和消防装置。

开放型通道是指从建筑物的地下室到楼顶的一个开放空间，中间没有任何楼板隔开。例如，通风通道或电梯通道，不能敷设干线子系统电缆。

如果建筑物预留有电缆竖井，自然应当将建筑物主干布线敷设在其中；否则可以在建筑物水平中心位置垂直安装密闭金属桥架，用于楼层之间的垂直主干布线。选择在水平中心位置，可以保证水平布线的距离最短，既减少布线投资，又可保证最大传输距离在水平布线所允许的 90m 之内。

干线子系统垂直通道有电缆孔、电缆竖井两种方式可供选择。

(1) 电缆孔。通常在浇注混凝土地板时，用一根或数根直径 10cm 的金属管预埋在地板内，金属管高出地坪 2.5～5cm，也可直接在地板上预留一个大小适当的长方形孔洞。把电缆绑在钢绳上，而钢绳固定到墙上已铆好的金属条上。

这种方法适用于配线间上下都对齐的情况，如图 3-25 所示。

(2) 电缆竖井。电缆井是指在每层楼的地板上开出一些方孔，使电缆可以穿过这些方孔从该楼层延伸到相邻的楼层。在电缆井中安装电缆与电缆孔类似，也是把电缆绑在支撑用的钢绳上，钢绳用墙上金属条或地板三脚架固定住。电缆井的大小依所用电缆的数量而定，对于新建建筑物，适宜使用电缆竖井的方式，如图 3-26 所示。

电缆竖井的优点是选择非常灵活，可以让粗细不同的各种电缆以任何组合方式通过；综合布线系统可与其他供弱电系统共用同一个电缆井。缺点是很难防火，楼板的结构完整性容易遭到破坏。

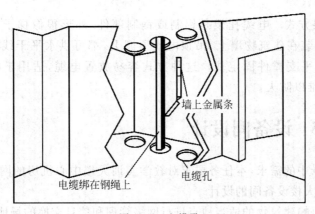

图 3-25　电缆孔

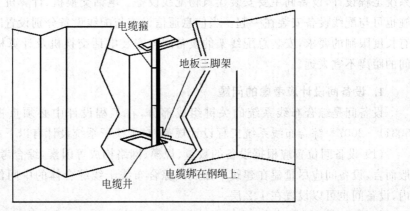

图 3-26　电缆竖井

在实际建筑物中,每一层的配线间不一定是对齐的。在多层楼房中,干线电缆常需利用横向通道才能从设备间连接到干线通道,以及在各个楼层上从二级交接间连接到任何一个配线间。

干线子系统水平通道一般采用管道方式或电缆托架方式。

(1) 管道方式。在地板内布放一些金属管道,干线线缆从金属管道内穿过。这种方式使电缆得到很好的保护,而且防火,但是很难重新布置,不够灵活,如图 3-27 所示。

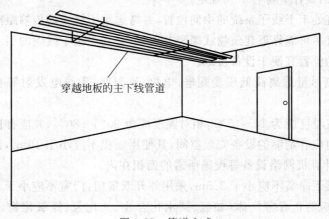

图 3-27　管道方式

（2）电缆托架方式。电缆托架是铝制或钢制部件，外形很像梯子。随支撑物的不同，电缆托架可安装在建筑物墙上、吊顶内或顶棚上，都可供水平干线电缆走线。线缆铺在托架上，由水平支撑件固定住。这种方式容易放置电缆，适用于电缆数量大的场合，但电缆外露，难以防火。

3.6　任务 5：设备间设计

根据项目场景中的需求，本任务要求对教学实训大楼中心机房的网络布线方案进行设计，即教学实训大楼设备间的设计。

设备间是在每幢建筑物的适当地点进行网络管理和信息交换的场地。对于综合布线系统工程设计，设备间主要安装建筑物配线设备。电话交换机、计算机主机设备及入口设施也可与配线设备安装在一起。当信息通信设施与配线设备分别设置时考虑到设备电缆有长度限制的要求，安装总配线架的设备间与安装电话交换机及计算机主机的设备间之间的距离不宜太远。

1. 设备间设计应考虑的问题

设备间是综合布线系统的关键组成部分，在工程设计中必须重视。国家标准《GB 50311—2007　综合布线系统工程设计规范》对干线子系统设计有以下规定。

（1）设备间位置应根据设备的数量、规模、网络构成等因素，综合考虑，择优选取。一般而言，设备间应尽量建在建筑平面及其综合布线干线综合体的中间位置。在高层建筑内，设备间也可以设置在 1、2 层。

例如，如果一个设备间以 $10m^2$ 计，大约能安装 5 个 19in 的机柜。在机柜中安装电话大对数电缆多对卡接式模块，数据主干缆线配线设备模块，大约能支持总量为 6000 个信息点所需（其中电话和数据信息点各占 50%）的建筑物配线设备安装空间。

（2）每幢建筑物内应至少设置 1 个设备间，如果电话交换机与计算机网络设备分别安装在不同的场地或根据安全需要，也可设置 2 个或 2 个以上设备间，以满足不同业务的设备安装需要。

（3）建筑物综合布线系统与外部配线网连接时，应遵循相应的接口标准要求。

（4）设备间的设计应符合下列规定。

① 设备间宜处于干线子系统的中间位置，并考虑主干线缆的传输距离与数量。

② 设备间宜尽可能靠近建筑物线缆竖井位置，有利于主干线缆的引入。

③ 设备间的位置宜便于设备接地。

④ 设备间应尽量远离高低压变配电、电机、X 射线、无线电发射等有干扰源存在的场地。

⑤ 设备间室温度应为 10～35℃，相对湿度应为 20%～80%，并应有良好的通风。

⑥ 设备间内应有足够的设备安装空间，其使用面积不应小于 $10m^2$，该面积不包括程控用户交换机、计算机网络设备等设施所需的面积在内。

⑦ 设备间梁下净高不应小于 2.5m，采用外开双扇门，门宽不应小于 1.5m。

（5）设备间应防止有害气体（如氯、碳水化合物、硫化氢、氮氧化物、二氧化碳等）侵入,并应有良好的防尘措施。尘埃含量限值宜符合表 3-12 的规定。

表 3-12　尘埃含量限值

尘埃颗粒的最大直径/μm	0.5	1	3	5
灰尘颗粒的最大浓度/(粒子数/m^3)	1.4×10^7	7×10^5	2.4×10^5	1.3×10^5

注:灰尘粒子应是不导电的,非铁磁性和非腐蚀性的。

(6) 在地震区的区域内,设备安装应按规定进行抗震加固。

(7) 设备安装宜符合下列规定。

① 机架或机柜前面的净空不应小于 800mm,后面的净空不应小于 600mm。

② 壁挂式配线设备底部离地面的高度不宜小于 300mm。

(8) 设备间应提供不少于两个 220V 带保护接地的单相电源插座,但不作为设备供电电源。

(9) 设备间如果安装电信设备或其他信息网络设备时,设备供电应符合相应的设计要求。

2. 设备间线缆敷设

随着设备间的网络设备不断增加,会使得设备间线缆数量非常大。因此,设备间的线缆敷设应充分考虑布线的美观、方便管理以及可扩展性。设备间内的缆线敷设应根据房间内设备布置和缆线经过段落的具体情况,分别选用不同的敷设方式,并及早向土建设计单位提供,以便在建筑设计中考虑。

设备间的线缆敷设方式主要有四种,活动地板方式、地板或墙壁内沟槽方式、预埋管路方式和机架走线架方式。各种敷设方式的适用场合及优缺点见表 3-13。

表 3-13　设备间线缆的敷设方式和适用场合

敷设方式	特　点	优　点	缺　点	适用场合
活动地板	缆线在活动地板下的空间敷设目前有两种。 1. 正常活动地板,高度为 300～500mm 2. 简易活动地板,高度为 60～200mm 一般在建筑建成后装设	1. 缆线敷设和拆除均简单方便,能适应线路增减变化,有较高的灵活性,便于维护管理 2. 地板下空间大,电缆容量和条数多,路由自由短捷,节省电缆费用 3. 不改变建筑结构	1. 造价较高,在经济上受到限制 2. 会减少房屋的净高 3. 对地板表面材料有一定要求,如耐冲击性、耐火性、抗静电,要求在人员走动时感觉良好	1. 两种活动地板在新建建筑中均可使用,一般用于电话交换机房、计算机主机房及设备间,且能全房间铺设 2. 简易活动地板下空间较小,在层高不高的楼层尤为适用,可节省净高空间,也适用于已建成的原有建筑 3. 地下管线和障碍物较复杂且断面位置受限制的地段

续表

敷设方式	特 点	优 点	缺 点	适用场合
地板或墙壁内沟槽	缆线在建筑中预先建成的墙壁或地板内沟槽中敷设,沟槽的断面尺寸大小根据缆线终期容量来设计,上面设置盖板保护	1. 沟槽内部尺寸较大(但受墙壁或地板的建筑要求限制)能容纳缆线条数较多 2. 便于施工和维护,也有利于扩建 3. 造价较活动地板低	1. 沟槽设计和施工必须与建筑设计和施工同时进行,在配合协调上较为复杂 2. 沟槽对建筑结构有所要求,技术较复杂 3. 沟槽上有盖板,在地面上的沟槽不易平整,会影响人员活动,且不美观和不隐蔽 4. 沟槽预先制成,缆线路由不能变动,难以适应变化	地板或墙壁内沟槽敷设方式只适用于新建建筑,在已建建筑中较难采用,因不易制成暗敷沟槽,沟槽敷设方式只能在局部段落中使用,不宜在面积较大的房间内全部采用在今后有可能变化的建筑中不宜使用沟槽敷设方式
预埋管路	在建筑的墙壁或楼板内预埋管路,其管径和根数根据缆线需要来设计	1. 穿放缆线比较容易,维护、检修和扩建均有利 2. 造价低廉,技术要求不高 3. 不会影响房屋建筑结构	1. 管路容纳缆线的条数少,设备密度较高的场所不宜采用 2. 缆线改建或增设有所限制 3. 缆线路由受管路限制,不能变动	预埋管路只适用于新建建筑,管路敷设段落必须根据缆线分布方案要求设计
机架走线架	在设备(机架)上沿墙安装走线架(或槽道)的敷设方式、走线架和槽道的尺寸根据缆线需要设计	1. 不受建筑的设计和施工限制,可以在建成后安装 2. 便于施工和维护,也有利于扩建 3. 能适应今后变动的需要	1. 缆线敷设不隐蔽、不美观(除暗敷外) 2. 在设备(机架)上或沿墙安装走线架(或槽道)较复杂,增加施工操作程序 3. 机架上安装走线架或槽道在层高较低的建筑中不宜使用	在已建或新建的建筑中均可使用这种敷设方式(除楼层层高较低的建筑外),适应性较强,使用场合较多

3.7 任务6：进线间设计

根据项目场景中的需求,本任务要求对教学实训大楼与学校计算机信息中心通信和信息管线的入口部位的网络布线方案进行设计,即教学实训大楼进线间的设计。

进线间是建筑物外部通信和信息管线的入口部位,并可作为入口设施和建筑群配线设备的安装场地。一幢建筑物适宜设置1个进线间,一般位于地下层,外线宜从两个不同的路由引入进线间,有利于与外部管道沟通。进线间与建筑物红外线范围内的人孔或手孔采用管道或通道的方式互连。进线间因涉及因素较多,难以统一提出具体所需面积,可根据建筑物实际情况,并参照通信行业和国家的现行标准要求进行设计,《GB 50311—2007 综合布线系统工程设计规范》中提出了进线间的设计原则要求。

(1) 进线间应设置管道入口。

(2) 进线间应满足缆线的敷设路由、成端位置及数量、光缆的盘长空间和缆线的弯曲半径、充气维护设备、配线设备安装所需要的场地空间和面积。

(3) 进线间的大小应按进线间的进局管道最终容量及入口设施的最终容量设计。同时应考虑满足多家电信业务经营者安装入口设施等设备的面积。

(4) 进线间宜靠近外墙和在地下设置,以便缆线引入。设计规范中对进线间设计应符合下列规定。

① 进线间应防止渗水,宜设有抽排水装置。

② 进线间应与布线系统垂直竖井沟通。

③ 进线间应采用相应防火级别的防火门,门向外开,宽度不小于 1000mm。

④ 进线间应设置防有害气体措施和通风装置,排风量按每小时不小于 5 次容积计算。

(5) 与进线间无关的管道不宜通过。

(6) 进线间入口管道口所有布放缆线和空闲的管孔应采取防火材料封堵,做好防水处理。

(7) 进线间如安装配线设备和信息通信设施时,应符合设备安装设计的要求。

进线间一般提供给多家电信业务经营者使用,通常设于地下一层。进线间主要作为室外电缆和光缆引入楼内的成端与分支及光缆的盘长空间位置。对于光缆至大楼(FTTB)、至用户(FTTH)、至桌面(FTTO)的应用及容量日益增多,进线间就显得尤为重要。由于许多的商用建筑物地下一层环境条件已大大改善,也可以安装配线架设备及通信设施。在不具备设置单独进线间或入楼电缆和光缆数量及入口设施容量较小时,建筑物也可以在入口处采用挖地沟或使用较小的空间完成缆线的成端与盘长,入口设施则可安装在设备间,但宜单独地设置场地,以便功能分区。

3.8 任务 7:管理子系统设计

根据项目场景中的需求,教学实训大楼中所有布线设备需要统一管理,对设备间、电信间和工作区的配线设备、缆线、信息点等设施都需要进行标识,并且需要按一定的模式和规则进行标识和记录。标准规范中要求综合布线的每一条线缆、光缆、配线设备、端接点、接地装置、敷设管线等组成部分均应给定唯一的标识符。本任务需要完成采用标签对教学实训大楼所有布线设备进行标识管理,以及完成跳线的统一配置管理。即教学实训大楼管理子系统的设计。

1. 管理的基本内容

管理是针对设备间、电信间和工作区的配线设备、缆线等设施,按一定的模式进行标识和记录的规定。内容包括:管理方式、标识、色标、连接等。这些内容的实施,将给今后维护和管理带来很大的方便,有利于提高管理水平和工作效率。特别是较为复杂的综合布线系统,其效果将十分明显。

2. 电信间设计

电信间主要为楼层安装配线设备(为机柜、机架、机箱等安装方式)和楼层计算机网络设备(HUB 或 SW)的场地,并可考虑在该场地设置缆线竖井、等电位接地体、电源插座、UPS 配电箱等设施。在场地面积满足的情况下,也可设置建筑物诸如安防、消防、建筑设备监控系统、无线信号覆盖等系统的布缆线槽和功能模块的安装。如果综合布线系统与弱电系统设备合设于同一场地,从建筑的角度出发,称为弱电间(又称为楼层配线间)。

一般情况下,综合布线系统的配线设备和计算机网络设备采用 19in 标准机柜安装。机柜尺寸通常为 600mm(宽)×900mm(深)×2000mm(高),共有 42U 的安装空间。机柜内可安装光纤连接盘、RJ-45(24 口)配线模块、多线对卡接模块(100 对)、理线架、计算机 HUB/SW 设备等。如果按建筑物每层电话和数据信息点各为 200 个考虑配置上述设备,大约需要有 2 个 19in(42U)的机柜空间,以此测算电信间面积至少应为 $5m^2$(2.5m×2.0m)。对于涉及布线系统设置内、外网或专用网时,19in 机柜应分别设置,并在保持一定间距的情况下设计电信间的面积。

电信间温、湿度按配线设备要求提供,如在机柜中安装计算机网络设备(HUB/SW)时的环境应满足设备提出的要求,温、湿度的保证措施由空调专业负责解决。

国家标准《GB 50311—2007　综合布线系统工程设计规范》对电信间的设计有以下要求。

(1) 电信间的数量应按所服务的楼层范围及工作区面积来确定。如果该层信息点数量不大于 400 个,水平缆线长度在 90m 范围以内,宜设置一个电信间;当超出这一范围时宜设两个或多个电信间;每层的信息点数量数较少,且水平缆线长度不大于 90m 的情况下,宜几个楼层合起设一个电信间。

(2) 电信间应与强电间分开设置,电信间内或其紧邻处应设置缆线竖井。

(3) 电信间的使用面积不应小于 $5m^2$,也可根据工程中配线设备和网络设备的容量进行调整。

(4) 电信间提供不少于两个 220V 带保护接地的单相电源插座,但不作为设备供电电源。电信间如果安装电信设备或其他网络设备时,设备供电应符合相应的设计要求。

(5) 电信间应采用外开丙级防火门,门宽大于 0.7m。电信间内温度应为 10~35℃,相对湿度宜为 20%~80%。如果安装信息网络设备时,应符合相应的设计要求。

3. 连接管理的方式

连接管理是指在电信间和设备间内的配线架与网络设备的连接方式的管理。也就是说,我们在电信间和设备间内配线连接硬件区域调整连接方式,就可以管理这个应用系统终端设备,从而实现综合布线系统的灵活性、开放性和扩展性。

在电信间和设备间,综合布线系统主要有两种连接方式,一种是互连方式;另一种是交叉连接方式。互连和交叉连接管理是指线路的跳线连接控制,是通过接插软线或跳线连接将通信线路定位或重定位到建筑物的不同部分,以便对通信线路和用户终端设备的管理。

（1）互连方式

互连是一种结构简单的连接方式，是指不用接插软线或跳线，使用连接器件把一端的电缆、光缆与另一端的电缆、光缆直接相连的一种连接方式，主要应用于数据通信的综合布线系统，如图 3-28 所示。

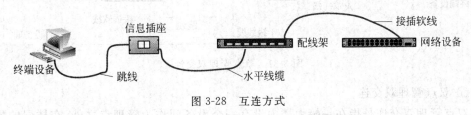

图 3-28　互连方式

（2）交叉连接方式

交连（交叉连接）是配线设备和信息通信设备之间采用接插软线或跳线上的连接器件相连的种连接方式，主要应用于语音通信的综合布线系统，如图 3-29 所示。

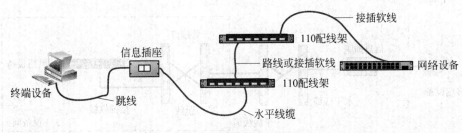

图 3-29　交叉连接方式

交叉连接管理有单点管理单交连、单点管理双交连和双点管理双交连 3 种类型。

① 单点管理单交连

单点管理单交连是指通常位于设备间里面的交换网络设备或互联设备附近的通信线路不进行跳线管理，直接连接至用户工作区的终端设备。该方式适用于楼层低、信息点少的布线系统，如图 3-30 所示。

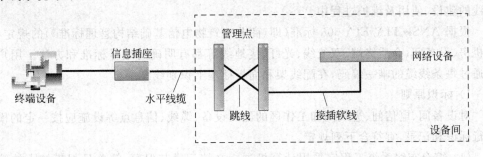

图 3-30　单点管理单交连

② 单点管理双交连

单点管理双交连是指位于设备间里面的交换网络设备或互联设备附近的通信线路不进行跳线管理，直接连接至配线间里面的第二个接线交连区。如果没有配线间，第二个交连区可放在工作区的墙壁上，该方式适用于楼层高、信息点较多的布线系统，如图 3-31 所示。

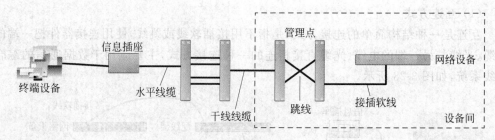

图 3-31   单点管理双交连

③ 双点管理双交连

双点管理双交连是指在一幢大楼内设有一个设备间作为管理点之外,在楼层的配线间还分别设有一级管理交接(跳线),负责该楼层信息点的管理,如图 3-32 所示。由于每个信息点有两个管理点,因此被称为双点管理双交连,该方式适用于楼层高、信息点多的布线系统(如大型商场)。

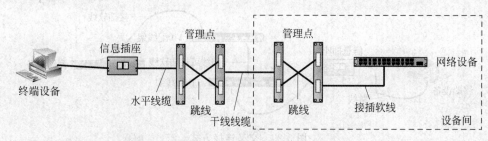

图 3-32   双点管理双交连

4. 标识管理

在综合布线系统中,网络应用的变化会导致连接点经常移动、增加和变化,时间一久必然导致综合布线系统的混乱。一旦没有标识或使用了不恰当标识,都会使最终用户不得不付出更高的维护费用来解决连接点的管理问题。建立和维护标识系统的工作贯穿于布线的建设、使用及维护过程中。

根据 ANSI/TIA/EIA 606 标准(即《商业建筑物电信基础结构管理标准》)的规定,传输机房、设备间、介质终端、双绞线、光纤、接地线等都有明确的编号标准和方法。用户可以通过每条线缆的唯一编码,在配线架和面板插座上识别线缆。

1)标识原则

对设备间、电信间、进线间和工作区的配线设备、缆线、信息点等设施应按一定的模式进行标识和记录,宜符合下列规定。

(1)综合布线系统工程宜采用计算机进行文档记录与保存,简单且规模较小的综合布线系统工程可按图纸资料等纸质文档进行管理,并做到记录准确、及时更新、便于查阅;文档资料应实现汉化。

(2)综合布线的每一电缆、光缆、配线设备、端接点、接地装置、敷设管线等组成部分均应给定唯一的标识符,并设置标签。标识符应采用相同数量的字母和数字等标明。

(3)电缆和光缆的两端均应标明相同的标识符。

（4）设备间、电信间、进线间的配线设备宜采用统一的色标区别各类业务与用途的配线区。

所有标签应保持清晰、完整，并满足使用环境要求。对于规模较大的布线系统工程，为提高布线工程维护水平与网络安全，宜采用电子配线设备对信息点或配线设备进行管理，以显示与记录配线设备的连接、使用及变更状况。

综合布线系统相关设施的工作状态信息应包括：设备和缆线的用途、使用部门、组成局域网的拓扑结构、传输信息速率、终端设备配置状况、占用器件编号、色标、链路与信道的功能和各项主要指标参数及完好状况、故障记录等，还应包括设备位置和缆线走向等内容。

2）标识信息的类型

综合布线系统通常利用标签来对设备间、电信间和工作区的配线设备、缆线等设施，按一定的模式进行标识和记录进行管理。综合布线系统中常见的标识有三种：线缆标识、场标识和插入标识，根据不同的应用场合和连接方法，分别选用不同的标识方式。

标签的种类有 3 种。

① 粘贴型：背面为不干胶的标签纸，可以直接贴到各种设备（器材）的表面。

② 插入型：通常是硬纸片由安装人员在需要时取下来使用。

③ 特殊型：用于特殊场合的标签，如条形码、标签牌等。

标签可以通过以下方式印制。

① 使用预先印制的标签。

② 使用手写的标签。

③ 借助软件设计和打印标签。

④ 使用手持式标签打印机现场打印。

（1）线缆标识

线缆标识主要用于交接硬件安装之前标识电缆的起始点和设备（器材）的终止点。电缆标识由背面为不干胶的白色材料制成，如图 3-33 所示，它可以直接贴到各种设备（器材）的表面上，其尺寸和形状根据需要而定。在交接场安装和做标记之前，利用这些电缆标记来辨别电线的源发地和目的地。

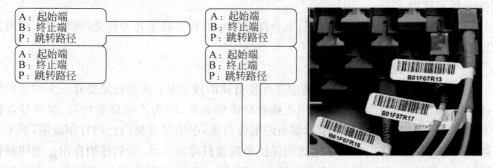

图 3-33 线缆标识（旗型标签）

（2）场标识

场标记用于设备间和远程通信（卫星）接线间中继线、辅助场以及建筑物的分布场。场标记也是由背面为不干胶的材料制成的，可贴在设备间、配线间、二级交换间、中继线、辅助场和建筑物分布线场的平整表面上。

（3）插入标识

插入标识用于设备间和二级接线间的管理场，它是用颜色来标识端接电缆的起始点的。插入标识是硬纸片，可以插入 1.27cm×20.32cm 的透明塑料夹里，这些塑料夹位于接线块上的两个水平齿条之间。每个标识都用色标来指明电缆的源发地，这些电缆端接于设备间和配线间的管理场。插入标识终端现场颜色标识（根据 TIA/EIA 606 标准）参考表 3-14。

表 3-14　终端现场颜色标识

终 端 类 型	颜色	典 型 应 用
分界点	橙色	中心办公室连接（如公共网终接点）
网络连接	绿色	自电信部门的输入中继线
公共设备	紫色	连接到 PBX、大型计算机、局域网、多路复用器（如交换机和数据设备）
关键系统	红色	连接到关键的电话系统或为将来预留
第一级主干	白色	实现干线和建筑群电缆的连接。端接于白场的电缆布置在设备间与干线/二级交接间之间或建筑群内各建筑物之间。连接 MC 到 IC 的建筑物主干电缆的终端
第二级主干	灰色	配线间与一级交接间之间的连接电缆或各二级交接间之间的连接电缆。连接 IC 到电信间的建筑物主干电缆的终端
建筑群主干	棕色	建筑物间主干电缆的终端
水平	蓝色	水平电缆的终端，与工作区的信息插座（IO）实现连接
其他辅助的、综合的功能	黄色	自控制台或调制解调器之类的辅助设备的连线。报警、安全或能量管理

注：在建筑群主干网中，棕色可取代白色或灰色。

管理子系统设计色码标准示例如图 3-34 所示。

3）标识管理

布线系统的五个部分需要标识，五个部分的标识相互联系互为补充，而每种标识的方法及使用的材料又各有各的特点。

（1）线缆标识要求

在 TIA/EIA 606 8.2.2.3 标准中对标签材质的规定是：线缆标签要有一个耐用的底层，材质要柔软易于缠绕。建议选用乙烯基材质的标签，因为乙烯材质均匀，柔软易弯曲便于缠绕。一般推荐使用的线缆标签由两部分组成，上半部分是白色的打印涂层，下半部分是透明的保护膜，使用时可以用透明保护膜覆盖打印的区域，起到保护作用。透明的保护膜应该有足够的长度以包裹电缆一圈或一圈半。另外，套管和热缩套管也是线缆标签的很好选择。

对于重要线缆，每隔一段距离都要进行标识。另外，在维修口、接合处、牵引盒处的线

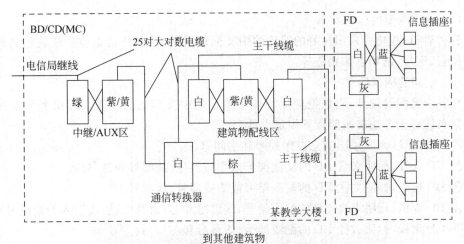

(a) 管理子系统设计色码标准示例

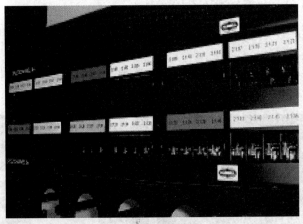

(b) 插入标识效果图

图 3-34　管理子系统设计色码标准示例

缆位置也要进行标识。

线缆标识如图 3-35 所示。

图 3-35　线缆标识

（2）通道线缆的标识要求

各种管道、线槽应采用良好的明确的中文标识系统，标识的信息包括建筑物名称、建筑物位置、区号、起始点和功能等。

（3）空间的标识要求

在各交换间管理点，应根据应用环境用明确的中文标记插入条来标出各个端接场。配线架布线标记方法应按照以下规定设计。

① FD 出线，标明楼层信息点序列号和房间号。

② FD 入线，标明来自 BD 的配线架号或集线器号、线缆号和芯/对数。

③ BD 出线，标明去往 FD 的配线架号或集线器号、线缆号。

④ BD 入线，标明来自 CD 的配线架号、线缆号和芯/对数（或引线引入的线缆号）。

⑤ CD 出线，标明去往 BD 的配线架号、线缆号和芯/对数。

⑥ CD 入线，标明由外线引入的线缆号和线序对数。

当使用光纤时，应明确标明每芯的衰减系数。

使用集线器时，应标明来自 BD 的配线架号、线缆号和芯/对数，同时标明去往 FD 的配线架号和线缆号。

端子板的端子或配线架的端口都要编号，此编号一般由配线箱代码、端子板的块号以及块内端子的编号组成，如图 3-36 所示。

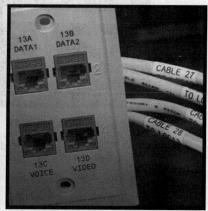

图 3-36　面板和配线架的标识

面板和配线架的标识要使用连续的标签，以聚酯材料最好，这样可以满足外露的要求。由于各厂家的配线架规格不同，所留标记的宽度也不同，所以选择标签时，宽度和高度都要多加注意。配线架和面板标记除了清晰、简洁易懂外，还要美观。

（4）端接硬件的标识要求

信息插座上每个接口位置上应用中文明确标明"语音"、"数据"、"光纤"等接口类型以及楼层信息点序列号。

信息插座的一个插孔对应一个信息点编号。信息点编号一般由楼层号、区号、设备类型代码和楼层内信息点序号组成。此编号将在插座标签、配线架标签和一些管理文档中使用。信息点编号的标识信息如图 3-37 所示。

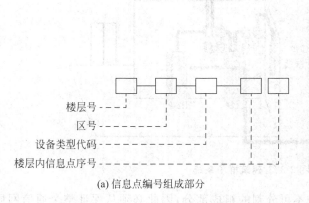
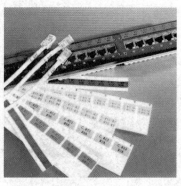

(a) 信息点编号组成部分　　　　　(b) 信息点编号标识

图 3-37　信息点编号的标识信息

（5）接地的标识要求

空间的标记和接地的标记要求清晰、醒目。

4）标识方案的实施

标识是管理综合布线系统的一个重要组成部分。完整的标记系统应提供以下信息：建筑物名称、该建筑物的位置、区号、起始点和功能。

应给出楼层信息点序列号与最终房间信息点号的对照表。楼层信息点序列号是指在未确定房间号之前，为在设计中标定信息点的位置，以楼层为单位给各个信息点分配一个唯一的序号。对于开放式办公环境，所有预留的信息点都应参加编写。

与设备间的设计一样，标记方案也因具体应用系统的不同而有所不同。通常情况下，由最终用户的系统管理人员或通信管理人员提供方案，不管如何，所有的标记方案都应规定各种参数和识别规范，以便对交连场的各种线路和设备端接点有一个清楚的说明。

保存详细的记录是非常重要的，标记方案必须作为技术文档的一个重要部分予以存档，这样方能在日后对线路进行有效的管理。系统人员应该与负责各管理点的技术人员或其他人员紧密合作，随时随地做好各种记录。

3.9　任务 8：建筑群子系统设计

根据项目场景中的需求，本任务要求对教学实训大楼与学校计算机信息中心两幢建筑物之间的干线电缆或光缆敷设方案和建筑物的配线设备（CD）以及设备缆线、跳线等进行设计，即教学实训大楼与学校计算机信息中心两幢建筑物组成的建筑群子系统的设计。

建筑群子系统由两个及两个以上建筑物的电话、数据、电视系统组成一个建筑群综合布线系统，包括连接各建筑物之间的配线设备（CD）、建筑物之间的干线电缆或光缆、设备缆线、跳线等组成建筑群子系统，如图 3-38 所示。

1. 建筑群子系统的特点

建筑群子系统和其他子系统相比，主要有以下几个主要特点。

（1）综合布线系统必须与外界联系，通过建筑群子系统对外连接，一般与公用通信网

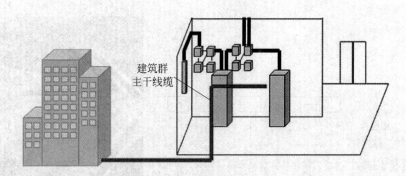

建筑群
主干线缆

图 3-38   建筑群子系统

连成整体。由于它是公用通信网中不可分割的组成部分,因此必须从保证整个通信网质量来考虑,而不应以局部的需要为标准,一定要保证全程全网的传输质量。

(2) 建筑群子系统中除建筑群配线架等设备装在室内外,所有线路设施都装在室外。为此,应该充分考虑外界自然环境对建筑群之间的电缆的影响,且要有完善的接地保护。

(3) 在已建或者在建的建筑群中,若已经有地下电缆管道或架空通信杆路,就应尽量设法利用。可以使建筑群内的地下管线设施减少,便于管理,以免重复建设,浪费投资。

(4) 建筑群子系统主要是室外传输线路部分,且建在有公用道路的校园式地区、街道或居住小区,其传输线路的建设原则、系统分布、建筑方式和工艺要求以及与其他管线之间的综合协调等,与本地通信网的室外通信线路是相同的,必须执行本地通信网线路的有关规定。

(5) 建筑群子系统的通信线路是智能化小区内的公用管线设施,其建设计划应纳入小区的总体规划内。尽量使传输线路的分布(包括路由和位置)符合小区的远期发展规划和总平面布置,还要与城市建设和有关部门的规定一致,做到综合协调和相互配合,使传输线路建成后能长期稳定、安全、可靠地运行。

2. 建筑群子系统的设计

建筑群子系统也称楼宇管理子系统。一个企业或某政府机关可能分散在几幢相邻建筑物或不相邻建筑物内,彼此之间的语音、数据、图像和监控等系统可用传输介质和各种支持设备连接在一起,连接各建筑物之间的传输介质和各种支持设备组成一个建筑物综合布线系统,连接各建筑物之间的缆线组成建筑群子系统。对于只有一幢建筑物的布线工程来说,则不存在建筑群子系统设计。

在建筑群子系统设计时一般应该考虑以下具体问题。

① 确定敷设现场的特征,包括整个工地的大小、工地的地界、建筑物的数量等。

② 确定电缆系统的一般参数。

③ 确定建筑物的电缆入口。

④ 确定明显障碍物的位置。

⑤ 确定主电缆路由和备用电缆路由。

⑥ 选择所需电缆类型和规格。

⑦ 确定每种选择方案所需的劳务成本。

⑧ 确定每种选择方案的材料成本。

⑨ 选择最经济、最实用的设计方案。

建筑群子系统的设计内容主要是包括布线路由的选择、线缆选择、线缆布线方法等方面。

1) 布线路由选择

建筑群子系统布线路由的选择最主要是对网络中心位置的选择。除非特殊需要,网络中心应当尽量位于各建筑物的中心位置或建筑物最为集中的位置,应避免到某一建筑的距离过长。在设计无绳路由时,应当尽量避免与原有管道交叉。与原有管道平行敷设时,保持不小于 1m 的距离,以避免开挖或维护时相互影响。

尽管可以借用同一光缆沟或电信管道敷设光缆,但是每幢建筑物应拥有一条独立的、与核心交换机相连接的 8~12 芯光缆,从而实现汇聚交换机与核心交换机的星状连接或网状连接。特别注意的是,电缆或光缆敷设路由应每 50m 和拐角处均应当预留一个电信检修井。

2) 线缆布线方法

(1) 架空布线法

架空布线法中,线缆利用电线杆的支撑,沿电线杆的路由走线,连接各个建筑物。架空线缆通常穿入建筑物外墙上 U 形电缆保护套,然后向下(或向上)延伸,从电缆孔进入建筑物内部,如图 3-39 所示。为了稳固,要把线缆系在钢丝绳上,或使用自支撑线缆。建筑物到最近处的电线杆距离应大于 30m。

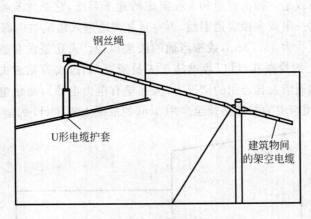

图 3-39　架空布线

架空布线法一般只用于有现成的电线杆,且对电缆的走线方式无特殊要求的场合。假如本来就有电杆,这种方法的成本则较低。但是,此布线方式使得线缆悬空,易受外界腐蚀和机械损伤,且保密性和灵活性较差,影响周边环境的美观,还会带来安全隐患,不是理想的布线方法。现在城市建设的发展趋势是让各种缆线、管道等设施隐蔽化,在新建的工程中,极少采用这种方法。

(2) 直埋布线法

直埋布线法是把电缆或光缆直接埋在地下,到建筑物处经由基础墙上预先布置好的电缆孔进入室内。除了穿过基础墙的那部分缆线有导管保护外,缆线其余部分都没有管道的保护,如图 3-40 所示。缆线至少离地面 60.96cm 以上或按当地城建部门的法规处理,并应做好路由标识。如果在同一沟内埋入了其他的图像、监控缆线,应设立明显的共用标识。

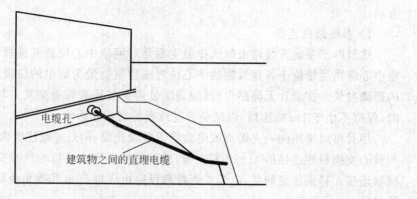

图 3-40   直埋布线

直埋布线法的优点是缆线在地下,受到很好的保护措施,产生障碍的机会少;线路隐蔽,不影响建筑物的美观;施工较简单,初次工程投资不高。显然它适合于缆线数量较少,敷设距离较长的情况。缺点是线缆的扩建和维护较难,需要挖沟回填,会破坏道路和建筑物外貌。

（3）地下管道内布线法

地下管道内布线是一种由管道和人孔组成的地下系统,它把建筑群的各个建筑物进行互连。线缆通过一根或多根管道引线,再穿过基础墙进入建筑物内部,如图 3-41 所示。管道敷设的深度至少为 45.72cm,或按当地的法规执行。人孔是设在通信系统的线路敷设管道或者井道上的检查孔,可以容纳施工人员通过（钻过去或钻进去）,以便检查或维修。在电源人孔和通信人孔合用的情况下（人孔里有电力电缆）,通信电缆不能在人孔里进行端接,通信管道与电力管道必须至少用 8cm 的混凝土或 30cm 的坚实土层隔开。

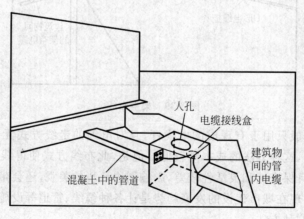

图 3-41   地下管道布线

地下管道内布线法的优点是,由于管道是由金属或阻燃高强度 PVC 耐腐蚀材料制成的,所以对线缆提供了最好的机械保护,且能保持建筑物的原貌;线缆的扩充和更换容易,维护工作量小。缺点是管道和人孔的施工难度大,技术复杂性高,与各种地下的管线产生的矛盾较多,需要一定的协调,初次工程投资较高。

（4）隧道内布线法

在建筑物之间通常有地下通道,大多是供暖、供水的,利用这些管道来敷设线缆不仅成本低,而且可利用原有的设施。

总体来说,建筑群子系统的线缆设计有架空和地下两种类型,其各自特点比较如表 3-15 所示。

表 3-15　建筑群子系统线缆布线方法比较表

布 线 方 法	优 点	缺 点
架空布线法	如果本来就有电线杆,则成本最低	没有提供任何机械保护 灵活性差 安全性差 影响建筑物美观
直埋布线法	提供某种程度的机构保护 保护建筑物的外貌	挖沟成本高 难以安排电缆的敷设位置 难以更换和加固
地下管道内布线法	提供最佳的机构保护 任何时候都可敷设电缆 电缆的敷设、扩充和加固都很容易 保护建筑物的外貌	挖沟、开管道和人孔的成本很高
隧道内布线法	保护建筑物的外貌,如果本来就有隧道,则成本最低、安全	供气、供水或供暖管道散发的热量或漏泄的热水会损坏电缆

3）布线产品

（1）光缆

建筑群主干布线必须采用光缆。原因很简单：①光缆不会受到电磁干扰,可以保障通信的稳定；②光缆提供足够的带宽,可保证骨干交换机之间的高速连接；③光缆是全封闭传输,可保证通信安全；④光缆的传输距离长,可以保证网络通信的有效性。

在选择光缆时,应当注意以下几个方面。

① 由于万兆以太网的应用越来越广泛,因此建议采用 $9\mu m/125\mu m$ 单模光纤。如果建筑物距离中心节点的距离小于 $300m$,可以考虑采用 $50\mu m/125\mu m$ 多模光纤。

② 光缆应当不小于 6 芯,建议采用 8～12 芯光缆,保证将来的网络升级或扩展,以及未来的其他应用。

③ 根据敷设方式（架空或地下）选择光缆的具体类型,建筑群子系统应当采用优质（如 SYSTIMAX、SIEMON、ORTRORICS、IBM、NORD/CDT 等品牌）8～12 芯 $9\mu m/$ $125\mu m$ 室外铠装单模光缆。

（2）光纤绳配线架

光纤配线架可以选择固定配置设计,光纤耦合器被直接固定在机箱上。也可以采用模块化设计,用户可根据光缆的数量和规格选择相对应的模块,便于网络的调整和扩展。

3.10   任务 9：布线防护系统设计

根据项目场景中的需求，本任务要求教学实训大楼的综合布线系统能防止外来电磁干扰和向外产生电磁辐射，以免影响该大楼综合布线系统的正常运行，因此，本项目应采取相应的措施，设计布线防护系统。

综合布线系统采用防护措施的目的主要是防止外来电磁干扰和向外产生电磁辐射。外来电磁干扰直接影响综合布线系统的正常运行，向外产生的电磁辐射则是综合布线系统传递信息时产生泄漏的主要原因。为此我们在综合布线系统工程设计和施工时必须根据智能化建筑所在环境的具体情况和建设单位的要求，认真调查研究，选用合适的防护措施。防护系统设计是综合布线系统工程设计的组成部分，主要包括各种缆线及布线部件的选用和接地系统设计两部分。

随着各种类型的电子信息系统在建筑物内的大量设置，各种干扰源将会影响到综合布线电缆的传输质量与安全。表 3-16 列出了国际无线电干扰特别委员会（CISPR）推荐设备及我国常见射频应用设备，射频应用设备又称为 ISM 设备，我国目前常用的 ISM 设备大致有 15 种。

表 3-16   CISPR 推荐设备及我国常见 ISM 设备一览表

序　号	CISPR 推荐设备	我国常见 ISM 设备
1	塑料缝焊机	介质加热设备，如热合机等
2	微波加热器	微波炉
3	超声波焊接与洗涤设备	超声波焊接与洗涤设备
4	非金属干燥器	计算机及数控设备
5	木材胶合干燥器	电子仪器，如信号发生器
6	塑料预热器	超声波探测仪器
7	微波烹饪设备	高频感应加热设备，如高频熔炼炉等
8	医用射频设备	射频溅射设备、医用射频设备
9	超声波医疗器械	超声波医疗器械，如超声波诊断仪等
10	电灼器械、透热疗设备	透热疗设备，如超短波理疗机等
11	电火花设备	电火花设备
12	射频引弧弧焊机	射频引弧弧焊机
13	火花透热疗法设备	高频手术刀
14	摄谱仪	摄谱仪用等离子电源
15	塑料表面腐蚀设备	高频电火花真空检漏仪

1. 防护系统设计

1）电气防护

国家标准《GB 50311—2007　综合布线系统工程设计规范》对综合布线系统的电气防护设计原则做了如下规定。

（1）用来安放计算机主机、程控用户交换机、接入网设备及必要的转换设备的设备间应提供不间断供电的交流 220V 电源。

（2）综合布线区域内存在的电磁干扰场强大于 3V/m 时，应采取防护措施。建议采用钢管或者金属线槽方式或采用屏蔽线缆或者光纤布线。

在 EN 50082-X 通用抗干扰标准中，规定居民区/商业区的干扰辐射场强为 3V/m，按 IEC 801-3 抗辐射干扰标准的等级划分，属于中等 EM 环境。在邮电部电信总局编制的《通信机房环境安全管理通则》中，规定通信机房的电磁场强度在频率范围为 $0.15\sim500$MHz 时，不应大于 $130dB\mu V/m$，相当于 3.16V/m。

（3）综合布线系统如采用屏蔽系统组成接地系网时，屏蔽系统必须是连贯性的，任意两点的接地电压不应超过 1Vrms，否则应采用光纤敷设。

（4）配线间、设备间、交接间都应提供接地端。机架应采用直径 4mm 的铜线连接接地端。

（5）干线电缆位置应接近垂直的地导体，并应尽可能位于建筑物的中心部分。

（6）综合布线系统应采用过流，过压保护。过压保护宜采用放电保护器；过流保护宜采用能自动复位的保护器。

（7）配线间、设备间的接地点在任何层次上都不得与避雷系统相连，与强电接地系统的连接只能接在两个接地系统的最底层。

保护接地的接地电阻值，单独设置接地体时不应大于 4Ω；采用联合接地体时，接地电阻不大于 1Ω。

（8）综合布线电缆与附近可能产生高电平电磁干扰的电动机、电力变压器、射频应用设备（见表 3-16）等电器设备之间应保持必要的间距，并应符合表 3-17 规定。

表 3-17 综合布线电缆与电力电缆的间距

类　别	与综合布线接近状况	最小间距/mm
380V 电力电缆 2kV・A	与缆线平行敷设	130
	有一方在接地的金属线槽或钢管中	70
	双方都在接地的金属线槽或钢管中①	10①
380V 电力电缆 2~5kV・A	与缆线平行敷设	300
	有一方在接地的金属线槽或钢管中	150
	双方都在接地的金属线槽或钢管中②	80
380V 电力电缆＞5kV・A	与缆线平行敷设	600
	有一方在接地的金属线槽或钢管中	300
	双方都在接地的金属线槽或钢管中②	150

注：① 当 380V 电力电缆＜2kV・A，双方都在接地的线槽中，且平行长度≤10m 时，最小间距可为 10mm。
② 双方都在接地的线槽中，系指两个不同的线槽，也可在同一线槽中用金属板隔开。

（9）墙上敷设的综合布线缆线及管线与其他管线的间距应符合表 3-18 规定。

（10）综合布线系统缆线与配电箱、变电室、电梯机房、空调机房之间的最小净距宜符合表 3-19 的规定。

表 3-18　综合布线缆线及管线与其他管线的间距

其 他 管 线	平行净距/mm	垂直交叉净距/mm
避雷引下线	1000	300
保护地线	50	20
给水管	150	20
压缩空气管	150	20
热力管(不包封)	500	500
热力管(包封)	300	300
煤气管	300	20

注：当墙壁电缆敷设高度超过 6000mm 时，与避雷引下线的交叉间距应按 $S \geqslant 0.05L$ 计算，其中，S 表示交叉间距 (mm)；L 表示交叉处避雷引下线距地面的高度(mm)。

表 3-19　综合布线缆线与电气设备的最小净距

名 称	最小净距/m	名 称	最小净距/m
配电箱	1	电梯机房	2
变电室	2	空调机房	2

2) 接地设计

综合布线电缆和相关连接硬件接地是提高应用系统可靠性、抑制噪声、保障安全的重要手段。如果接地系统设计不当，将会影响系统设备的稳定性，引起故障，甚至会烧毁系统设备，危害操作人员生命安全。

综合布线系统的接地设计原则有如下几点。

综合布线系统的接地系统包括接地线、接地母线(层接地端子)、接地干线、接地母线(总接地端子)、接地引入线、接地体 6 个部分。

(1) 接地线

所用接地线均为铜质绝缘导体，其截面应不小于 $4mm^2$。是设备与接地母线之间的连接。

(2) 接地母线(层接地端子)

接地母线是水平布线与系统接地的公用中心连接点。楼层配线柜应与本层的接地母线焊接在一起，同一楼层配线间的金属架和干线均应与该层的接地母线相焊接。接地母线必须为 6mm(厚)×50mm(宽) 的铜条。长度根据实际需要确定。

(3) 接地干线

接地干线是由总接地母线引出，连接所用接地母线的接地导线。接地干线应为绝缘铜质导线，最小截面应不小于 $16mm^2$。

(4) 接地母线(总接地端子)

主接地母线应采用铜质导线，最小截面尺寸为 6mm(厚)×50mm(宽)。长度根据实际需要来定。

(5) 接地引入线

接地引入线是指主接地母线与接地体之间的接地连接线，宜采用 40mm(厚)×4mm(宽)或 50mm(宽)×5mm(厚)的镀锌扁钢。接地引入线应作绝缘防腐处理，在其出土部位应有防机械损伤措施,且不宜与暖气管道同沟布放。

（6）接地体

接地体分自然接地体和人工接地体两种。当综合布线采用单独接地系统时,接地体一般采用人工接地体,并应满足以下条件。

① 距离工频低压交流供电系统的接地体不宜小于 10m。

② 距离建筑物防雷系统的接地体不应小于 2m。

③ 接地电阻不应小于 4Ω。当综合布线采用联合接地系统时,接地体一般利用建筑物基础内钢筋作为自然接地体,其接地电阻应小于 1Ω。

（7）综合布线系统接地导线截面积可参考表 3-20 确定。

表 3-20 接地导线选择表

名　　称	楼层配线设备至大楼总接地体的距离	
	30m	100m
信息点的数量/个	75	>75,450
选用绝缘铜导线的截面积/mm²	6～16	16～50

2. 防火措施

现在许多新建和改建的大楼基本上都是利用隐藏空间作为综合布线系统的安装空间。这些隐藏安装中有可燃性的综合布线产品就不可避免地成为火灾和有毒烟雾隐患。

因此,综合布线系统应采取相应的措施。

（1）在易燃的区域和大楼竖井布放铜缆或者光缆,应采用阻燃的电缆和光缆。

（2）在大型公共场所宜采用阻燃,低燃,低毒的线缆或者光缆。

（3）相邻的配线间或设备间应采用阻燃型配线设备。

项目 4

网络布线工程图纸绘制

4.1 知识引入

4.1.1 图纸绘制目标和要求

1. 图纸绘制的整体要求

（1）根据表述对象的性质、论述的目的与内容，选取适宜的图纸及表达手段，以便完整地表述主题内容。

（2）图面应布局合理、排列均匀、轮廓清晰和便于识别。

（3）应选取合适的图线宽度，避免图中的线条过粗或过细。

（4）正确使用国标和行标规定的图形符号；派生新的符号时，应符合国标图形符号的派生规律，并应在适合的地方加以说明。

（5）在保证图面布局紧凑和使用方便的前提下，应选择适合的图纸幅面，使原图大小适中。

（6）应准确地按规定标注各种必要的技术数据和注释，并按规定进行书写和打印。

（7）工程设计图纸应按规定设置图衔，并按规定的责任范围签字，各种图纸应按规定顺序编号。

2. 图纸绘制的统一规定

（1）图幅尺寸

工程设计图纸幅面和图框大小应符合国家标准《GB/T 6988.1—1997　电气技术用文件的编制第 1 部分：一般要求》的规定，一般采用 A0、A1、A2、A3、A4 图纸幅面（实际工程设计中，只采用 A4 一种图纸幅面，以利于装订和美观）。当上述幅面不能满足要求时，可按照《GB 4457.1—84　机械制图图纸幅面及格式》的规定加大幅面，也可在不影响整体视图效果的情况下分割成若干张图绘制（目前大多采用这种方式）。

根据表述对象的规模大小、复杂程度、所要表达的详细程度、有无图衔及注释的数量来选择较小的适合幅面。

（2）图线型式及其应用

① 线型分类及用途。见表 4-1。

表 4-1　线型分类及用途

图线名称	图线型式	一 般 用 途
实线	——————	基本线条：图纸主要内容用线,可见轮廓线
虚线	- - - - - - - - -	辅助线条：屏蔽线、机械连接线、不可见轮廓线、计划扩展内容用线
点划线	— · — · — · —	图框线：表示分界线、结构图框图、功能图框线、功能图框线、分级图框线
双点划线	· — · · — · · —	辅助图框线：表示更多的功能组合或从某种图框中区分不属于它的功能部件

② 图线的宽度。一般从这些数值中选用：0.25mm、0.35mm、0.5mm、0.7mm、1.0mm、1.4mm。

③ 通常只选用两种宽度的图线,粗线的宽度为细线宽度的两倍,主要图线粗些,次要图线细些。对于复杂的图纸也可采用粗、中、细三种线宽,线的宽度按 2 的倍数依次递增,但线宽种类也不宜过多。

④ 绘图时,应使图形的比例和配线协调恰当、重点突出、主次分明,在同一张图纸上,按不同比例绘制的图样及同类图形的图线粗细应保持一致。

⑤ 细实线是最常用的线条,在以细实线为主的图纸上,粗实线主要用于主回路线、图纸的图框及需要突出的设备、线路、电路等处。指引线、尺寸线、标注线应使用细实线。

⑥ 需区分新装的设备时,粗线表示新建的设施,细线表示原有设施,虚线表示规划预留部分。在改建的工程图纸上,拆除的设备及线路用"×"来标注。

⑦ 平行线之间的最小间距不宜小于粗线宽度的两倍,且不能小于 0.7mm。

（3）比例

① 对于建筑平面图、平面布置图、通信管道图、设备加固图及零部件加工图等图纸,应有比例要求,对于通信线路图、系统框图、电路组织图、方案示意图等类图纸则无比例要求。

② 对平面布置图和区域规划性图纸,推荐的比例为：1∶10、1∶20、1∶50、1∶100、1∶200、1∶500、1∶1000、1∶2000、1∶5000、1∶10000、1∶50000 等。

③ 对于设备加固图及零部件加工图,推荐的比例为 1∶2、1∶4 等。

④ 应根据图纸表达的内容深度和选用的图幅,选择适合的比例,并在图纸上及图衔相应栏目处注明。

特别说明,对于通信线路图纸,为了更为方便地表达周围环境情况,一张图中可有多种比例,或完全按示意性图纸绘制。

（4）尺寸标注

① 一个完整的尺寸标注应由尺寸数字、尺寸界线、尺寸线（两端带箭头的线段）等组成。

② 图中的尺寸单位,在线路图中一般以米（m）为单位,其他图中均以毫米（mm）为单位,且无须另行说明。

③ 尺寸界线用细实线绘制，由图形的轮廓线、轴线或对称中心线引出，也可利用轮廓线、轴线或对称中心线作尺寸界线。尺寸界线一般应与尺寸线垂直。但在通信线路工程图纸中，更多的是直接用数字代表距离，而无须尺寸界线和尺寸线。由上往下的 35、20、23、26、12、28、19 和 15 均表示架空杆路中的架空距离，单位为米（无须标注）。

（5）字体和书写

① 图纸中书写的文字（包括汉字、字母、数字、代号等）均应字体工整、笔画清晰、排列整齐、间隔均匀，其书写位置应根据图面妥善安排，不能出现线压字或字压线的情况；否则会严重影响图纸质量，也不利于施工人员看图。

文字多时宜放在图的下面或右侧。文字书写应从左向右横向书写，标点符号占一个汉字的位置，中文书写时，应采用国家正式颁布的简化汉字。宜采用宋体或长仿宋字体。

② 图中的"技术要求"、"说明"或"注"等字样，应写在具体文字内容的左上方，并使用比文字内容大一号的字体书写，标题下均不画横线。具体内容多于一项时，应按下列顺序号排列。

- 1，2，3，…
- （1），（2），（3），…
- ①，②，③，…

③ 图中的数字，均应采用阿拉伯数字表示。计量单位应使用国家颁布的法定计量单位。

（6）图衔

图衔就是位于图纸右下角的"标题栏"。各个设计单位都非常重视"标题栏"的设置，它们都会把经过精心设计的带有各自特色的"标题栏"放置在设计模板中，设计人员只能在规定模板中绘制图纸，而不会去另行设计图衔。

电信工程常用标准图衔为长方形，大小宜为 30mm（高）×180mm（长）。

图衔应包括图名、图号、设计单位名称、单位主管、部门主管、总负责人、单项负责人、设计人、审校核人等内容。

如图 4-1 所示，是一种常见的图衔设计。从图中可以看出：第一，"设计单位名称"或"图名"占整个图衔长度的一半；第二，图衔的外框必须加粗，其线条粗细应与整个大图图框一致。

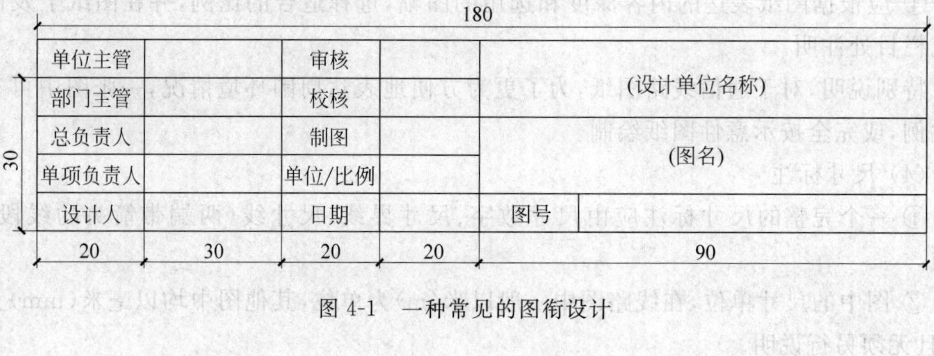

单位主管		审核		（设计单位名称）	
部门主管		校核			
总负责人		制图		（图名）	
单项负责人		单位/比例			
设计人		日期		图号	
20	30	20	20	90	

图 4-1   一种常见的图衔设计

（7）图纸编号

① 图纸编号的编排应尽量简洁，设计阶段一般图纸编号的组成分为四段，如图 4-2 所示。

图 4-2　图纸编号

② 工程计划号：可使用上级下达、客户要求或自行编排的计划号。

③ 设计阶段代号应符合表 4-2 的规定。

④ 常用专业代号应符合表 4-3 的规定（表中代号均为汉语拼音缩写）

表 4-2　设计阶段代号

设计阶段	代　号	设计阶段	代　号	设计阶段	代　号
可行性研究	Y	初步设计	C	技术设计	J
规划设计	G	方案设计	F	设计投标书	T
勘察报告	K	初设阶段的技术规范书	CJ	修改设计	在原代号后加 X
引进工程询价书	YX	施工图设计、一阶段设计	S		

表 4-3　常用专业代号

名　称	代　号	名　称	代　号
光缆线路	GL	电缆线路	DL
海底光缆	HGL	通信管道	GD
光传输设备	GS	移动通信	YD
无线接入	WJ	交换	JH
数据通信	SJ	计费系统	JF
网管系统	WG	微波通信	WB
卫星通信	WT	铁塔	TT
同步网	TBW	信令网	XLW
通信电源	DY	电源监控	DJK

（8）注释、标志和技术数据

① 当含义不便于用图示方法表达时，可以采用注释。当图中出现多个注释或大段说明性注释时，应当把注释按顺序放在边框附近。有些注释可以放在需要说明的对象附近；当注释不在需要说明的对象附近时，应使用指引线（细实线）指向说明对象。

② 标志和技术数据应该放在图形符号的旁边。当数据很少时，技术数据也可以放在矩形符号的方框内；数据较多时可用分式表示，也可以用表格形式列出。

当用分式表示时，可采用以下模式：

$$N\frac{A-B}{C-D}F$$

式中：N 为设备编号，一般靠前或靠上放；A、B、C、D 为不同的标注内容，可增可减；F 为敷设方式，应靠后放。当设计中需表示本工程前后有变化时，可采用斜杠方式——（原有数）/（设计数）；当设计中需表示本工程前后有增加时，可采用加号方式——（原有数）＋（增加数）。

③ 平面布置图中可主要使用位置代号或用顺序号加表格说明；系统方框图中可使用图形符号或用方框加文字符号来表示，必要时也可二者兼用；接线图应符合《GB/T 6988.3—1997　电气技术用文件编制》"第 3 部分：接线图和接线表"的规定。

④ 安装方式的标注应符合表 4-4 的规定。

⑤ 敷设部位的标注应符合表 4-5 的规定。

表 4-4　安装方式的标注

序　号	代　号	安　装　方　式
1	W	壁装式
2	C	吸顶式
3	R	嵌入式
4	DS	管吊式

表 4-5　敷设部位的标注

序　号	代　号	安　装　方　式
1	M	钢索敷设
2	AB	沿梁或跨梁敷设
3	AC	沿柱或跨柱敷设
4	WS	沿墙面敷设
5	CE	沿天棚面、顶板面敷设
6	SC	吊顶内敷设
7	BC	暗敷设在梁内
8	CLC	暗敷设在柱内
9	BW	墙内埋设
10	F	地板或地板下敷设
11	CC	暗敷设在屋面和顶板内

3. 识图基础

（1）图例

图例是设计人员用来表达其设计意图和设计理念的符号。只要设计人员在图纸中以图例形式加以说明，使用什么样的图形或符号来表示并不重要。但如果设计人员既不想特别说明，又希望读者能明白其意，从而读懂图纸，就必须使用一些统一的图符（图例）。在综合布线工程设计中，部分常用图例如表 4-6 所示。

综合布线工程图纸是通过各种图形符号、文字符号、文字说明及标注表达的。预算人员要通过图纸了解工程规模、工程内容、统计出工程量、编制出工程概预算文件。施工人员要通过图纸了解施工要求，按图施工。阅读图纸的过程就称为识图。换句话说，识图，

表 4-6　常用图例

图　例	说　明	图　例	说　明
⊠	FD 楼层配线架	///-	沿建筑物明铺的通信线路
⊠	BD 建筑物配线架	-/-/-/-	沿建筑物暗铺的通信线路
⋈⋈	CD 建筑群配线架	⊥	接地
⊞	配线箱(柜)	▭	集线器
▭	桥架	⌐	直角弯头
⊠	走线槽(明敷)	⊢	T 形弯头
⊠	走线槽(暗装)	⊡	单孔信息插座
⌐	个人计算机	⊡⊡	双孔信息插座
⊡	计算机终端	⊡⊡⊡	三孔信息插座
-(A)-	适配器	▤	综合布线系统的互连
MD	调制解调器	△	交接间

就是要根据图例和所学的专业知识,认识设计图纸上的每个符号,理解其工程意义,进而很好地掌握设计者的设计意图,明确在实际施工过程中,要完成的具体工作任务,这是按图施工的基本要求,也是准确套用定额进行综合布线工程概预算的必要前提。

综合布线工程图的种类包括网络拓扑结构图、综合布线系统拓扑(结构)图、综合布线系统管线路由图、楼层信息点分布及管线路由图和机柜配线架信息点布局图等,反映以下几个方面的内容。

① 网络拓扑结构。

② 进线间、设备间、电信间的设置情况、具体位置。

③ 布线路由、管槽型号和规格、埋设方法。

④ 各层信息点的类型和数量,信息插座底盒的埋设位置。

⑤ 配线子系统的缆线型号和数量。

⑥ 干线子系统的缆线型号和数量。

⑦ 建筑群子系统的缆线型号和数量。

⑧ FD、BD、CD、光纤互连单元(LIU)的数量和分布位置。

⑨ 机柜内配线架及网络设备分布情况,缆线成端位置。

（2）综合布线系统结构图

它作为全面概括布线系统全貌的示意图，主要描述进线间、设备间、电信间的设置情况，各布线子系统缆线的型号、规格和整体布线系统结构等内容。

（3）综合布线系统管线路由图

它主要反映主干（建筑群和干线子系统）缆线的布线路由、桥架规格、数量（或长度）、布放的具体位置和布放方法等。某园区光缆布线路由图如图 4-3 所示。

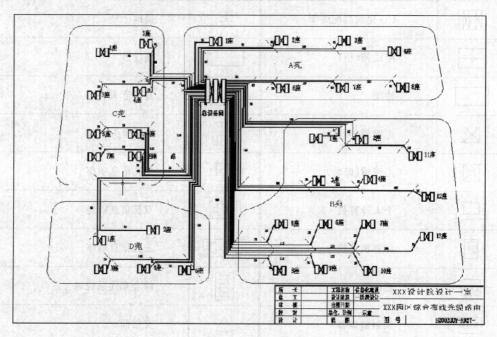

图 4-3　光缆布线路由图

（4）楼层信息点分布及管线路由图

反映相应楼层的布线情况，包括该楼层的配线路由和布线方法，配线用管槽的具体规格、安装方法及用量，终端盒的具体安装位置及方法等。某住宅楼标准层的信息点分布及管线路由图如图 4-4 所示。

（5）机柜配线架分布图

机柜配线架分布图反映机柜中需安装的各种设备，柜中各种设备的安装位置和安装方法，各配线架的用途（分别用来端接什么缆线），各缆线的成端位置（对应的端口）。如图 4-5 所示为机柜配线架分布图。

4.1.2　图纸绘制常用软件

1. AutoCAD

AutoCAD 是由美国 Autodesk 公司于 20 世纪 80 年代初为微机上应用 CAD 技术而开发的绘图程序软件包，已成为国际上广为流行的绘图工具。

在综合布线工程设计中，AutoCAD 常用于绘制综合布线系统管线路由图、楼层信息点分布图、机柜配线架布局图等。

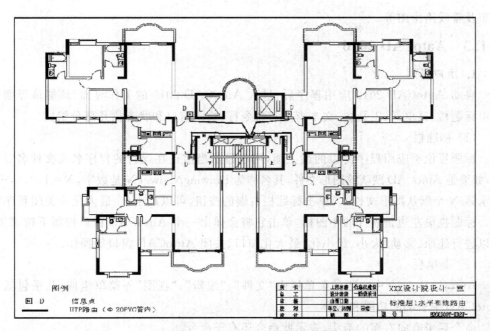

图 4-4 信息点分布及管线路由图

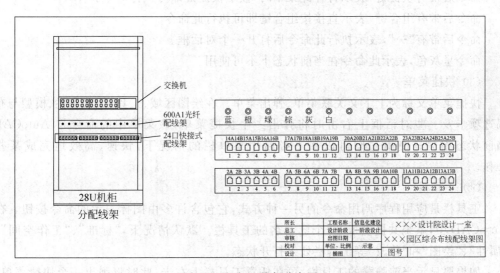

图 4-5 机柜配线架分布图

2. Visio

Visio 作为 Microsoft Office 组合软件的成员,可广泛应用于电子、机械、通信、建筑、软件设计和企业管理等领域。

Visio 具有易用的集成环境、丰富的图表类型和直观的绘图方式;能使专业人员和管理人员快速、方便地制作出各种建筑平面图、管理机构图、网络布线图、机械设计图、工程流程图、电路图等。

在综合布线工程设计中,Visio 通常用于绘制网络拓扑图、布线系统图和楼层信息点分布及管线路由图等。

4.1.3 AutoCAD 2010

1. 用户界面

启动 AutoCAD 2010 应用程序后,进入 AutoCAD 2010 的工作界面,该屏幕界面主要由标题栏、菜单栏、工具栏、文本窗口与命令行、绘图窗口和状态栏几部分组成。

(1) 标题栏

标题栏位于应用程序窗口的最上面,用于显示当前正在运行的程序名及文件名等信息,如果是 AutoCAD 默认的图形文件,其名称为 Drawing$N$. dwg(N 是数字,$N=1,2,3,\cdots$,表示第 N 个默认图形文件)。单击标题栏右端的按钮,可以最小化、最大化或关闭程序窗口。标题栏最左边是软件的小图标,单击它将会弹出一个 AutoCAD 窗口控制下拉菜单,可以进行还原、移动、大小、最小化、最大化窗口、关闭 AutoCAD 窗口等操作。

(2) 菜单栏

AutoCAD 2010 中文版的菜单栏由"文件"、"编辑"、"视图"等菜单组成,几乎包括了 AutoCAD 中全部的功能和命令。

命令后带有向右面的箭头,表示此命令还有子命令。

命令后带有快捷键,表示打开此菜单时,按下快捷键即可执行命令。

命令后带有组合键,表示直接按组合键即可执行此命令。

命令后带有"…",表示执行此命令后打开一个对话框。

命令呈灰色,表示此命令在当前状态下不可使用。

(3) 快捷菜单

快捷菜单又称为上下文关联菜单、弹出菜单。在绘图区域、工具栏、状态栏、模型与布局选项卡及一些对话框上右击时将弹出一个快捷菜单,该菜单中的命令与 AutoCAD 当前状态相关。使用它们可以在不必启用菜单栏的情况下,快速、高效地完成某些操作。

(4) 工具栏

工具栏是应用程序调用命令的另一种方式,它包含许多由图标表示的命令按钮。在 AutoCAD 中,系统共提供了 30 个已命名的工具栏。默认情况下,"标准"、"工作空间"、"属性"、"绘图"和"修改"等工具栏处于打开状态。

如果要显示当前隐藏的工具栏,可在任意工具栏上右击,此时将弹出一个快捷菜单,还可以通过选择所需命令显示相应的工具栏。

(5) 绘图窗口

绘图窗口是用户绘图的工作区域,所有的绘图结果都反映在这个窗口中。用户可以根据需要关闭其周围和里面的各个工具栏,以增大绘图空间。如果图纸比较大,需要查看未显示部分时,可以单击窗口右边与下边滚动条上的箭头,或拖动滚动条上的滑块来移动图纸。

在绘图窗口中除了显示当前的绘图结果外,还显示了当前使用的坐标系类型及坐标原点、X、Y、Z 轴的方向等。默认情况下,坐标系为世界坐标系(WCS)。

绘图窗口的下方有"模型"和"布局"选项卡,单击它们可以在模型空间或图纸空间之间来回切换。

(6) 命令行与文本窗口

命令行位于绘图窗口的底部,用于接受用户输入的命令,并显示 AutoCAD 提示信息。在 AutoCAD 2010 中,可以将命令行拖放为浮动窗口。

AutoCAD 文本窗口是记录 AutoCAD 命令的窗口,是放大的命令行窗口,它记录了用户已执行的命令,也可以用来输入新命令。在 AutoCAD 2010 中,用户可以选择"视图"|"显示"|"文本窗口"命令、执行 TEXTSCR 命令或按 F2 键来打开它。

(7) 状态栏

状态栏用来显示 AutoCAD 当前的状态,如当前的坐标、命令和功能按钮的帮助说明等。

2. 文件操作

在 AutoCAD 2010 中,图形文件管理包括创建新的图形文件、打开已有的图形文件、关闭图形文件,以及保存图形文件等操作。

(1) 创建新图形文件

操作方法有以下几种。

① 菜单命令:"文件"|"新建"。

② 命令行:QNEW/NEW

③ 工具栏:单击工具栏中的"新建"按钮。

注意:打印样式通过确定打印特性(例如线宽、颜色和填充样式)来控制对象或布局的打印方式。打印样式可分为"Color Dependent(颜色相关)"和"Named(命名)"两种模式。颜色相关打印样式以对象的颜色为基础,共有 255 种颜色相关打印样式。在颜色相关打印样式模式下,通过调整与对象颜色对应的打印样式可以控制所有具有同种颜色的对象的打印方式。命名打印样式可以独立于对象的颜色使用。可以给对象指定任意一种打印样式,不管对象的颜色是什么。

(2) 打开文件

操作方法有以下几种。

① 菜单命令:"文件"|"打开"。

② 命令行:OPEN。

③ 工具栏:单击工具栏中的"打开"按钮。

(3) 保存文件

操作方法有以下几种。

① 菜单命令:"文件"|"保存"或"文件"|"另存为"。

② 命令行:QSAVE 或 SAVEAS。

③ 工具栏:单击工具栏中的"保存"按钮。

(4) 图形文件

在 AutoCAD 2010 中,在保存文件时都可以使用密码保护功能,对文件进行加密保存。

当选择"文件"|"保存"或"文件"|"另存为"命令时,将打开"图形另存为"对话框。在该对话框中选择"工具"|"安全选项"命令,此时将打开"安全选项"对话框。在"密码"选项卡中,可以在"用于打开此图形的密码或短语"文本框中输入密码,然后单击"确定"按钮打开"确认密码"对话框,并在"再次输入用于打开此图形的密码"文本框中输入确认密码。

在进行加密设置时,可以在此选择 40 位、128 位等多种加密长度。可在"密码"选项卡中单击"高级选项"按钮,在打开的"高级选项"对话框中进行设置。为文件设置了密码后,在打开文件时系统将打开"密码"对话框,要求输入正确的密码,否则将无法打开该图形文件,这对于需要保密的图纸非常重要。

3. 坐标系

AutoCAD 图形中各点的位置都是由坐标系来确定的。在 AutoCAD 中,有两种坐标系:一个称为世界坐标系(WCS)的固定坐标系和一个称为用户坐标系(UCS)的可移动坐标系。在 WCS 中,X 轴是水平的,Y 轴是垂直的,Z 轴垂直于 XY 平面,符合右手法则,该坐标系存在于任何一个图形中且不可更改。

(1) 笛卡儿坐标系

笛卡儿坐标系又称为直角坐标系,由一个原点(坐标为(0,0))和两个通过原点的、相互垂直的坐标轴构成。其中,水平方向的坐标轴为 X 轴,以向右为其正方向;垂直方向的坐标轴为 Y 轴,以向上为其正方向。平面上任何一点 P 都可以由 X 轴和 Y 轴的坐标所定义,即用一对坐标值(x,y)来定义一个点。

(2) 极坐标系

极坐标系是由一个极点和一个极轴构成,极轴的方向为水平向右。平面上任何一点 P 都可以由该点到极点的连线长度 $L(>0)$ 和连线与极轴的交角 α(极角,逆时针方向为正)所定义,即用一对坐标值$(L<\alpha)$来定义一个点,其中"$<$"表示角度。

(3) 相对坐标

在某些情况下,需要直接通过点与点之间的相对位移来绘制图形,而不是指定每个点的绝对坐标。为此,AutoCAD 提供了使用相对坐标的办法。所谓相对坐标,就是某点与相对点的相对位移值,在 AutoCAD 中相对坐标用"@"标识。使用相对坐标时可以使用笛卡儿坐标,也可以使用极坐标,可根据具体情况而定。

(4) 坐标值的显示

在屏幕底部状态栏左端显示当前光标所处位置的坐标值,该坐标值有三种显示状态。

绝对坐标状态:显示光标所在位置的坐标。

相对极坐标状态:在相对于前一点来指定第二点时可使用此状态。

关闭状态:颜色变为灰色,并"冻结"关闭时所显示的坐标值。

用户可根据需要在这三种状态之间进行切换,其操作方法也有 3 种。

① 连续按 F6 键可在这三种状态之间相互切换。

② 在状态栏中显示坐标值的区域,双击也可以进行切换。

③ 在状态栏中显示坐标值的区域,右击可弹出快捷菜单,可在菜单中选择所需状态。

4. 界面设置

第一次启动 AutoCAD 2010 进入的界面是系统默认的,也可根据自己的使用习惯和个人爱好来设置界面。

(1) 调整视窗

系统默认的绘图窗口颜色为黑色,命令行的字体为 Courier,用户可以根据自己的喜好将窗口颜色和命令行的字体进行重新设置,调整窗口颜色的操作步骤如下。

① 单击"工具"|"选项"菜单命令,打开"选项"对话框。

② 单击"显示"|"颜色"按钮,打开"颜色选项"对话框。

③ 在"窗口元素"下拉列表中选择"模型空间背景"。

④ 在"颜色"下拉列表框中单击,弹出颜色列表。

⑤ 在列表中选择需要的颜色。

⑥ 单击"应用并关闭"按钮返回"选项"对话框。

⑦ 单击"确定"按钮确认所设置的背景颜色。

(2) 设置绘图单位

UNITS 命令用于设置绘图单位。默认情况下 AutoCAD 使用十进制单位进行数据显示或数据输入,可以根据具体情况设置绘图的单位类型和数据精度。

操作方法有以下两种。

① 菜单命令:"格式"|"单位"。

② 命令行:UNITS。

(3) 设置绘图边界

操作方法有以下两种。

① 菜单命令:"格式"|"图形界限"。

② 令行:LIMITS。

绘图边界即是设置图形绘制完成后输出的图纸大小。常用图纸规格有 A4~A0,一般称为 0~4 号图纸。绘图界限的设置应与选定图纸的大小相对应。在模型空间中,绘图极限用来规定一个范围,使所建立的模型始终处于这一范围内,避免在绘图时出错。利用 LIMITS 命令可以定义绘图边界,相当于手工绘图时确定图纸的大小。绘图界限是代表绘图极限范围的两个二维点的 WCS 坐标,这两个二维点分别是绘图范围的左下角和右上角,它们确定的矩形就是当前定义的绘图范围,在 Z 方向上没有绘图极限限制。

注意:在设定图形界限时必须选择<ON>命令,取消设定图形界限时必须选择<OFF>命令。

4.1.4　图纸绘制基本方法

1. 直线的绘制

直线绘制包括创建直线段、射线和构造线,虽然都是直线,但在 CAD 中其绘制方法并不相同,下面分别介绍各自的绘制方法。可以指定直线的特性,包括颜色、线型和线宽。

(1) 绘制直线段

操作方法有以下几种。

① 菜单命令：“绘图”|“直线”。

② 命令行：LINE(L)。

③ 工具栏：单击“绘图”工具栏中的“直线”按钮。

LINE 命令主要用于在两点之间绘制直线段。用户可以通过鼠标操作或输入点坐标值来决定线段的起点和端点。使用 LINE 命令，可以创建一系列连续的线段。当用 LINE 命令绘制线段时，AutoCAD 允许以该线段的端点为起点，绘制另一条线段，如此循环直到按 Enter 键或 Esc 键终止命令。

要指定精确定义每条直线端点的位置，用户可以执行以下操作。

① 使用绝对坐标或相对坐标输入端点的坐标值。

② 指定相对于现有对象的对象捕捉。例如，可以将圆心指定为直线的端点。

③ 打开栅格捕捉并捕捉到一个位置。

从最近绘制的直线的端点延长它。

如果最近绘制的对象是一条圆弧，则它的端点将定义为新直线的起点，并且新直线与该圆弧相切。

关闭以第一条线段的起始点作为最后一条线段的端点，形成一个闭合的线段环。在绘制了一系列线段（两条或两条以上）之后，可以使用“闭合”选项。

放弃删除直线序列中最近绘制的线段。

多次输入 u 按绘制次序的逆序逐个删除线段。

使用 LINE 命令，可以创建一系列连续的直线段。每条线段都是可以单独进行编辑的直线对象。

(2) 设置线型样式

设置线型样式可以通过以下操作进行。

菜单命令：“格式”|“颜色”/“线型”/“线宽”。

2. 射线的绘制

操作方法有以下几种。

(1) 菜单命令：“绘图”|“射线”。

(2) 命令行：RAY。

(3) 工具栏：单击“绘图”工具栏中的“射线”按钮。

RAY 创建通常用作构造线的单向无限长直线。射线具有一个确定的起点并单向无限延伸。该线通常在绘图过程中作为辅助线使用。

3. 构造线的绘制

操作方法有以下几种。

(1) 菜单命令：“绘图”|“构造线”。

(2) 命令行：XLINE(XL)。

(3) 工具栏：单击“绘图”工具栏中的“构造线”按钮。

XLINE 命令用于绘制无限长直线，与射线一样，该线也通常在绘图过程中作为辅助线使用。可以使用无限延伸的线（例如构造线）来创建构造和参考线，并且其可用于修剪边界。

4. 点的绘制

点作为组成图形实体部分之一,具有各种实体属性,且可以被编辑。

(1) 设置点样式

操作方法有以下两种。

① 菜单命令:"格式"|"点样式"。

② 命令行:DDPTYPE。

注意:在"点大小"文本框中输入控制点的大小。

① "相对于屏幕设置大小"单选项用于按屏幕尺寸的百分比设置点的显示大小。当进行缩放时,点的显示大小并不改变。

② "按绝对单位设置大小"单选项用于按"点大小"下指定的实际单位设置点显示的大小。当进行缩放时,AutoCAD 显示的点的大小随之改变。

(2) 绘制点

操作方法有以下两种。

① 菜单命令:"绘图"|"点"|"单点"/"多点"。

② 命令行:POINT(PO)/MULTIPLE POINT。

(3) 绘制等分点

操作方法有以下两种。

① 菜单命令:"绘图"|"点"|"定数等分"。

② 命令行:DIVIDE(DIV)。

DIVIDE 命令是在某一图形上以等分长度设置点或块。被等分的对象可以是直线、圆、圆弧、多段线等,等分数目由用户指定。

(4) 绘制定距点

操作方法有以下两种。

① 菜单命令:"绘图"|"点"|"定距等分"。

② 命令行:MEASURE(ME)。

MEASURE 命令用于在所选择对象上用给定的距离设置点。实际是提供了一个测量图形长度、并按指定距离标上标记的命令,或者说它是一个等距绘图命令,与 DIVIDE 命令相比,后者是以给定数目等分所选实体,而 MEASURE 命令则是以指定的距离在所选实体上插入点或块,直到余下部分不足一个间距为止。

注意:进行定距等分时,注意在选择等分对象时应单击被等分对象的位置。单击位置不同,结果可能不同。

5. 多边形的绘制

绘制多边形除了用 LINE、PLINE 定点绘制外,还可以用 POLYGON、RECTANG 命令很方便地绘制正多边形和矩形。

(1) 绘制矩形

操作方法有以下两种。

　① 菜单命令:"绘图"|"矩形"。

　② 命令行: RECTANG(REC)。

RECTANG 命令以指定两个对角点的方式绘制矩形,当两角点形成的边相同时则生成正方形。

注意:标高和厚度是两个不同的概念。设定标高是指在距基面一定高度的面内。绘制矩形,而设定厚度则表示可以绘制出具有一定厚度(给定值)的矩形。

(2) 绘制正多边形

操作方法有以下两种。

　① 菜单命令:"绘图"|"正多边形"。

　② 命令行: POLYGON(POL)。

PLOLYGON 命令可以绘制由 3～1024 条边组成的正多边形。

注意:因为正多边形实际上是多段线,所以不能用"圆心"捕捉方式来捕捉一个已存在的多边形的中心。

6. 圆和圆弧的绘制

(1) 绘制圆

操作方法有以下两种。

　① 菜单命令:"绘图"|"圆"。

　② 命令行: CIRCLE(C)。

CIRCLE 命令用于绘制没有宽度的圆形。根据生成圆的机制不同,可以有以下几种方法。

　① 圆心。基于圆心和直径(或半径)绘制圆。

指定圆的半径或[直径(D)]:(指定点、输入值、输入 D 或按 Enter 键)

　② 半径。定义圆的半径。输入值,或指定点。

　③ 直径。定义圆的直径。输入值,或指定第二个点。

指定圆的直径 <当前>:(指定点 2、输入值或按 Enter 键)

　④ 三点(3P)。基于圆周上的三点绘制圆。

指定圆上的第一个点:(指定点 1)
指定圆上的第二个点:(指定点 2)
指定圆上的第三个点:(指定点 3)

　⑤ 两点(2P)。基于圆直径上的两个端点绘制圆。

指定圆的直径的第一个端点:(指定点 1)
指定圆的直径的第二个端点:(指定点 2)

　⑥ TTR(相切、相切、半径)。基于指定半径和两个相切对象绘制圆。

指定对象与圆的第一个切点:(选择圆、圆弧或直线)
指定对象与圆的第二个切点:(选择圆、圆弧或直线)
指定圆的半径 <当前>:

有时会有多个圆符合指定的条件。程序将绘制具有指定半径的圆,其切点与选定点的距离最近。

(2) 绘制圆弧

操作方法有以下两种。

① 菜单命令:"绘图"|"圆弧"。

② 命令行:ARC(A)。

用 AutoCAD 绘制圆弧的方法很多,都是通过起点、方向、中点、包角、端点、弦长等参数来确定绘制的。

① 起点。指定圆弧的起点。

注意:如果未指定点就按 Enter 键,最后绘制的直线或圆弧的端点将会作为起点,并立即提示指定新圆弧的端点。这将创建一条与最后绘制的直线、圆弧或多段线相切的圆弧。

指定圆弧的第二个点或 [圆心(C)/终点(E)]:

② 第二个点。使用圆弧周线上的三个指定点绘制圆弧。第一个点为起点。第三个点为终点。第二个点是圆弧周线上的一个点。

指定圆弧的端点:(指定点 3)

通过三个指定点可以顺时针或逆时针指定圆弧。

③ 中心。指定圆弧所在圆的圆心。

指定圆弧的圆心:
指定圆弧的终点或 [角度(A)/弦长(L)]:

④ 终点。指定圆心,从起点向终点逆时针绘制圆弧。终点将落在从第三点到圆心的一条假想射线上。

⑤ 角度。指定圆心,从起点按指定包含角逆时针绘制圆弧。如果角度为负,将顺时针绘制圆弧。

指定包含角:(指定角度)

⑥ 弦长。基于起点和终点之间的直线距离绘制劣弧或优弧。如果弦长为正值,将从起点逆时针绘制劣弧。如果弦长为负值,将逆时针绘制优弧。

指定弦长:(指定长度)

⑦ 终点。指定圆弧终点。

指定圆弧的终点:
指定圆弧的圆心或 [角度(A)/方向(D)/半径(R)]:

⑧ 圆心。从起点向终点逆时针绘制圆弧。终点将落在从圆心到指定的第二点的一条假想射线上。

⑨ 角度。按指定包含角从起点向终点逆时针绘制圆弧。如果角度为负,将顺时针绘制圆弧。

指定包含角:(以度为单位输入角度,或通过逆时针移动定点设备来指定角度)

⑩ 方向。绘制圆弧在起点处与指定方向相切。这将绘制从起点开始到终点结束的任何圆弧,而不考虑是劣弧、优弧还是顺弧、逆弧。从起点确定该方向。

指定圆弧的起点切向:

⑪ 半径。从起点 向终点逆时针绘制一条劣弧。如果半径为负,将绘制一条优弧。

指定圆弧的半径:

⑫ 中心。指定圆弧所在圆的圆心。

指定圆弧的圆心:
指定圆弧的起点:
指定圆弧的终点或 [角度(A)/弦长(L)]:

⑬ 终点。从起点向终点逆时针绘制圆弧。终点将落在从圆心到指定点的一条假想射线上。

⑭ 角度。指定圆心,从起点按指定包含角逆时针绘制圆弧。如果角度为负,将顺时针绘制圆弧。

指定包含角:

⑮ 弦长。基于起点和终点之间的直线距离绘制劣弧或优弧。
如果弦长为正值,将从起点逆时针绘制劣弧。如果弦长为负值,将逆时针绘制优弧。

指定弦长:与上一条直线、圆弧或多段线相切
(在第一个提示下按 Enter 键时,将绘制与上一条直线、圆弧或多段线相切的圆弧)
指定圆弧的端点:(指定点 1)

(3) 椭圆及椭圆弧的绘制
操作方法有以下两种。
① 菜单命令:"绘图"|"椭圆"。
② 命令行:ELLIPSE(EL)。
注意:
① [旋转(R)]为通过绕第一条轴旋转圆来创建椭圆。指定绕长轴旋转的角度:指定点或输入一个有效范围为 0~89.4 的角度值。输入值越大,椭圆的离心率就越大。输入0 将定义圆。
② 椭圆绘制好后,可以根据椭圆弧所包含的角度来确定椭圆弧,因此,绘制椭圆弧需首先绘制椭圆。

创建椭圆或椭圆弧:
指定椭圆的轴端点或 [圆弧(A)/中心(C)/等轴测圆(I)]:(指定点或输入选项)

椭圆上的前两个点确定第一条轴的位置和长度。第三个点确定椭圆的圆心与第二条轴的端点之间的距离。

① 轴端点。根据两个端点定义椭圆的第一条轴。第一条轴的角度确定了整个椭圆的角度。第一条轴既可定义椭圆的长轴也可定义短轴。

指定轴的另一个端点:(指定点 2)
指定另一条半轴长度或 [旋转(R)]:(通过输入值或定位点 3 来指定距离,或者输入 R)

② 另一条半轴长度。使用从第一条轴的中点到第二条轴的端点的距离定义第二条轴。

③ 旋转。通过绕第一条轴旋转圆来创建椭圆。

指定绕长轴旋转的角度:(指定点 3 或输入一个小于 90°的正角度值)

绕椭圆中心移动十字光标并单击。输入值越大,椭圆的离心率就越大。输入 0 将定义圆。

④ 圆弧。创建一段椭圆弧。椭圆弧上的前两个点确定第一条轴的位置和长度。第三个点确定椭圆弧的圆心与第二条轴的端点之间的距离。第四个点和第五个点确定起始和终止角度。

第一条轴的角度确定了椭圆弧的角度。第一条轴可以根据其大小定义长轴或短轴。

指定椭圆弧的轴端点或 [圆心(C)]:(指定点或输入 C)

⑤ 轴端点。定义第一条轴的起点。

指定轴的另一个端点:
指定另一条半轴长度或 [旋转(R)]:(指定距离或输入 R)

"另一条半轴长度"和"旋转"选项说明与"圆心"下相应的选项说明相匹配。

⑥ 中心。用指定的中心点创建椭圆弧。

指定椭圆弧的圆心:
指定轴的端点:
指定另一条半轴长度或 [旋转(R)]:(指定距离或输入 R)

使用中心点、第一个轴的端点和第二个轴的长度来创建椭圆。可以通过单击所需距离处的某个位置或输入长度值来指定距离。

⑦ 另一条半轴长度。定义第二条轴为从椭圆弧的圆心(即第一条轴的中点)到指定点的距离。

指定起始角度或 [参数(P)]:(指定点 (1)、输入值或输入 P)

注意:"起始角度"和"参数"选项的说明与"旋转"下相应选项的说明一致。

⑧ 旋转。通过绕第一条轴旋转定义椭圆的长轴短轴比例。该值(从 0°到 89.4°)越大,短轴对长轴的比例就越大。89.4°到 90.6°之间的值无效,因为此时椭圆将显示为一条直线。这些角度值的倍数将每隔 90°产生一次镜像效果。

输入 0、180 或 180 的倍数将在圆中创建一个椭圆。

指定绕长轴旋转的角度:(指定旋转角度)
指定起始角度或 [参数(P)]:(指定角度或输入 P)

⑨ 起点角度。定义椭圆弧的第一端点。"起始角度"选项用于从参数模式切换到角度模式。模式用于控制计算椭圆的方法。

指定终止角度或 [参数(P)/包含角度(I)]:(指定点 2、输入值或输入选项)

⑩ 参数。需要同样的输入作为起始角度,但通过以下矢量参数方程式创建椭圆弧。

$$p(u) = c + a\cos u + b\sin u$$

式中:u 是椭圆弧的角度;c 是椭圆两焦点距离的 1/2;a 和 b 分别是椭圆的长轴和短轴长度。

指定起始参数或 [角度(A)]:(指定点、输入值或输入 A)
指定终止参数或 [角度(A)/包含角度(I)]:(指定点、输入值或输入选项)

- 终止参数:用参数化矢量方程式定义椭圆弧的终止角度。使用"起始参数"选项可以从角度模式切换到参数模式。模式用于控制计算椭圆的方法。
- 角度:定义椭圆弧的终止角度。使用"角度"选项可以从参数模式切换到角度模式。模式用于控制计算椭圆的方法。
- 夹角:定义从起始角度开始的夹角。

⑪ 中心。通过指定的中心点来创建椭圆。

指定椭圆的圆心:(指定点 1)
指定轴端点:(指定点 2)
指定另一条半轴长度或 [旋转(R)]:(通过输入值或定位点 3 来指定距离,或者输入 R)

⑫ 另一条半轴长度。定义第二条轴为从椭圆弧圆心(即第一条轴的中点)到指定点的距离。

⑬ 旋转。通过绕第一条轴旋转圆来创建椭圆。

指定绕长轴旋转的角度:(指定点或输入一个有效范围为 0~89.4°的角度值)
指定起始角度或 [参数(P)]:(指定角度或输入 P)

绕椭圆中心移动十字光标并单击。输入值越大,椭圆的离心率就越大。输入 0 则定义一个圆。

4.1.5　绘图辅助工具

在 AutoCAD 中设计和绘制图形时,如果对图形尺寸比例要求不太严格,可以大致输入图形的尺寸,这时可用鼠标在图形区域直接拾取和输入。但是,有的图形对尺寸要求比较严格,要求绘图时必须严格按给定的尺寸绘图。实际上,用户不仅可以通过常用的指定点的坐标法来绘制图形,而且还可以使用系统提供的"捕捉"、"对象捕捉"、"对象追踪"等功能,在不输入坐标的情况下快速、精确地绘制图形。这些工具主要集中在状态栏上。

1. 正交绘图

在用 AutoCAD 绘图的过程中,经常需要绘制水平直线和垂直直线,但是用鼠标拾取线段的端点时很难保证两个点严格沿水平或垂直方向,为此,AutoCAD 提供了"正交"功能,当启用正交模式时,画线或移动对象时只能沿水平方向或垂直方向移动光标,因此只能画平行于坐标轴的正交线段。

正交绘图的操作方式有以下 3 种。

(1) 命令行:ORTHO。

(2) 状态栏:"正交"按钮。

(3) 功能键:F8。

2. 设置捕捉

为了准确地在屏幕上捕捉点,AutoCAD 提供了捕捉工具,可以在屏幕上生成一个隐含的栅格(捕捉栅格),这个栅格能够捕捉光标,约束它只能落在栅格的某一个结点上,使用户能够高精确度地捕捉和选择这个栅格上的点。

设置捕捉的操作方式有以下 4 种。

(1) 菜单命令:"工具"|"草图设置"。

(2) 状态栏:"捕捉"按钮(仅限于打开与关闭)。

(3) 功能键:F9(仅限于打开与关闭)。

(4) 快捷方式:将光标置于"捕捉"按钮上,右击,选择"设置"按钮。

3. 栅格工具

用户可以应用显示栅格工具使绘图区域上出现可见的网格,它是一个形象的画图工具,就像传统的坐标纸一样。

设置显示栅格工具的操作方法有以下 4 种。

(1) 菜单命令:"工具"|"草图设置"。

(2) 状态栏:"栅格"按钮(仅限于打开与关闭)。

(3) 功能键:F7(仅限于打开与关闭)。

(4) 快捷方式:将光标置于"栅格"按钮上,右击,选择"设置"按钮。

4. 对象捕捉

在利用 AutoCAD 画图时经常要用到一些特殊的点,例如圆心、切点、线段或圆弧的端点、中点等,如果仅用鼠标拾取,要准确地找到这些点是十分困难的。为此,AutoCAD 提供了一些识别这些点的工具,通过这些工具可轻松地构造出新的几何体,使创建的对象被精确地画出来,其结果比传统手工绘图更精确。在 AutoCAD 中,这种功能称为对象捕捉功能。利用该功能,可以迅速、准确地捕捉到某些特殊点,从而迅速、准确地绘制出图形。

注意:此处描述的多数对象捕捉只影响屏幕上可见的对象,包括锁定图层上的对象、布局视口边界和多段线。不能捕捉不可见的对象,如未显示的对象、关闭或冻结图层上的对象或虚线的空白部分。而且,仅当提示输入点时,对象捕捉才生效。

(1) 设置对象捕捉

设置对象捕捉的操作方法有以下 5 种。

① 菜单命令:"工具"|"草图设置"。

② 命令行：DDOSNAP/DSETTINGS。

③ 状态栏："对象捕捉"按钮(功能仅限于打开与关闭)。

④ 功能键：F3(功能仅限于打开与关闭)。

⑤ 快捷方式：将光标置于"对象捕捉"按钮上，右击，选择"设置"按钮。

(2) 对象捕捉的方法和模式

AutoCAD 提供了 3 种执行对象捕捉的方法。

① 利用命令实现对象捕捉。

② 利用工具栏实现对象捕捉。

③ 利用快捷菜单实现对象捕捉。

对象捕捉的模式及其功能，与工具栏图标及快捷菜单命令相对应下面将对捕捉模式进行介绍。这里列出可以在执行对象捕捉时打开的对象捕捉模式。

① 端点。捕捉到圆弧、椭圆弧、直线、多行、多段线线段、样条曲线、面域或射线最近的端点，或捕捉宽线、实体或三维面域的最近角点。

② 中点。捕捉到圆弧、椭圆、椭圆弧、直线、多行、多段线线段、面域、实体、样条曲线或参照线的中点。

③ 中心。捕捉到圆弧、圆、椭圆或椭圆弧的中心。

④ 节点。捕捉到点对象、标注定义点或标注文字原点。

⑤ 象限。捕捉到圆弧、圆、椭圆或椭圆弧的象限点。

⑥ 交点。捕捉到圆弧、圆、椭圆、椭圆弧、直线、多行、多段线、射线、面域、样条曲线或参照线的交点。"延伸交点"不能用作执行对象捕捉模式。

注意：如果同时打开"交点"和"外观交点"执行对象捕捉，可能会得到不同的结果。

"交点"和"延伸交点"不能和三维实体的边或角点一起使用。

⑦ 延伸。当光标经过对象的端点时，显示临时延长线或圆弧，以便用户在延长线或圆弧上指定点。

注意：在透视视图中进行操作时，不能沿圆弧或椭圆弧的延伸线进行追踪。

⑧ 插入点。捕捉到属性、块、形或文字的插入点。

⑨ 垂足。捕捉圆弧、圆、椭圆、椭圆弧、直线、多线、多段线、射线、面域、实体、样条曲线或构造线的垂足。

当正在绘制的对象需要捕捉多个垂足时，将自动打开"递延垂足"捕捉模式。可以用直线、圆弧、圆、多段线、射线、参照线、多行或三维实体的边作为绘制垂直线的基础对象。可以用"递延垂足"在这些对象之间绘制垂直线。当靶框经过"递延垂足"捕捉点时，将显示 AutoSnap 工具提示和标记。

⑩ 切点。捕捉到圆弧、圆、椭圆、椭圆弧或样条曲线的切点。当正在绘制的对象需要捕捉多个垂足时，将自动打开"递延垂足"捕捉模式。可以使用"递延切点"来绘制与圆弧、多段线圆弧或圆相切的直线或构造线。当靶框经过"递延切点"捕捉点时，将显示标记和 AutoSnap 工具提示。

注意：当用"自"选项结合"切点"捕捉模式来绘制除开始于圆弧或圆的直线以外的对象时，第一个绘制的点是与在绘图区域最后选定的点相关的圆弧或圆的切点。

⑪ 最近点。捕捉到圆弧、圆、椭圆、椭圆弧、直线、多行、点、多段线、射线、样条曲线或参照线的最近点。

⑫ 外观交点。捕捉不在同一平面但在当前视图中看起来可能相交的两个对象的视觉交点。

"延伸外观交点"不能用作执行对象捕捉模式。"外观交点"和"延伸外观交点"不能和三维实体的边或角点一起使用。

注意：如果同时打开"交点"和"外观交点"执行对象捕捉，可能会得到不同的结果。

⑬ 平行。将直线段、多段线线段、射线或构造线限制为与其他线性对象平行。指定线性对象的第一点后，请指定平行对象捕捉。与在其他对象捕捉模式中不同，用户可以将光标和悬停移至其他线性对象，直到获得角度。然后，将光标移回正在创建的对象。如果对象的路径与上一个线性对象平行，则会显示对齐路径，用户可将其用于创建平行对象。

注意：使用平行对象捕捉之前，请关闭 ORTHO 模式。在平行对象捕捉操作期间，会自动关闭对象捕捉追踪和 PolarSnap。使用平行对象捕捉之前，必须指定线性对象的第一点。

5. 自动追踪

在 AutoCAD 中，自动追踪功能是一个非常有用的辅助绘图工具，使用它可按指定角度绘制对象，或者绘制与其他对象有特定关系的对象。自动追踪功能分极轴追踪和对象捕捉追踪两种。

极轴追踪是按事先给定的角度增量来追踪特征点；而对象捕捉追踪则按与对象的某种特定关系来追踪，这种特定的关系确定了一个用户事先并不知道的角度。也就是说，如果事先知道要追踪的方向（角度），则使用极轴追踪；如果用户事先不知道具体的追踪方向（角度），但知道与其他对象的某种关系（如相交），则用对象捕捉追踪。极轴追踪和对象捕捉追踪可以同时使用。

注意：对象追踪必须与对象捕捉同时工作。也就是在追踪对象捕捉到点之前，必须先打开对象捕捉功能。

（1）极轴追踪设置。极轴追踪功能可以在系统要求指定一个点时，按预先设置的角度增量显示一条无限延伸的辅助线（这是一条虚线），这时就可以沿辅助线追踪得到光标点。

要对极轴追踪和对象捕捉追踪进行设置，可在"草图设置"对话框的"极轴追踪"选项卡中设置。

（2）对象捕捉追踪设置。可以沿指定方向（称为对齐路径）按指定角度或与其他对象的指定关系绘制对象。

注意：打开正交模式，光标将被限制沿水平或垂直方向移动。因此，正交模式和极轴追踪模式不能同时打开，若一个打开，另一个将自动关闭。

6. 动态输入

动态输入功能在光标附近提供了一个命令界面，以帮助用户专注于绘图区域。

启用动态输入时，工具栏提示将在光标附近显示信息，该信息会随着光标移动而动态更新。当某条命令为活动时,工具栏提示将为用户提供输入的位置。

完成命令或使用夹点所需的动作与命令行中的动作类似。区别是用户的注意力可以保持在光标附近。动态输入不会取代命令窗口。可以隐藏命令窗口以增加绘图屏幕区域,但是在有些操作中还是需要显示命令窗口。按 F2 键可根据需要隐藏和显示命令提示和错误消息。另外,也可以浮动命令窗口,并使用自动隐藏功能来展开或卷起该窗口。

注意:透视图不支持动态输入。

设置动态输入的操作方法有以下 5 种。

(1) 菜单命令:"工具"|"草图设置"。

(2) 命令行:DSETTINGS。

(3) 状态栏:DYN(动态输入)按钮(功能仅限于打开与关闭)。

(4) 功能键:F12(功能仅限于打开与关闭)。

(5) 快捷方式:将光标置于 DYN(动态输入)按钮上,右击,选择"设置"。

4.1.6   图形的常用编辑

1. 对象选择

在 AutoCAD 2010 中,单纯地使用绘图命令或绘图工具只能创建出一些基本图形对象,而要绘制复杂的图形,在多数情况下要借助于"修改"菜单中的图形编辑命令。在编辑对象前,用户首先要选择对象,然后再对其进行编辑。当选中对象时,其特征点(即夹点)将显示为小方框,利用夹点可对图形进行简单编辑。此外,AutoCAD 2010 还提供了丰富的对象编辑工具,可以帮助用户合理地构造和组织图形,以保证绘图的准确性,简化绘图操作,从而极大地提高了绘图效率。

(1) 选择对象

在 AutoCAD 2010 中,选择对象的方法很多。例如,可以通过单击对象逐个拾取,也可利用矩形窗口或交叉窗口选择;可以选择最近创建的对象、前面的选择集或图形中的所有对象,也可以向选择集中添加对象或从中删除对象。

选择对象的操作方法有以下 4 种。

① 命令行:SELECT。

SELECT 命令可以单独使用,也可以在执行其他编辑命令时被自动调用。无论使用哪种方法,AutoCAD 2010 都将提示用户选择对象,并且光标的形状由十字光标变为拾取框,可以选择对象。

② 直接用鼠标选择对象。

③ 窗口选择。从左向右拖动光标,以仅选择完全位于矩形区域中的对象。

④ 交叉选择。从右向左拖动光标,以选择矩形窗口包围的或相交的对象。

一个称为"对象选择目标框"或"拾取框"的小框将取代图形光标上的十字形光标。可在后续命令中自动重新选定使用此命令选定的对象。在后续命令的"选择对象"提示下,使用"上一个"选项可检索上一个选择集。

可以通过在对象周围绘制选择窗口、输入坐标或使用下列选择方法之一,分别选择具有定点设备的对象。无论提供"选择对象"提示的是哪个命令,均可以使用这些方法选择对象。

也可以按住 Ctrl 键逐个选择原始的各种形式,这些形式是复合实体的一部分或三维实体上的顶点、边和面。可以选择这些子对象的其中之一，也可以创建多个子对象的选择集。选择集可以包含多种类型的子对象。

要查看所有选项，请在命令提示下输入"?"，命令行提示如下。

选择对象：（指定点或输入选项）

① 窗口。选择矩形（由两点定义）中的所有对象。从左到右指定角点创建窗口选择。（从右到左指定角点则创建窗交选择。）

指定第一个角点：（指定点 1）
指定对角点：（指定点 2）

② 上一个。选择最近一次创建的可见对象。对象必须在当前空间（模型空间或图纸空间）中，并且一定不要将对象的图层设置为冻结或关闭状态。

③ 窗交。选择区域（由两点确定）内部或与之相交的所有对象。窗交显示的方框为虚线或高亮度方框，这与窗口选择框不同。从左到右指定角点创建窗交选择；从右到左指定角点则创建窗口选择。

第一个角点：（指定点 1）
另一角点：（指定点 2）

④ 框选。选择矩形（由两点确定）内部或与之相交的所有对象。如果矩形的点是从右至左指定的，则框选与窗交等效。否则，框选与窗选等效。

指定第一个角点：（指定点）
指定对角点：（指定点）

⑤ 全部。选择模型空间或当前布局中除冻结图层或锁定图层上的对象之外的所有对象。

⑥ 栏选。选择与选择栏相交的所有对象。栏选方法与圈交方法相似，只是栏选不闭合，并且栏选可以自交。栏选不受 PICKADD 系统变量的影响。

第一栏选点：（指定点）
指定直线端点或［放弃(U)］：（指定点或输入 U 放弃上一个点）

⑦ 圈围。选择多边形（通过待选对象周围的点定义）中的所有对象。该多边形可以为任意形状，但不能与自身相交或相切。将绘制多边形的最后一条线段，所以该多边形在任何时候都是闭合的。圈围不受 PICKADD 系统变量的影响。

第一圈围点：（指定点）
指定直线端点或［放弃(U)］：（指定点或输入 U 放弃上一个点）

⑧ 圈交。选择多边形（通过在待选对象周围指定点来定义）内部或与之相交的所有对象。该多边形可以为任意形状，但不能与自身相交或相切。将绘制多边形的最后一条线段，所以该多边形在任何时候都是闭合的。圈交不受 PICKADD 系统变量的影响。

第一圈围点：（指定点）
指定直线端点或［放弃(U)］：（指定点或输入 U 放弃上一个点）

⑨ 编组。选择指定组中的全部对象。

输入编组名：(输入一个名称列表)

⑩ 添加。切换到添加模式：可以使用任何对象选择方法将选定对象添加到选择集。自动和添加为默认模式。

⑪ 删除。切换到删除模式：可以使用任何对象选择方法从当前选择集中删除对象。删除模式的替换模式是在选择单个对象时按下 Shift 键，或者是使用"自动"选项。

⑫ 多个。指定多次选择而不高亮显示对象，从而加快对复杂对象的选择过程。如果两次指定相交对象的交点，"多个"也将选中这两个相交对象。

⑬ 上一个(选择集)。选择最近创建的选择集。从图形中删除对象将清除"上一个"选项设置。

程序将跟踪是在模型空间中还是在图纸空间中指定每个选择集。如果在两个空间中切换将忽略"上一个"选择集。

⑭ 放弃。放弃选择最近加到选择集中的对象。

⑮ 自动。切换到自动选择：指向一个对象即可选择该对象。指向对象内部或外部的空白区，将形成框选方法定义的选择框的第一个角点。自动和添加为默认模式。

⑯ 单选。切换到单选模式：选择指定的第一个或第一组对象而不继续提示进一步选择。

⑰ 子对象。使用户可以逐个选择原始形状，这些形状是复合实体的一部分或三维实体上的顶点、边和面。可以选择这些子对象的其中之一，也可以创建多个子对象的选择集。选择集可以包含多种类型的子对象。

选择对象：(逐个选择原始形状，这些形状是复合实体的一部分或是顶点、边和面)

注意：按住 Ctrl 键操作与选择 SELECT 命令的"子对象"选项相同。

⑱ 对象。结束选择子对象的功能。使用户可以使用对象选择方法。

选择对象：(使用对象选择方法)

(2) 快速选择

在 AutoCAD 2010 中，当用户需要选择具有某些共同特性的对象时，可利用"快速选择"对话框，在其中根据对象的图层、线型、颜色、图案填充等特性和类型，创建选择集。选择"工具"|"快速选择"命令，可打开"快速选择"对话框。

注意：只有在选择了"如何应用"选项组中的"包括在新选择集中"单选按钮，并且附加到当前选择集，复选框未被选中时，"选择对象"按钮才可用。

2. 使用夹点编辑图形

夹点就是对象上的控制点，也是特征点。选择对象时，在对象上将显示出若干个小方框，这些小方框用来标记被选中对象的夹点。

(1) 控制夹点显示

默认情况下，夹点始终是打开的。用户可以通过"工具"|"选项"对话框的"选择"选项卡的"夹点"选项组中选中"启用夹点"复选框。在该选项卡中设置夹点的显示，还可以设

置代表夹点的小方格的尺寸和颜色。对不同的对象来说,用来控制其特征的夹点的位置和数量也不相同。

表 4-7 列举了 AutoCAD 中常见对象的夹点特征。也可以通过 GRIPS 系统变量控制是否打开夹点功能,1 代表打开,0 代表关闭。

表 4-7　常见对象的夹点特征

对 象 类 型	夹 点 特 征
直线	两个端点和中点
多段线	直线段的两端点、圆弧段的中点和两端点
构造线	控制点以及线上的邻近两点
射线	起点及射线上的一个点
多线	控制线上的两个端点
圆弧	两个端点和中点
圆	4 个象限点和圆心
椭圆	4 个顶点和中心
椭圆弧	端点、中点和中心点
区域填充	各个顶点
文字	插入点和第 2 个对齐点
段落文字	各顶点
属性	插入点
线性标注、对齐标注	尺寸线和尺寸界线的端点,尺寸标注文字的中心点
角度标注	尺寸线端点和和指定尺寸标注弧的端点,尺寸文字的中心点
半径标注、直径标注	半径或直径标注的端点,尺寸标注文字的中心点
坐标标注	被标注点,用户指定的引出线端点和尺寸标注文字的中心点

AutoCAD 中常见对象的夹点特征如下。

① 可以拖动夹点执行拉伸、移动、旋转、缩放或镜像操作。选择执行的编辑操作称为夹点模式。

② 夹点是一些实心的小方框,使用定点设备指定对象时,对象关键点上将出现夹点。可以拖动这些夹点快速拉伸、移动、旋转、缩放或镜像对象。

③ 夹点打开后,可以在输入命令之前选择要操作的对象,然后使用定点设备操作这些对象。

注意:锁定图层上的对象不显示夹点。

(2) 使用夹点编辑图形

在 AutoCAD 2010 中夹点是一种集成的编辑模式,具有非常实用的功能,它为用户提供了一种方便快捷的编辑操作途径。使用夹点可以对对象进行拉伸、移动、镜像、旋转及缩放等操作。

① 使用夹点拉伸对象

在不执行任何命令的情况下选择对象,显示其夹点,然后单击其中一个夹点,该夹点将被作为拉伸的基点。

② 使用夹点移动对象

在不执行任何命令的情况下选择对象,显示其夹点,然后单击其中一个夹点,右击,在快捷菜单中选择"移动"命令。

注意:移动对象仅仅是位置上的平移,而对象的方向和大小并不会被改变。要非常精确地移动对象,可使用捕捉模式、坐标、夹点和对象捕捉模式。用户通过输入点的坐标或拾取点的方式来确定平移对象的目的点后,即可以基点为平移的起点,以目的点为端点将所选对象平移到新位置。

③ 使用夹点镜像对象

在不执行任何命令的情况下选择对象,显示其夹点,然后单击其中一个夹点,右击,在快捷菜单中选择"镜像"命令。

④ 使用夹点旋转对象

在不执行任何命令的情况下选择对象,显示其夹点,然后单击其中一个夹点,右击,在快捷菜单中选择"旋转"命令。

⑤ 使用夹点缩放对象

在不执行任何命令的情况下选择对象,显示其夹点,然后单击其中一个夹点,右击,在快捷菜单中选择"缩放"命令。

3. 删除与复制对象

(1) 放弃与重做对象

操作方法有以下两种。

① 菜单命令:"编辑"|"放弃"/"重做"。

② 命令行:UNDO/REDO。

(2) 删除对象

操作方法有以下两种。

① 菜单命令:"修改"|"删除"。

② 命令行:ERASE(快捷键 E)。

通常,当发出"删除"命令后,用户需要选择要删除的对象,然后按回车键或 Space 键结束对象选择,同时将删除已选择的对象。如果用户在"选项"对话框的"选择"选项卡中,选中"选择模式"选项组中的"先选择后执行"复选框,那么就可以先选择对象,然后单击"删除"按钮将其删除。

注意:使用 OOPS 命令,可以恢复最后一次使用"打断"、"块定义"和"删除"等命令删除的对象。

(3) 复制对象

操作方法有以下 3 种。

① 菜单命令:"修改"|"复制"。

② 命令行:COPY(CP)。

③ 快捷方式:选择要复制的对象,在绘图区域右击,从打开的快捷菜单中选择"复制选择"命令。

可以从已有的对象复制出副本,并放置到指定的位置。执行该命令时,首先需要选择对象,然后指定位移的基点和位移矢量(相对与基点的方向和大小)。

(4)"编辑"方式剪切对象

操作方法有以下两种。

① 菜单命令:"编辑"|"剪切"。

② 命令行:CUTCLIP。

(5)"修改"方式剪切对象

① 快捷键:Ctrl+X。

② 快捷菜单:在绘图区域右击,从打开的快捷菜单中选择"剪切"。

执行上述命令后,所选择的实体从当前图形上剪切到剪贴板上,同时从原图形中消失。

(6)"编辑"方式复制对象

操作方法有以下 4 种。

① 菜单命令:"编辑"|"复制"。

② 命令行:COPYCLIP。

③ 快捷键:Ctrl+C。

④ 快捷菜单:在绘图区域右击,从打开的快捷菜单中选择"复制"。

执行上述命令后,所选择的对象从当前图形上复制到剪贴板上,原图形不变。

注意:使用"剪切"和"复制"功能复制对象时,已复制到目的文件的对象与源对象毫无关系,源对象的改变不会影响复制得到的对象。

(7)"带基点复制"命令

操作方法有以下 4 种。

① 菜单命令:"编辑"|"带基点复制"。

② 命令行:COPYBASE。

③ 快捷键:Ctrl+Shift+C。

④ 快捷菜单:在绘图区域右击,从快捷菜单中选择"带基点复制"。

(8)复制链接对象

操作方法有以下两种。

① 菜单命令:"编辑"|"复制链接"。

② 命令行:COPYLINK。

对象链接和嵌入的操作过程与用剪切板粘贴的操作类似,但其内部运行机制却有很大的差异。链接对象与其创建应用程序始终保持联系。例如,Word 文档中包含一个 AutoCAD 图形对象,在 Word 中双击该对象,Windows 自动将其装入 AutoCAD 中,以供用户进行编辑。如果对原始 AutoCAD 图形作了修改,则 Word 文档中的图形也随之发生相应的变化。如果是用剪贴板粘贴上的图形,则它只是 AutoCAD 图形的一个副本,粘贴之后,就不再与 AutoCAD 图形保持任何联系,原始图形的变化不会对它产生任何作用。

(9)"粘贴"命令

操作方法有以下 4 种。

① 菜单命令:"编辑"|"粘贴"。

② 命令行: PASTECLIP。

③ 快捷键: Ctrl+V。

④ 快捷方式: 在绘图区域右击,从打开的快捷菜单中选择"粘贴"。

执行上述命令后,保存在剪切板上的对象被粘贴到当前图形中。

(10) 选择性粘贴对象

操作方法有以下两种。

① 菜单命令:"编辑"|"选择性粘贴"。

② 命令行: PASTESPEC。

系统打开"选择性粘贴"对话框,在该对话框中进行相关参数设置。

(11) 粘贴为块。

操作方法有以下 4 种。

① 菜单命令:"编辑"|"粘贴为块"。

② 命令行: PASTEBLOCK。

③ 快捷键: Ctrl+Shift+V。

④ 快捷方式: 终止所有活动命令,在绘图区域右击,然后选择"粘贴为块"。将复制到剪贴板的对象作为块粘贴到图形中指定的插入点。

4. 镜像、偏移和阵列对象

(1) 镜像复制对象

操作方法有以下两种。

① 菜单命令:"修改"|"镜像"。

② 命令行: MIRROR。

可以将对象以镜像线对称复制。

在 AutoCAD 中,使用系统变量 MIRRTEXT 可以控制文字对象的镜像方向。如果 MIRRTEXT 的值为 1,则文字对象完全镜像,镜像出来的文字变得不可读。如果 MIRRTEXT 的值为 0,则文字对象方向不镜像,镜像出来的文字变得可读。

(2) 偏移复制对象

操作方法有以下两种。

① 菜单命令:"修改"|"偏移"。

② 命令行: OFFSET(快捷 O)。

可以对指定的直线、圆弧、圆等对象作偏移复制。在实际应用中,常利用"偏移"命令的这些特性创建平行线或等距离分布图形。

注意:使用"偏移"命令复制对象时,对直线段、构造线、射线作偏移,是平行复制。对圆弧作偏移后,新圆弧与旧圆弧同心且具有同样的包含角,但新圆弧的长度要发生改变;对圆或椭圆作偏移后,新圆、新椭圆与旧圆、旧椭圆有同样的圆心,但新圆的半径或新椭圆的轴长要发生变化。

（3）阵列复制对象

操作方法有以下两种。

① 菜单命令："修改"|"阵列"。

② 命令行：ARRAY。

打开"阵列"对话框，可以在该对话框中设置以矩形或者环形方式阵列复制对象。

注意：

① 行距、列距和阵列角度的值的正负性将影响将来的阵列方向：行距和列距为正值将使阵列沿 X 轴或者 Y 轴正方向阵列复制对象；阵列角度为正值则沿逆时针方向阵列复制对象，负值则相反。如果是通过单击按钮在绘图窗口中设置偏移距离和方向，则给定点的前后顺序将确定偏移的方向。

② 预览阵列复制效果时，如果单击"接受"按钮，则确认当前的设置，阵列复制对象并结束命令；如果单击"修改"按钮，则返回到"阵列"对话框，可以重新修改阵列复制参数；如果单击"取消"按钮，则退出"阵列"命令，不做任何编辑。

5．移动、旋转和缩放对象

（1）移动对象

操作方法有以下两种。

① 菜单命令："修改"|"移动"。

② 命令行：MOVE（快捷键 M）。

移动对象是指对象的重定位。可以在指定方向上按指定距离移动对象，对象的位置发生了改变，但方向和大小不改变。

（2）旋转对象

操作方法有以下两种。

① 菜单命令："修改"|"旋转"。

② 命令行：ROTATE（RO）。

将对象绕基点旋转指定的角度。

注意：使用系统变量 ANGDIR 和 ANGBASE 可以设置旋转时的正方向和 0 角度方向。用户也可以选择"格式"|"单位"命令，在打开的"图形单位"对话框中设置它们的值。

（3）缩放对象

操作方法有以下两种。

① 菜单命令："修改"|"缩放"。

② 命令行：SCALE。

可以将对象按指定的比例因子相对于基点进行尺寸缩放。

6．拉伸和拉长

（1）拉伸对象

操作方法有以下两种。

① 菜单命令："修改"|"拉伸"。

② 命令行：STRETCH。

可以移动或拉伸对象,操作方式根据图形对象在选择框中的位置决定。执行该命令时,可以使用交叉窗口方式或者交叉多边形方式选择对象,然后依次指定位移基点和位移矢量,AutoCAD将会移动全部位于选择窗口之内的对象,而拉伸(或压缩)与选择窗口边界相交的对象。

对于直线、圆弧、区域填充和多段线等对象,若其所有部分均在选择窗口内,那么它们将被移动,如果它们只有一部分在选择窗口内,则遵循以下拉伸规则。

① 直线:位于窗口外的端点不动,位于窗口内的端点移动。

② 圆弧:与直线类似,但在圆弧改变的过程中,圆弧的弦高保持不变,同时由此来调整圆心的位置和圆弧起始角、终止角的值。

③ 区域填充:位于窗口外的端点不动,位于窗口内的端点移动。

④ 多段线:与直线或圆弧相似,但多段线两端的宽度、切线方向及曲线拟合信息均不改变。

⑤ 其他对象:如果其定义点位于选择窗口内,对象发生移动,否则不动。

其中圆对象的定义点为圆心,形和块对象的定义点为插入点,文字和属性定义的定义点为字符串基线的左端点。

(2) 拉长对象

操作方法有以下两种。

① 菜单命令:"修改"|"拉长"。

② 命令行:LENGTHEN。

可修改线段或者圆弧的长度。

7. 修剪与延伸对象

(1) 修剪对象

操作方法有以下两种。

① 菜单命令:"修改"|"修剪"。

② 命令行:TRIM(TR)。

注意:在 AutoCAD 2010 中,可以作为剪切边界的对象有直线、圆弧、圆、椭圆或椭圆弧、多段线、样条曲线、构造线、射线以及文字等。剪切边也可以同时作为被剪边。默认情况下,选择要修剪的对象(即选择被剪边),系统将以剪切边为界,将被剪切对象上位于拾取点一侧的部分剪切掉。如果按下 Shift 键,同时选择与修剪边不相交的对象,修剪边将变为延伸边界,将选择的对象延伸至与修剪边界相交。

(2) 延伸对象

操作方法有以下两种。

① 菜单命令:"修改"|"延伸"。

② 命令行:EXTEND。

可以延长指定的对象与另一对象相交或外观相交。延伸命令的使用方法和修剪命令的使用方法相似,不同的地方在于:使用延伸命令时,如果在按下 Shift 键的同时选择对象,则执行修剪命令;使用修剪命令时,如果在按下 Shift 键的同时选择对象,则执行延伸命令。

8. 打断与合并对象

（1）打断对象

操作方法有以下两种。

① 菜单命令："修改"|"打断"。

② 命令行：BREAK(BR)。

③ 工具栏："打断于点"和"打断"按钮。

可部分删除对象或把对象分解成两部分。

默认情况下，以选择对象时的拾取点作为第一个断点，这时需要指定第二个断点。如果直接选取对象上的另一点或者在对象的一端之外拾取一点，这时将删除对象上位于两个拾取点之间的部分。如果选择"第一点(F)"选项，可以重新确定第一个断点。在确定第二个打断点时，如果在命令行输入"@"，可以使第一个、第二个断点重合，从而将对象一分为二。如果对圆、矩形等封闭图形使用打断命令时，AutoCAD 将沿逆时针方向把第一断点到第二断点之间的那段圆弧删除。

（2）合并对象

操作方法有以下两种。

① 菜单命令："修改"|"合并"。

② 命令行：JOIN。

将对象合并以形成一个完整的对象。

① 源对象为一条直线时，直线对象必须共线（位于同一无限长的直线上），但是它们之间可以有间隙。

② 源对象为一条开放的多段线时，对象可以是直线、多段线或圆弧，对象之间不能有间隙，并且必须位于与 UCS 的 XY 平面平行的同一平面上。

③ 源对象为一条圆弧时，圆弧对象必须位于同一假想的圆上，但是它们之间可以有间隙。

④ 源对象为一条椭圆弧时，椭圆弧必须位于同一椭圆上，但是它们之间可以有间隙。

注意：合并两条或多条椭圆弧时，将从源对象开始按逆时针方向合并椭圆弧。

⑤ 源对象为一条开放的样条曲线时，样条曲线对象必须位于同一平面内，并且必须首尾相连（端点到端点放置）。

9. 修改倒角和圆角

（1）倒角

操作方法有以下两种。

① 菜单命令："修改"|"倒角"。

② 命令行：CHAMFER(CHA)。

可以为对象绘制倒角。

注意：修倒角时，倒角距离或倒角角度不能太大，否则无效。当两个倒角距离均为 0 时，CHAMFER 命令将延伸两条直线使之相交，不产生倒角。此外，如果两条直线平行或发散时则不能修倒角。

(2) 圆角

操作方法有以下两种。

① 菜单命令："修改"|"圆角"。

② 命令：FILLET。

可以对对象用圆弧修圆角。

注意：

① 如果圆角的半径太大,则不能进行修圆角。

② 对于两条平行线修圆角时,自动将圆角的半径定为两条平行线间距的一半。

③ 如果指定半径为 0,则不产生圆角,只是将两个对象延长相交。

④ 如果修圆角的两个对象具有相同的图层、线型和颜色,则圆角对象也与其相同;否则圆角对象采用当前图层、线型和颜色。

10. 分解对象与对齐对象

(1) 分解对象

可以将多段线、标注、图案填充或块参照复合对象转变为单个的元素。可以分解多段线、标注、图案填充或块参照等复合对象,将其转换为单个的元素。例如,分解多段线将其分为简单的线段和圆弧。分解块参照或关联标注使其替换为组成块或标注的对象副本。

操作方法有以下两种。

① 菜单命令："修改"|"分解"。

② 命令行：EXPLODE。

选择需要分解的对象后按 Enter 键,即可分解图形并结束该命令。

在希望单独修改复合对象的部件时,可分解复合对象。可以分解的对象包括块、多段线及面域等。

任何分解对象的颜色、线型和线宽都可能会改变。其他结果将根据分解的复合对象类型的不同而有所不同。请参见以下可分解对象的列表以及分解的结果。

① 二维和优化多段线。放弃所有关联的宽度或切线信息。对于宽多段线,将沿多段线中心放置结果直线和圆弧。

② 三维多段线。分解成直线段,为三维多段线指定的线型将应用到每一个得到的线段。

③ 三维实体。将平整面分解成面域,将非平整面分解成曲面。

④ 注释性对象。将当前比例图示分解为构成该图示的组件(已不再是注释性)。已删除其他比例图示。

⑤ 圆弧。如果位于非一致比例的块内,则分解为椭圆弧。

⑥ 块。一次删除一个编组级。如果一个块包含一个多段线或嵌套块,那么对该块的分解就首先显露出该多段线或嵌套块,然后再分别分解该块中的各个对象。

具有相同 X、Y、Z 比例的块将分解成它们的部件对象。具有不同 X、Y、Z 比例的块(非一致比例块)可能分解成意外的对象。

当按非统一比例缩放的块中包含无法分解的对象时,这些块将被收集到一个匿名块(名称以"＊E"为前缀)中,并按非统一比例缩放进行参照。如果这种块中的所有对象都不可分解,则选定的块参照不能分解。非一致缩放的块中的体、三维实体和面域图元不能分解。

分解一个包含属性的块将删除属性值并重显示属性定义。

无法分解使用 MINSERT 命令和外部参照插入的块及其依赖块。

⑦ 体。分解成一个单一表面的体(非平面表面)、面域或曲线。

⑧ 圆。如果位于非一致比例的块内,则分解为椭圆。

⑨ 引线。根据引线的不同,可分解成直线、样条曲线、实体(箭头)、块插入(箭头、注释块)、多行文字或公差对象。

⑩ 网格对象。将每个面分解成独立的三维面对象,保留指定的颜色和材质。

⑪ 多行文字。分解成文字对象。

⑫ 多行。分解成直线和圆弧。

⑬ 多面网格。单顶点网格分解成点对象,双顶点网格分解成直线,三顶点网格分解成三维面。

⑭ 面域。分解成直线、圆弧或样条曲线。

（2）对齐对象

操作方法有以下两种。

① 菜单命令："修改"|"三维操作"|"对齐"。

② 命令行：ALIGN。

ALIGN 使用两对点。

指定第一个源点：(指定点 1)
指定第一个目标点：(指定点 2)
指定第二个源点：(指定点 3)
指定第二个目标点：(指定点 4)
指定第三个源点：(按 Enter 键)
根据对齐点缩放对象 [是(Y)/否(N)]<否>：(输入 Y 或按 Enter 键)

当选择两对点时,可以在二维或三维空间移动、旋转和缩放选定对象,以便与其他对象对齐。

第一对源点和目标点定义对齐的基点(1,2)。第二对点定义旋转的角度(3,4)。在输入了第二对点后,系统会给出缩放对象的提示。将以第一目标点和第二目标点(2,4)之间的距离作为缩放对象的参考长度。只有使用两对点对齐对象时才能使用缩放。

注意：如果使用两个源点和目标点在非垂直的工作平面上执行三维对齐操作,将会产生不可预料的结果。

使当前对象与其他对象对齐。既适用于二维对象,也适用于三维对象。在对齐二维对象时,用户可以指定 1 对或 2 对对齐点(源点和目标点),在对齐三维对象时,则需要指定 3 对对齐点。

11. 编辑对象特性

（1）编辑对象特性

对象特性包含一般特性和几何特性。对象的一般特性包括对象的颜色、线型、图层及线宽等,几何特性包括对象的尺寸和位置。用户可以直接在"特性"窗口中设置和修改对象的这些特性。

操作方法如下。

菜单命令:"修改"|"特性"或"工具"|"选项板"|"特性"。

在 AutoCAD 2010 中,"特性"窗口默认情况下处于浮动状态。处于浮动状态的"特性"窗口随用户拖放位置的不同,其标题显示的方向也不同。

在"特性"窗口的标题栏上右击,将弹出一个快捷菜单,用户可通过该快捷菜单确定是否隐藏窗口、是否在窗口内显示特性的说明部分,以及是否将窗口锁定在主窗口中。例如,用户在对象"特性"窗口快捷菜单中选择了"说明"命令,然后再在"特性"窗口中选择对象的某一特性,则"特性"窗口下面将显示该特性的说明信息。在对象"特性"窗口快捷菜单中选择"自动隐藏"命令,那么在用户不使用对象"特性"窗口时,它会自动隐藏起来,只显示一个标题栏。

"特性"窗口中显示了当前选择集中对象的所有特性和特性值,当选中多个对象时,将显示它们的共有特性。用户可以通过它浏览、修改对象的特性,也可以通过浏览、修改满足应用程序接口标准的第三方应用程序对象。

(2) 特性匹配

① 功能区:"常用"选项卡|"剪贴板"|"特性匹配"。

② 菜单命令:"修改(M)"|"特性匹配(M)"。

③ 工具栏:"标准"。

④ 命令:MATCHPROP 或 PAINTER('MATCHPROP,用于透明使用)。

选择源对象:(选择要复制其特性的对象)
当前活动设置:(当前选定的特性匹配设置)
选择目标对象或 [设置(S)]:(输入 S 或选择一个或多个要复制其特性的对象)

参数说明:

① 目标对象。指定要将源对象的特性复制到其上的对象,可以继续选择目标对象或按 Enter 键应用特性并结束该命令。

② 设置。显示"特性设置"对话框,从中可以控制要将哪些对象特性复制到目标对象。默认情况下,将选择"特性设置"对话框中的所有对象特性进行复制。

可应用的特性类型包括颜色、图层、线型、线型比例、线宽、打印样式和其他指定的特性。

使用"特性匹配",可以将一个对象的某些特性或所有特性复制到其他对象。

可以复制的特性类型包括但不仅限于颜色、图层、线型、线型比例、线宽、打印样式、视口特性替代和三维厚度。

默认情况下,所有可用特性均可自动从选定的第一个对象复制到其他对象。如果不希望复制特定特性,请使用"设置"选项禁止复制该特性。可以在执行命令过程中随时选择"设置"选项。

4.1.7　块的定义

1. 块的概述

可以是绘制在几个图层上的不同特性对象的组合。可以使用若干种方法创建块。块可以是绘制。尽管块总是在当前图层上,但块参照保存了有关包含在该块中的对象的原图层、颜色和线型特性的信息。可以控制块中的对象是保留其原特性还是继承当前的图层、颜色、线型或线宽设置。

块是一个或多个在几个图层上的不同颜色、线型和线宽特性的对象的组合的对象。块帮助用户在同一图形或其他图形中重复使用对象。块可以是绘制在几个图层上的不同颜色、线型和线宽特性的对象的组合。块是一组对象的集合,形成单个对象(块定义),也称为块参照。它用一个名字进行标识,可作为整体插入图纸中。

组成块的各个对象可以有自己的图层、线型和颜色,但 AutoCAD 把块当作单一的对象处理,即通过拾取块内的任何一个对象,就可以选中整个块,并对其进行诸如移动(MOVE)、复制(COPY)、镜像(MIRROR)等操作,这些操作与块的内部结构无关。

块具有如下特点。

(1) 提高了绘图速度。将图形创建成块,需要时可以直接用插入块的方法实现绘图,这样可以避免大量重复性工作。

(2) 节省存储空间。如果使用复制命令将一组对象复制 10 次,图形文件的数据库中要保存 10 组同样的数据。如将该组对象定义成块,数据库中只保存一次块的定义数据。插入该块时不再重复保存块的数据,只保存块名和插入参数,因此可以减小文件尺寸。

(3) 便于修改图形。如果修改了块的定义,用该块复制出的图形都会自动更新。

(4) 加入属性。很多块还要求有文字信息,以进一步解释说明。AutoCAD 允许为块创建这些文字属性,可以在插入的块中显示或不显示这些属性,也可以从图中提取这些信息并将它们传送到数据库中。

2. 定义块

(1) 内部块

内部块只能在当前图形文件中重复调用,离开当前图形文件无效,可以定义块属性。

定义内容块的操作方法有以下两种。

① 菜单命令:"绘图"|"块"|"创建"。

② 命令行:BLOCK(快捷键 B)。

利用 BLOCK 将已绘制出的图形对象定义成块。执行 BLOCK 命令后,会弹出块定义对话框,可以利用此对话框完成块的定义。

(2) 外部参照块

把块保存成单独的文件,可以在不同的图形文件调用,不能定义块属性。

外部参照块的操作方法如下。

命令行:WBLOCK(W)。

从当前图形中创建选定的对象,以创建用作块的单独图形文件。

可以创建图形文件,用于作为块插入其他图形中。作为块定义源,单个图形文件容易创建和管理。符号集可作为单独的图形文件存储并编组到文件夹中。

3. 插入块

插入块的操作方法有以下两种。

（1）菜单命令："绘图"|"插入块"。

（2）命令行：INSERT（快捷键 I）。

使用此命令插入的块，即使是外部块或图形文件，都是独立于原图形文件的，并不会随着原图形文件的更改而发生改变。

4．块属性的创建、修改及应用

块的属性是附着在块上的文本信息，是块的组成部分。它依赖于块的存在而存在。

创建块属性的操作方法如下。

（1）菜单命令："绘图"|"块"|"定义属性"。

（2）命令行：ATTDEF。

修改块属性的操作方法如下。

（1）菜单命令："修改"|"对象"|"属性"|"块属性管理器"。

（2）命令行：BETTMAN。

块属性的应用方法如下。

定义块属性→定义块（对象包括属性）→插入块（这时就可以输入属性值了）。

5．块的分解和修改删除块定义

（1）块的分解

块分解的操作方法有以下两种。

① 菜单命令："修改"|"分解"。

② 命令行：EXPLODE。

EXPLODE 将插入的块分解成组成块的各基本对象。执行 EXPLODE 命令后，选择块对象，将所选块分解。

（2）修改块定义

可以在当前图形中重定义块定义。重定义块定义影响在当前图形中已经和将要进行的块插入以及所有的关联属性，重定义块定义有两种方法。

① 在当前图形中修改块定义。

② 修改源图形中的块定义并将其重新插入当前图形中。

选择哪种方法取决于是仅在当前图形中进行修改还是同时在源图形中进行修改。

（3）删除块定义

删除块定义的操作方法如下。

① 菜单命令："文件"|"绘图实用程序"|"清理"。

② 命令行：PURGE。

6．外部参照

以将任意图形文件插入当前图形中作为外部参照。将图形文件附着为外部参照时，可将该参照图形链接到当前图形。打开或重新加载参照图形时，当前图形中将显示对该文件所做的所有更改。

一个图形文件可以作为外部参照同时附着到多个图形中。反之，也可以将多个图形作为参照图形附着到单个图形。用户可以使用以下方法附着外部参照。

（1）工具栏："参照"。

（2）菜单命令："插入"|"DWG 参照"。

（3）命令行：XATTACH。

（4）打开外部参照管理器："插入"|"外部参照"。

7. 动态块

动态块具有灵活性和智能性。用户在操作时可以轻松地更改图形中的动态块参照。可以通过自定义夹点或自定义特性来操作几何图形。这使得用户可以根据需要在位调整块参照，而不用搜索另一个块以插入或重定义现有的块。

例如，如果在图形中插入一个门块参照，则在编辑图形时可能需要更改门的大小。如果该块是动态的，并且定义为可调整大小，那么只须拖动自定义夹点或在"特性"选项板中指定不同的尺寸就可以修改门的大小。用户可能还需要修改门的开角。该门块还可能会包含对齐夹点，使用对齐夹点可以轻松地将门块参照与图形中的其他几何图形对齐。

为了创建高质量的动态块，以便达到用户的预期效果，建议按照下列步骤创建动态块。此过程有助于用户高效编写动态块。

（1）在创建动态块之前规划动态块的内容。在创建动态块之前，应当了解其外观以及在图形中的使用方式。确定当操作动态块参照时，块中的哪些对象会更改或移动。另外，还要确定这些对象将如何更改。例如，用户可以创建一个可调整大小的动态块。另外，调整块参照的大小时可能会显示其他几何图形。这些因素决定了添加到块定义中的参数和动作的类型，以及如何使参数、动作和几何图形共同作用。

（2）绘制几何图形。可以在绘图区域、块编辑器上下文选项卡或块编辑器中为动态块绘制几何图形。也可以使用图形中的现有几何图形或现有的块定义。

注意：如果用户要使用可见性状态更改几何图形在动态块参照中的显示方式，可能不希望在此包括全部几何图形。有关使用可见性状态的详细信息，请参见创建可见性状态。

（3）了解块元素如何共同作用。在向块定义中添加参数和动作之前，应了解它们相互之间以及它们与块中的几何图形的相关性。在向块定义添加动作时，需要将动作与参数以及几何图形的选择集相关联。此操作将创建相关性。向动态块参照添加多个参数和动作时，需要设置正确的相关性，以便块参照在图形中正常工作。

例如，用户要创建一个包含若干对象的动态块。其中一些对象关联了拉伸动作。同时用户还希望所有对象围绕同一基点旋转。在这种情况下，应当在添加其他所有参数和动作之后添加旋转动作。如果旋转动作并非与块定义中的其他所有对象（几何图形、参数和动作）相关联，那么块参照的某些部分可能不会旋转，或者操作该块参照时可能会造成意外结果。

（4）添加参数。按照命令提示上的提示向动态块定义中添加适当的参数。有关使用参数的详细信息，请参见向动态块添加操作参数。

注意：使用块编写选项板的"参数集"选项卡可以同时添加参数和关联动作。有关使用参数集的详细信息，请参见使用参数集。

（5）添加动作。向动态块定义中添加适当的动作。按照命令提示上的提示进行操作,确保将动作与正确的参数和几何图形相关联。有关使用动作的详细信息,请参见使用动作概述。

(6) 定义动态块参照的操作方式。用户可以指定在图形中操作动态块参照的方式。可以通过自定义夹点和自定义特性来操作动态块参照。在创建动态块定义时,用户将定义显示哪些夹点以及如何通过这些夹点来编辑动态块参照。另外还指定了是否在"特性"选项板中显示出块的自定义特性,以及是否可以通过该选项板或自定义夹点来更改这些特性。

(7) 测试块。在功能区上,在块编辑器上下文选项卡的"打开/保存"面板中,单击"测试块"以在保存之前测试块。

用户可以从头创建块,也可以向现有的块定义中添加动态行为。也可以像在绘图区域中一样创建几何图形。

参数和动作仅显示在块编辑器中。将动态块参照插入图形中时,将不会显示动态块定义中包含的参数和动作。

4.1.8　文字和表格

1. 文字样式及字体

文字样式是一组可随图形保存的文字设置的集合,这些设置包括字字体、字号、倾斜角度、方向和其他文字特征等。如果要使用其他文字样式来创建文字,可以将其他文字样式置于当前。

设置文字样式及字体的操作方法有以下两种。

(1) 菜单命令:"格式"|"文字样式"。

(2) 命令行:STYLE(ST)。

2. 单行文本

可以使用单行文字创建一行或多行文字,其中,每行文字都是独立的对象,可对其进行重定位、调整格式或进行其他修改。

创建单行文本的方法有以下两种。

(1) 菜单命令:"绘图"|"文字"|"单行文字"。

(2) 命令行:DTEXT 和 TEXT。

创建文字时,可以使它们对齐,即根据所示的对齐选项之一对齐文字。左对齐是默认选项,因此要左对齐文字,不必在"对正"提示下输入选项。对齐与格式设置方法有以下几种。

(1) 起点。指定文字对象的起点。

指定高度 <当前>:(指定点 1、输入值或按 Enter 键)
(仅在当前文字样式不是注释性且没有固定高度时,才显示"指定高度"提示)
指定图纸文字高度 <当前>:(指定高度或按 Enter 键)
(仅在当前文字样式注释性时,才显示"指定图纸文字高度"提示)
指定文字的旋转角度 <当前>:(指定角度或按 Enter 键)

(2) 对正。控制文字的对正。

[对齐(A)/调整(F)/中心(C)/中间(M)/右(R)/左上(TL)/中上(TC)/右上(TR)/左中(ML)/正中(MC)/右中(MR)/左下(BL)/中下(BC)/右下(BR)]:

也可在"指定文字的起点"提示下输入这些选项。

（3）对齐。通过指定基线端点来指定文字的高度和方向。

指定文字基线的第一个端点：（指定点 1）
指定文字基线的第二个端点：（指定点 2）

注意：字符的大小根据其高度按比例调整。文字字符串越长，字符越矮。

（4）调整。指定文字按照由两点定义的方向和一个高度值布满一个区域。只适用于水平方向的文字。

指定文字基线的第一个端点：（指定点 1）
指定文字基线的第二个端点：（指定点 2）
指定高度 <当前值>：

高度以图形单位表示，是大写字母从基线开始的延伸距离。指定的文字高度是文字起点到用户指定的点之间的距离。文字字符串越长，字符越窄。字符高度保持不变。

（5）中心。从基线的水平中心对齐文字，此基线是由用户给出的点指定的。

指定文字的圆心：（指定点 1）
指定高度 <当前值>：
指定文字的旋转角度 <当前值>：

旋转角度是指基线以中点为圆心旋转的角度，它决定了文字基线的方向，可通过指定点来决定该角度。文字基线的绘制方向为从起点到指定点，如果指定的点在圆心的左边，将绘制出倒置的文字。

（6）中间。文字在基线的水平中点和指定高度的垂直中点上对齐，中间对齐的文字不保持在基线上。

指定文字的中间点：（指定点 1）
指定高度 <当前值>：
指定文字的旋转角度 <当前值>：

注意："中间"选项与"正中"选项不同，"中间"选项使用的中点是所有文字包括下行文字在内的中点，而"正中"选项使用大写字母高度的中点。

（7）右。在由用户给出的点指定的基线上右对齐文字。

指定文字基线的右端点：（指定点 1）
指定高度 <当前值>：
指定文字的旋转角度 <当前值>：

（8）左上。在指定为文字顶点的点上左对齐文字，只适用于水平方向的文字。

指定文字的左上点：（指定点 1）
指定高度 <当前值>：
指定文字的旋转角度 <当前值>：

（9）中上。以指定为文字顶点的点居中对齐文字，只适用于水平方向的文字。

指定文字的中上点：（指定点 1）

指定高度 <当前值>：
指定文字的旋转角度 <当前值>：

（10）右上。以指定为文字顶点的点右对齐文字，只适用于水平方向的文字。

指定文字的右上点：（指定点 1）
指定高度 <当前值>：
指定文字的旋转角度 <当前值>：

（11）左中。在指定为文字中间点的点上靠左对齐文字，只适用于水平方向的文字。

指定文字的左中点：（指定点 1）
指定高度 <当前值>：
指定文字的旋转角度 <当前值>：

（12）正中。在文字的中央水平和垂直居中对齐文字，只适用于水平方向的文字。

指定文字的正中点：（指定点 1）
指定文字的高度 <当前>：
指定文字的旋转角度 <当前值>：

"正中"选项与"中央"选项不同，"正中"选项使用大写字母高度的中点，而"中央"选项使用的中点是所有文字包括下行文字在内的中点。

（13）右中。以指定为文字的中间点的点右对齐文字，只适用于水平方向的文字。

指定文字的右中点：（指定点 1）
指定高度 <当前值>：
指定文字的旋转角度 <当前值>：

（14）BL（左下）。以指定为基线的点左对齐文字，只适用于水平方向的文字。

指定文字的左下点：（指定点 1）
指定高度 <当前值>：
指定文字的旋转角度 <当前值>：

（15）中下。以指定为基线的点居中对齐文字，只适用于水平方向的文字。

指定文字的中下点：（指定点 1）
指定高度 <当前值>：
指定文字的旋转角度 <当前值>：

（16）BR（右下）。以指定为基线的点靠右对齐文字，只适用于水平方向的文字。

指定文字的右下点：（指定点 1）
指定高度 <当前值>：
指定文字的旋转角度 <当前值>：

（17）样式。指定文字样式，文字样式决定文字字符的外观。创建的文字使用当前文字样式。

输入样式名或 [?]<当前>：（输入文字样式名称或输入"?"以列出所有文字样式）

输入"?"将列出当前文字样式、关联的字体文件、字体高度及其他参数。

（18）修改单行文字。可以修改单行文字的内容、格式和特性。

可以使用 DDEDIT 和 PROPERTIES 修改单行文字。如果只需要修改文字的内容而无须修改文字对象的格式或特性，则使用 DDEDIT。如果要修改内容、文字样式、位置、方向、大小、对正和其他特性，则使用 PROPERTIES。

文字对象还具有夹点，可用于移动、缩放和旋转。文字对象在基线左下角和对齐点有夹点。

命令的效果取决于所选择的夹点。

DDEDIT（只需要修改文字的内容而无须修改文字对象的格式或特性）编辑单行文字、标注文字、属性定义和功能控制边框。操作方法有以下 5 种。

① 工具栏："文字"。

② 菜单命令："修改"|"对象"|"文字"。

③ 定点设备：双击文字对象。

④ 快捷方式：选择文字对象，在绘图区域中右击，然后单击"编辑"命令。

⑤ 命令行：DDEDIT。

选择注释对象或 [放弃(U)]:

（19）控制现有对象的特性。

操作方法有以下 5 种。

① 功能区："视图"选项卡|"选项板"面板|"特性"。

② 菜单："修改"|"特性"。

③ 工具栏："标准"。

④ 快捷方式：选择要查看或修改其特性的对象，在绘图区域中右击，然后单击"特性"。

⑤ 命令行：PROPERTIES。

输入特殊符号：

％％D 输入度数符号(°)；％％C 输入直径符号(φ)；％％P 输入正负符号(±)

3. 多行文字

多行文字对象包含一个或多个文字段落，可作为单一对象处理。可以通过输入或导入文字创建多行文字对象。

创建多行文字的操作方法有以下两种。

（1）菜单命令："绘图"|"文字"|"多行文字"。

（2）命令行：MTEXT(T)。

编辑多行文字的命令为 MTEDIT。MTEDIT 命令显示功能区中的"多行文字"选项卡或文字编辑器，以修改选定多行文字对象的格式或内容。

4. 创建和修改表格

表格是在行和列中包含数据的对象。可以从空表格或表格样式创建表格对象。还可以将表格链接至 Microsoft Excel 电子表格中的数据。

表格创建完成后，用户可以单击该表格上的任意网格线以选中该表格，然后通过使用

"特性"选项板或夹点来修改该表格。

创建空的表格对象的操作方法有以下 4 种。

（1）功能区："常用"选项卡|"注释"面板|"插入表格"。

（2）菜单命令："绘图"|"表格"。

（3）工具栏："绘图"。

（4）命令行：TABLE。

表格是在行和列中包含数据的复合对象。可以通过空的表格或表格样式创建空的表格对象。还可以将表格链接至 Microsoft Excel 电子表格中的数据。

4.1.9　尺寸标注

1. 尺寸标注概述

（1）组成

一个完整的尺寸由尺寸界线、尺寸线、尺寸箭头和尺寸文本 4 部分组成。

① 尺寸文本：表明实际测量值。可以使用由 AutoCAD 自动计算出的测量值，并可附加公差、前缀和后缀等。也可以自行指定文字或取消文字。

② 尺寸界线：从被标注的对象延伸到尺寸线。为了标注清晰，通常用尺寸界线将尺寸引到实体之外，有时也可用实体的轮廓线或中心线代替尺寸界线。

③ 标注的范围。通常使用箭头来指出尺寸线的起点和端点。

④ 箭头：尺寸箭头用来标注尺寸线的两端，表明测量的开始和结束位置。AutoCAD 提供了多种符号可供选择，也可以创建自定义符号。

⑤ 圆心标记和中心线：圆心标记是为圆和圆弧而设置的。

（2）类型与操作

尺寸标注的类型有很多，AutoCAD 提供了多种标注用以测量设计对象。

① 线性标注：线性尺寸标注是指标注线性方面的尺寸，常用来标注水平尺寸、垂直尺寸和旋转尺寸。可以通过 AutoCAD 提供的 DIMLINEAR 命令标注。

② 对齐标注：经常用到斜线或斜面的尺寸标注，AutoCAD 提供了 DIMALIGNED 命令可以进行该类型的尺寸标注。

③ 角度标注：标注角度尺寸的命令是 DIMANGULAR。

④ 基线标注：基线标注的命令是 DIMBASELINE。

⑤ 连续标注：连续标注是指首尾相连的尺寸标注，命令是 DIMCONTINUE。

⑥ 半径标注：半径标注的命令是 DIMRADIUS。

⑦ 快速标注：AutoCAD 中具有快速标注命令 QDIM，使用该命令可以同时选择多个对象进行基线标注和连续标注，选样一次对象即可完成多个标注。

⑧ 引线标注：引线标注是指画出一条引线来标注对象。在引线末端可以添加多行旁注、说明。在引线标注中引线可以是折线，也可以是曲线。引线端部也可以设置是否有箭头。AutoCAD 提供的引线标注命令是 QLEADER。

2. 标注样式

标注样式用于控制标注的格式和外观，命令是 DIMSTYLE/DDIM。

4.1.10　图形的布局和输出

输出图形是计算机绘图中的一个重要的环节。在 AutoCAD 中,图形可以从打印机上输出为纸制的图纸,也可以用软件的自带功能输出为电子档的图纸。在这些打印或输出的过程中,参数的设置是十分关键的。下面将具体介绍如何进行图形打印和输出,重点讲解打印过程中的参数设置。

1. 图形输出

输出功能是将图形转换为其他类型的图形文件,如 BMP、WMF 等,以达到和其他软件兼容的目的。

操作方法有以下两种。

(1) 命令行: EXPORT。

(2) 菜单:"文件"|"输出(E)"。

本操作将当前图形文件输出到所选取的文件类型。

从"输出数据"对话框(见图 4-6)中可以看出 AutoCAD 的输出文件有 8 种类型,都为图形工作中常用的文件类型,能够保证与其他软件的交流。使用输出功能的时候,会提示选择输出的图形对象,用户在选择所需要的图形对象后就可以输出了。输出后的图面与输出时 AutoCAD 中绘图区域里显示的图形效果是相同的。需要注意的是,在输出的过程中,有些图形类型发生的改变比较大,AutoCAD 不能够把这些图形重新转换为可编辑的 AutoCAD 图形格式。例如,将 BMP 文件读入后,仅作为光栅图像使用,不可以进行图形修改操作。

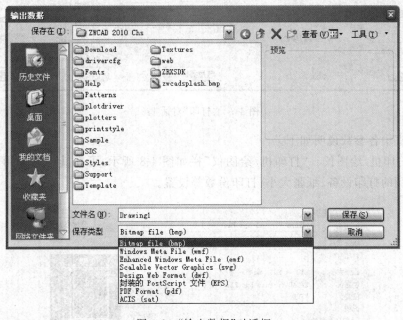

图 4-6　"输出数据"对话框

2. 打印和打印参数设置

用户在完成某个图形绘制后，为了便于观察和实际施工制作，可将其打印输出到图纸上（见图 4-7）。在打印的时候，首先要设置打印的一些参数，如选择打印设备、设定打印样式、指定打印区域等，这些都可以通过打印命令调出的对话框来实现。

操作方法有以下 3 种。

（1）命令行：PLOT。

（2）菜单："文件"|"打印"。

（3）工具栏："标准"|"打印"。

图 4-7 "打印"对话框

对话框中各参数说明如下。

（1）打印机/绘图仪。"打印机/绘图仪"栏如图 4-8 所示，可在其中选择用户输出图形所要使用的打印设备、纸张大小、打印份数等设置。

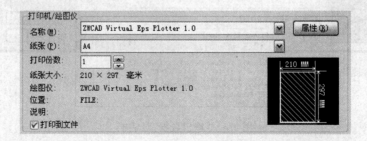

图 4-8 打印机/绘图仪设置

　　若用户要修改当前打印机配置,可单击名称后的"属性"按钮,打开如图 4-9 所示的对话框,可设定打印机的输出设置,如打印介质、图形、自定义图纸尺寸等。对话框中包含了3 个选项卡,其含义分别如下。

　　① 基本:在该选项卡中查看或修改打印设备信息,包含了当前配置的驱动器的信息。

　　② 端口:在该选项卡中设置适用于当前配置的打印设备的端口。

　　③ 设备和文档设置:在该选项卡中设置打印介质、图形设置等参数。

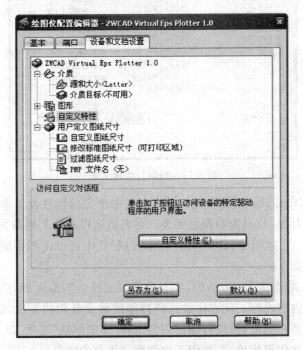

图 4-9　打印机/绘图仪配置编辑器

　　(2) 打印样式表。打印样式用于修改图形打印的外观。图形中每个对象或图层都具有打印样式属性,通过修改打印样式可改变对象输出的颜色、线型、线宽等特性。如图 4-10 所示,在"打印样式表"栏中可以指定图形输出时所采用的打印样式。也可单击"修改"按钮对已有的打印样式进行改动,如图 4-11 所示。也可以单击"新建"按钮设置新的打印样式。

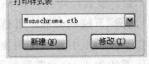

图 4-10　指定打印样式

　　在 AutoCAD 2010 中,打印样式分为以下两种。

　　① 颜色相关打印样式:这种打印样式表的扩展名为.ctb,可以将图形中的每个颜色指定打印的样式,从而在打印的图形中实现不同的特性设置。颜色现定于 255 种索引色,真彩色和配色系统在此处不可使用。使用颜色相关打印样式表不能将打印样式指定给单独的对象或者图层。使用该打印样式的时候,需要先为对象或图层指定具体的颜色,然后在打印样式表中将指定的颜色设置为打印样式的颜色。指定了颜色相关打印样式表之后,可以将样式表中的设置应用到图形中的对象或图层。如果给某个对象指定了打印样式,则这种样式将取代对象所在图层所指定的打印样式。

图 4-11　编辑打印样式表

② 命名相关打印样式：根据在打印样式定义中指定的特性设置来打印图形，命名打印样式可以指定给对象，与对象的颜色无关。命名打印样式的扩展命为.stb。

（3）打印区域。在如图 4-12 所示的"打印区域"栏中可设定图形输出时的打印区域，该栏中各选项含义如下。

① 窗口：临时关闭"打印"对话框，在当前窗口选择一矩形区域，然后返回对话框，打印选取的矩形区域内的内容。此方法是选择打印区域最常用的方法，由于选择区域后一般情况下希望布满整张图纸，所以打印比例会选择"布满图纸"选项，以达到最佳效果。但这样打出来的图纸比例很难确定，常用于比例要求不高的情况。

② 图形界限：打印包含所有对象的图形的当前空间，该图形中的所有对象都将被打印。

③ 显示：打印当前视图中的内容。

（4）设置打印比例。在"打印比例"栏中可设定图形输出时的打印比例（见图 4-13）。在"比例"下拉列表框中可选择用户出图的比例，如 1∶1。也可以选择"自定义"选项，然后在下面的框中输入比例换算方式来达到控制比例的目的。"布满图纸"则是根据打印图形范围的大小，自动布满整张图纸。"缩放线宽"选项是在布局中打印的时候使用的，选中后，图纸所设定的线宽会按照打印比例进行放大或缩小；而未选中则不管打印比例是多少，打印出来的线宽就是设置的线宽尺寸。

图 4-12　打印区域设置

图 4-13　设置打印比例

（5）调整图形打印方向。在"图形方向"栏中可指定图形输出的方向（见图 4-14）。因为图纸制作会根据实际的绘图情况来选择图纸是纵向还是横向，所以在图纸打印的时候一定要注意设置图形方向，否则图纸打印可能会出现部分超出纸张的图形无法打印。该栏中各选项的含义如下。

① 纵向：图形以水平方向放置在图纸上。

② 横向：图形以垂直方向放置在图纸上。

③ 反向打印：指定图形在图纸上倒置打印，即将图形旋转180°打印。

（6）指定偏移位置。用户可以指定图形打印在图纸上的位置。可通过分别设置 X（水平）偏移和 Y（垂直）偏移来精确控制图形的位置（见图 4-15），也可通过设置"居中打印"，使图形打印在图纸中间。

图 4-14　图形打印方向设置　　　　　　图 4-15　打印偏移设置

打印偏移量是通过将标题栏的左下角与图纸的左下角重新对齐来补偿图纸的页边距。用户可以通过测量图纸边缘与打印信息之间的距离来确定打印偏移。

（7）设置打印选项。打印过程中，还可以设置一些打印选项（见图 4-16），在需要的情况下可以使用。各个选项表示的内容如下。

① 打印对象线宽：将打印指定给对象和图层的线宽。

② 按样式打印：以指定的打印样式来打印图形，指定此选项将自动打印线宽。如果不选择此选项，将按指定给对象的特性打印对象而不是按打印样式打印。

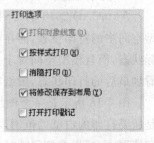

图 4-16　设置打印选项

③ 消隐打印：选择此项后，打印对象时消除隐藏线，不考虑其在屏幕上的显示方式。

④ 将修改保存到布局：将在"打印"对话框中所做的修改保存到布局中。

⑤ 打开打印戳记：使用打印戳记的功能。

（8）预览打印效果。在图形打印之前使用预览框可以提前看到图形打印后的效果（见图 4-17）。这将有助于对打印的图形及时修改。如果设置了打印样式表，预览图将显示在指定的打印样式设置下的图形效果。

在预览效果的界面中右击，在弹出的快捷菜单中有"打印"选项，单击它即可直接在打印机上出图了。也可以退出预览界面，在"打印"对话框中单击"确定"按钮出图。

用户在进行打印的时候要经过上面一系列的设置后，才可以正确地在打印机上输出需要的图纸。当然，这些设置是可以保存的，"打印"对话框最上面有"页面设置"选项，用户可以新建页面设置的名称，来保存所有的打印设置。另外，AutoCAD 还支持从图纸空间出图，图纸空间会记录下设置的打印参数，这样打印是最方便的选择。

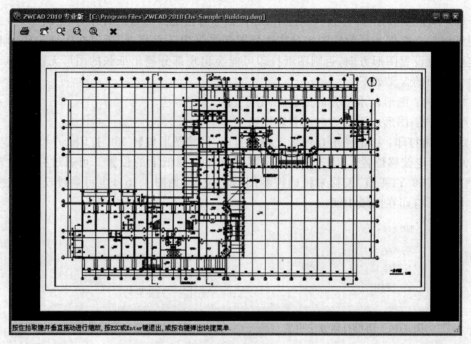

图 4-17　打印预览

3. 图纸输出

AutoCAD 2010 的绘图空间分为模型空间和图纸空间两种,前面介绍的打印是在模型空间中的打印设置,而在模型空间中的打印只有在打印预览的时候才能看到打印的实际状态,而且模型空间对于打印比例的控制不是很方便。从图纸空间打印可以更直观地看到最后的打印状态,图纸布局和比例控制更加方便。

图 4-18 所示是一个图纸空间的运用效果,与模型空间最大的区别是图纸空间的背景是所要打印的白纸的范围,与最终的实际纸张的大小是一样的,图纸安排在这张纸的可打印范围内,这样在打印的时候就不需要再进行打印参数的设置就可以直接出图了。

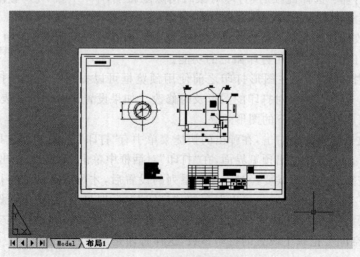

图 4-18　图纸空间示例

　　下面通过一个例子讲述从图纸空间出图的实际操作方法。

　　（1）在模型空间绘制好需要的图形后，单击状态栏中的 ⟍布局1⟋ 按钮（见图 4-19），进入图纸空间界面。在界面中有一张打印用的白纸示意图，纸张的大小和范围已经确定，纸张边缘有一圈虚线，表示的是可打印的范围，图形在虚线内是可以在打印机上打印出来的，超出的部分则不会被打印。

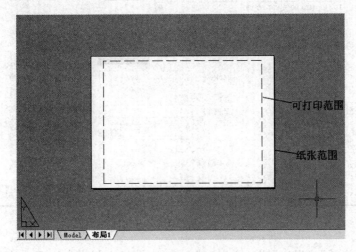

图 4-19　进入图纸空间

　　（2）选择"文件"|"页面设置"命令，进入"页面设置管理器"对话框（见图 4-20）。单击"修改"按钮，进入"打印设置"对话框（见图 4-21）。这个对话框和模型空间里用打印命令调出的对话框非常的相近，在这个对话框中设置好打印机名称、纸张、打印样式等内容后，就可以单击"确定"按钮保存设置了。注意：最好把比例设置为 1∶1。

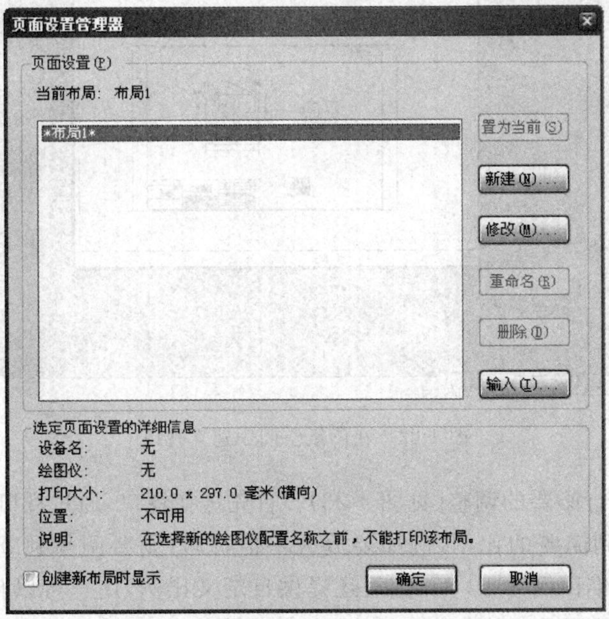

图 4-20　"页面设置管理器"对话框

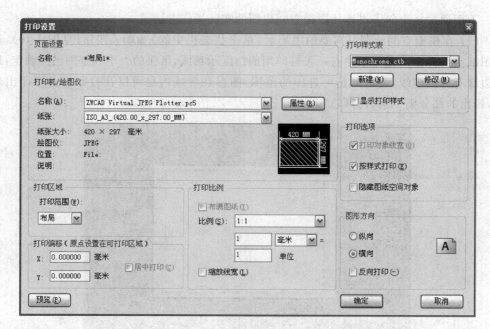

图 4-21 "打印设置"对话框

（3）选择"视图"|"视口"|"一个视口"命令，在图纸空间中点取两点确定矩形视口的大小范围，模型空间中的图形就会在这个视口当中反映出来，如图 4-22 所示。这时图形和白纸的比例还不协调，需要调整。

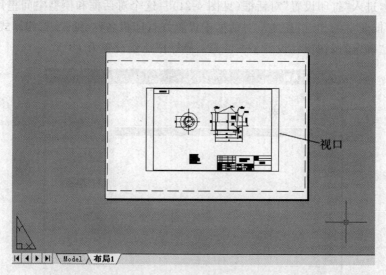

图 4-22 在图纸空间中建立视口

（4）对视口进行必要的调整（见图 4-23）。首先选择视口，通过视口的属性栏中的"标准比例"选项调整到需要的比例，例如要放大一倍打印，则要调整到 2∶1。本例中需要 1∶1 打印，所以标准比例为 1∶1。这里还提供自定义比例，用户可以自己设定需要的比例。比例定好后，调整视口的各个夹点位置，使视口可以包括需要打印的图形。最后用

MOVE 命令移动视口,将需要打印的图形移动到图纸虚线的内部。这样图纸空间的设置就完成了。

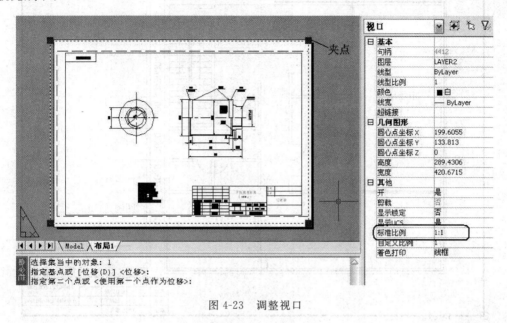

图 4-23　调整视口

(5) 运行打印命令,打印对话框中的设置会自动与页面设置的情况一样,预览打印效果,如果没问题直接单击"确定"按钮就可以出图了。

一张图纸可以设置多个图纸空间,在状态栏的 \Model\ 按钮上右击,有"新建"选项,这样如果模型空间里绘制了多幅图纸,可以设置多个图纸空间来对应不同需求的打印。图纸空间设定好后,会随图形文件保存而一起保存,再次打印时无须再次设置。

在模型空间绘图时,可以用 1∶1 比例绘制图形,在图纸空间设定各打印参数和比例大小,可以把图框和标注都在图纸空间里制作,这样图框的大小不需要放大或缩小,标注的相关设定,如文字高度,也不需要特别的设定,这样打印出来的图会非常准确。

4.2　典型网络布线工程路由图绘制

案例导入:某公司新建办公楼层需要设计网络布线路由图,请根据图 4-24 完成图纸的绘制任务。

1. 创建自定义工作空间

(1) 创建自定义工作空间并命名。

① 选择"自定义"命令(见图 4-25),弹出"自定义用户界面"对话框,如图 4-26 所示。

② 右击左侧区域的"工作空间",选择"新建工作空间"命令,新建"网络布线工程"工作空间,如图 4-27 所示。

(2) 为自定义的工作空间选择内容。

① 在"工作空间内容"区中,单击"自定义工作空间"按钮,设置要求保留的内容。

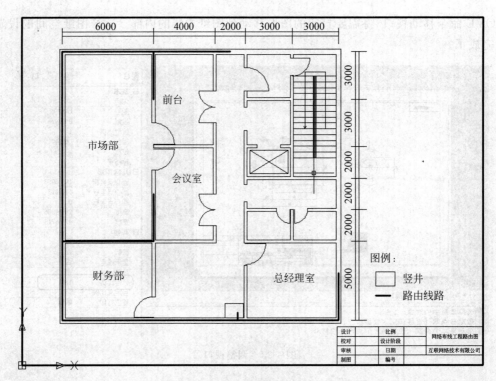

| 6000 | 4000 | 2000 | 3000 | 3000 |

前台

市场部

会议室

财务部

总经理室

3000
3000
2000
2000
5000

图例：

☐ 竖井

━ 路由线路

设计		比例		网络布线工程路由图
校对		设计阶段		
审核		日期		互联网络技术有限公司
制图		编号		

图 4-24　公司网络布线工程路由图

② 在右侧区域中,分别在"快速访问工具栏"、"选项板"、"工具栏"、"菜单"、"功能区选项卡"等栏目上单击,展开后选择所需要的项目,如图 4-28 所示。

（3）查看自定义的工作空间。

① 为自定义的空间添加完内容后,单击"完成"按钮。

② 单击"确定"按钮,返回 AutoCAD 工作界面。

③ 单击"切换工作空间"按钮,切换到"我的工作室",可以看到自定义好的工作空间,如图 4-29 所示。

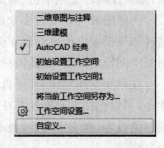

图 4-25　工作空间模式

2. 设置绘图范围和绘图单位

（1）绘图范围设置。

① 创建新图形。选择"文件"|"新建"命令,从弹出"选择样板"对话框中,选择文件 ACADISO.DWT 作为样板建立新图形。

② 设置绘图范围。选择"格式"|"图形界限"命令,指定左下角的坐标为(0,0),右上角的坐标为(297,210),如图 4-30 所示。

③ 选择"视图"|"缩放"|"全部"命令,使绘图范围显示在绘图屏幕的中间位置。

④ 单击"状态栏"中的按钮,显示栅格,如图 4-31 所示。

（2）设置绘图单位。选择"格式"|"单位"命令,或者执行 UNITS 命令,弹出"图形单位"对话框,在该对话框中完成相应设置。如图 4-32 所示。单击"确定"按钮,完成绘图单位设置。

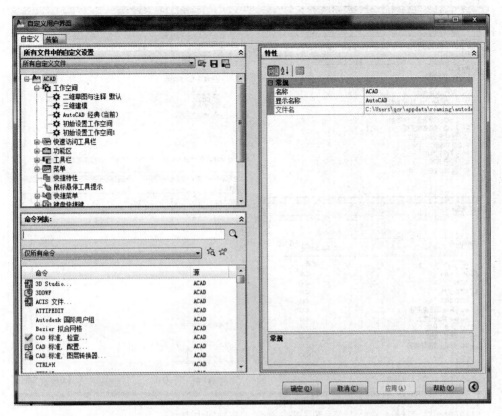

图 4-26　"自定义用户界面"对话框

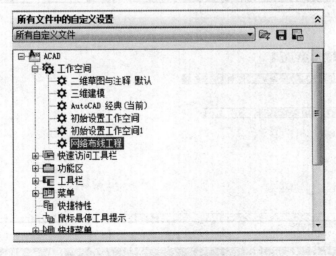

图 4-27　新的工作空间内容

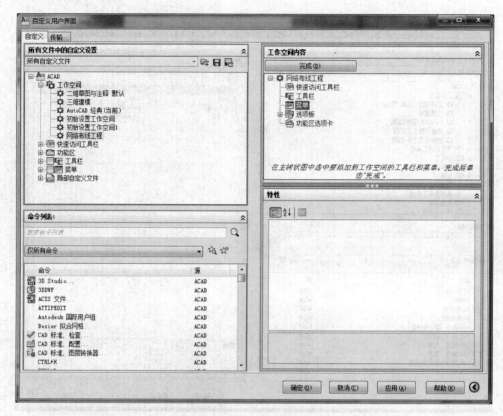

图 4-28 添加工作空间内容

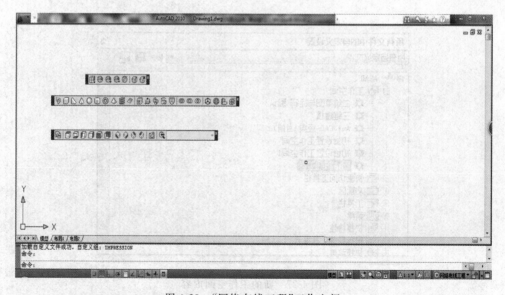

图 4-29 "网络布线工程"工作空间

```
命令: limits
重新设置模型空间界限:
指定左下角点或 [开(ON)/关(OFF)] <0.0000,0.0000>:
```

图 4-30　设置绘图范围

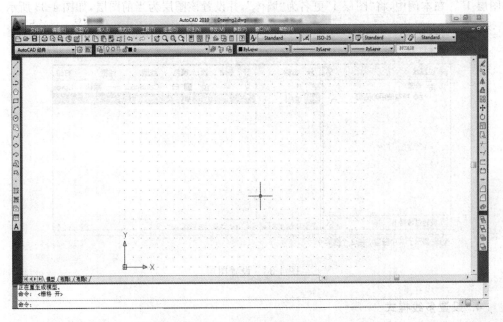

图 4-31　设置绘图界限

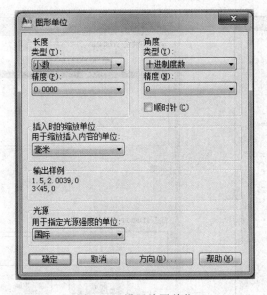

图 4-32　设置绘图单位

3. 设置图层

绘制复杂平面图形时,一般要创建几个图形来组织图形,可以将构造线、文字、标注和标题栏等置于不同的图层上。

在"图形特性管理器"中,单击"新建图层"按钮,图层列表中将自动添加新图层,名为"图层1"。在本例中,将"图层1"更名为"墙体",并设置该图层为当前图层,如图4-33所示。

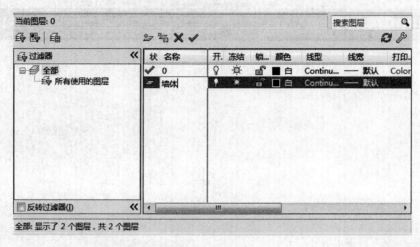

图 4-33　设置图层

4. 设置多线样式

选择"格式"|"多线样式"命令,如图4-34所示,进入多线样式设置界面。参照图4-35~图4-37,完成多线样式的新建及其相关设置。

图 4-34　多线样式菜单　　　　　　　　　图 4-35　设置多线样式

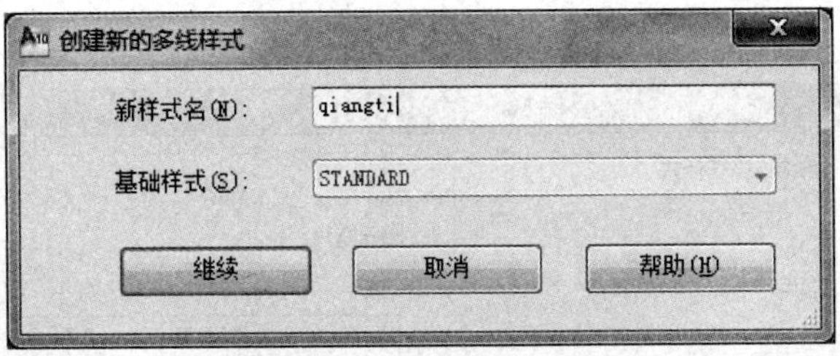

图 4-36　新建多线样式

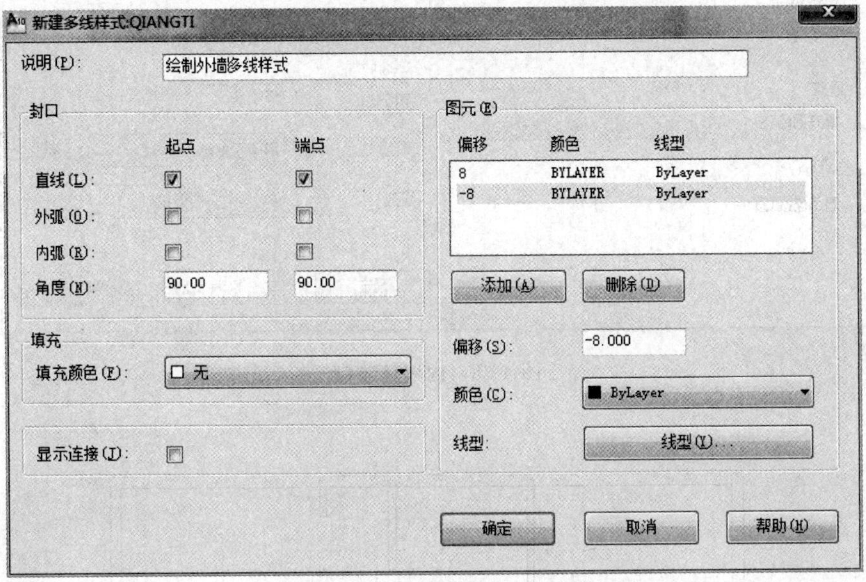

图 4-37　设置外墙多线样式

5．墙体绘制

（1）内墙和外墙体的绘制。

根据图 4-38 所示尺寸定义坐标，完成墙体绘制。如图 4-39 所示。注意，内墙体的多线偏移量设置为－5。

（2）墙体修改。

选择"修改"|"对象"|"多线"命令（见图 4-40），进入"多线编辑工具"对话框，如图 4-41 所示。选择"T 形打开"，编辑 T 形墙体连接。选择"十字打开"，编辑十字连接墙体。结果如图 4-42 所示。

6．门的绘制

门的绘制由线的绘制和圆弧的绘制两个步骤组成。本例中以财务部的平面图为例，介绍门的具体绘制过程。

在命令行中输入 LINE，指定第一点为（7000,1200）（见图 4-43）；下一点为（5700,1200）（见图 4-43）。直线绘制完毕后输入 ARC 命令（见图 4-44），输入 C 指定圆心，输入圆心的坐标为（7000,1200），指定起点为（5700,1200）。输入 A 选择角度绘制方法，输入"－90"。门绘制完毕后的效果图如图 4-45 所示。

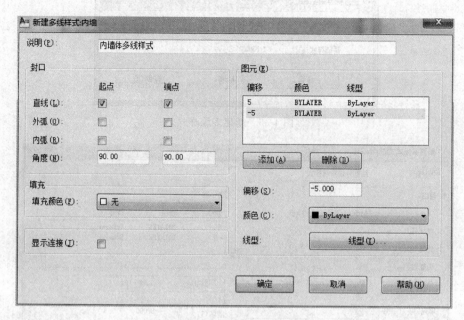

图 4-38　内墙体绘制

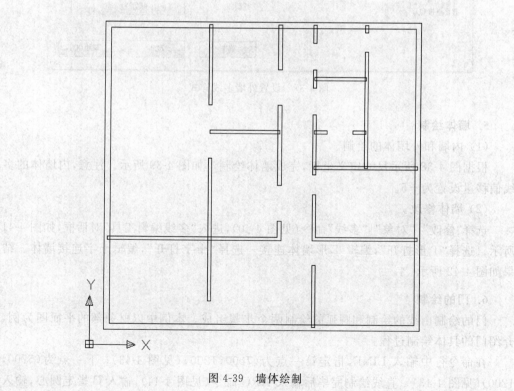

图 4-39　墙体绘制

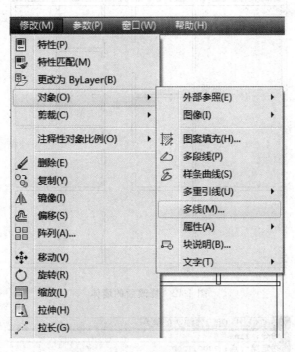

图 4-40　墙体修改

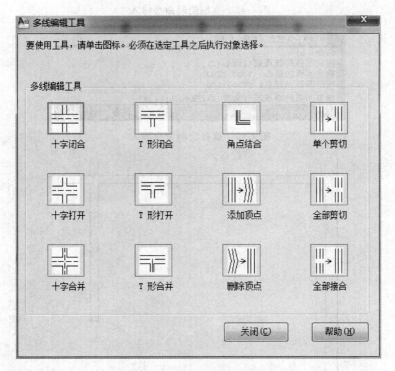

图 4-41　"多线编辑工具"对话框

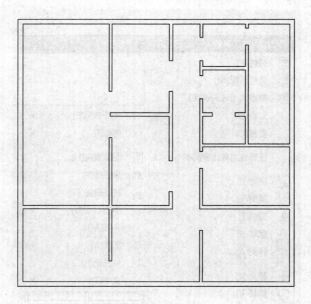

图 4-42　修改后的墙体

图 4-43　直线绘制命令输入

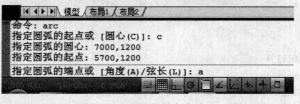

图 4-44　圆弧绘制命令输入

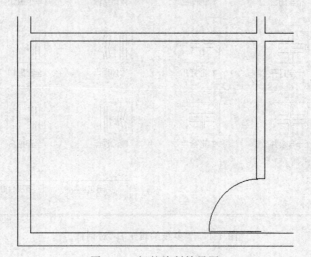

图 4-45　门的绘制效果图

7．楼梯的绘制

选择"工具"|"工具栏"|AutoCAD|"对象捕捉"命令，打开"对象捕捉"工具栏，如图 4-46 和图 4-47 所示。

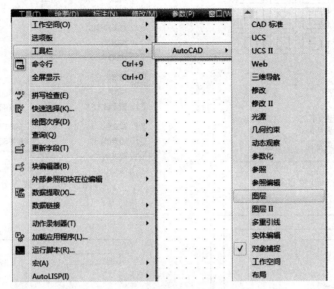

图 4-46　打开"对象捕捉"工具

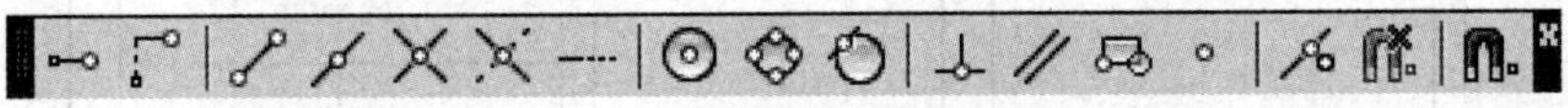

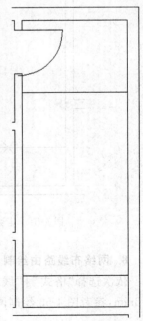

图 4-47　"对象捕捉"工具栏

选择"绘图"|"直线"命令，单击"对象捕捉"工具栏中的"捕捉到近点"按钮，在边线上选择适当的点，再选择"捕捉到垂点"，绘制直线，如图 4-48 所示。

选择"格式"|"点样式"命令，进入"点样式"设置，如图 4-49 所示，选定适当的点样式，以显示后面操作的效果。选择"绘图"|"点"，单击"定数等分"，如图 4-50 所示。根据命令行提示区的提示选择前面绘制好的直线对象，然后在命令行提示区输入线段数目，即等分的数量，本例中输入数字 2，然后按 Enter 键确定（见图 4-51）。在图 4-48 中的下面一条直线中重复上述操作。利用"对象捕捉"工具栏中的"捕捉到中点"绘制楼梯的中间辅助线，如图 4-52 所示。

选择"修改"|"偏移"命令，在命令行提示区中输入偏移量，本例中为 20。重复该操作，绘制四条直线，删除中间的辅助直线。完成楼梯扶手的绘制，如图 4-53 所示。

采用定数等分绘制方法，将楼梯扶手的直线等分成 14 等份（见图 4-53），然后利用"对象捕捉"工具绘制楼梯的台阶，如图 4-54 所示。

图 4-48　楼梯的绘制

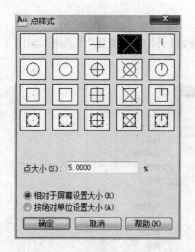

图 4-49　设置点样式

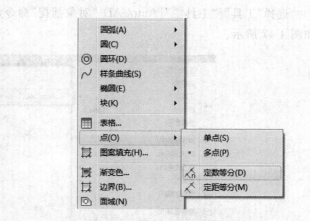

图 4-50　定数等分

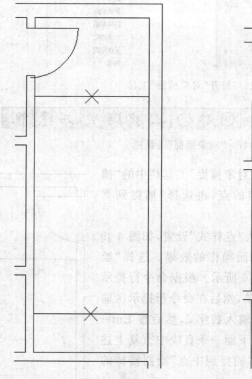

图 4-51　定数二等分

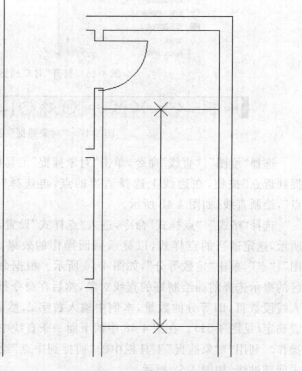

图 4-52　绘制中间的辅助线

8. 网络布线路由绘制

依次选择"格式"|"线型"和"格式"|"线宽"命令，设置线型为普通实线，线宽为 0.3mm，参考图 4-55 绘制网络布线路由。

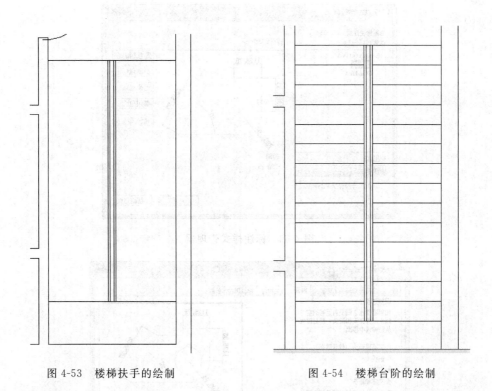

图 4-53　楼梯扶手的绘制　　　　　图 4-54　楼梯台阶的绘制

9. 图的标注

参考图 4-55 确定坐标，绘制标注辅助线。选择"标注"|"线性标注"命令完成标注。

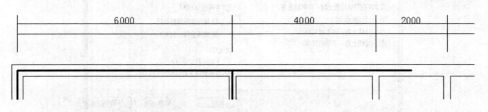

图 4-55　图的标注

如需修改标注的样式，则选择"标注"|"标注样式"命令，在标注样式管理器中单击"修改"按钮进行修改，如图 4-56 和图 4-57 所示。如需对标注的文字进行修改，则在命令行提示区中输入 ED，再进行修改操作，如图 4-58 所示。

10. 图衔的绘制

选择"绘图"|"表格"命令，进入"插入表格"对话框，如图 4-59 所示。在本工程案例中，设置列数为 7，列宽为 1200，行数为 2，行高为 400。应用表格编辑工具，对表格进行合并操作，如图 4-60 所示。右击进入表格快捷菜单，选择"编辑文字"命令，完成图衔的文字输入，如图 4-61 和图 4-62 所示。

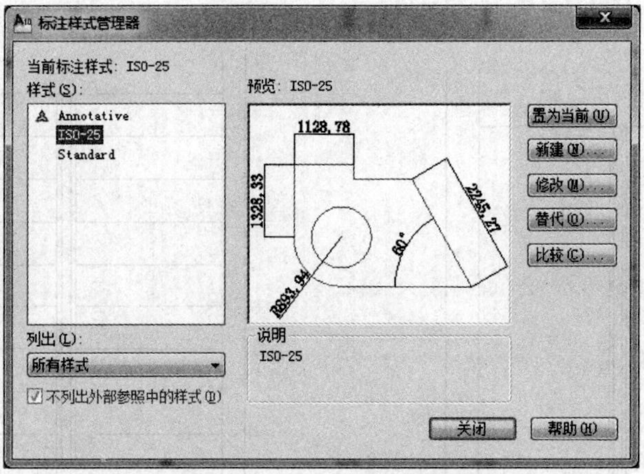

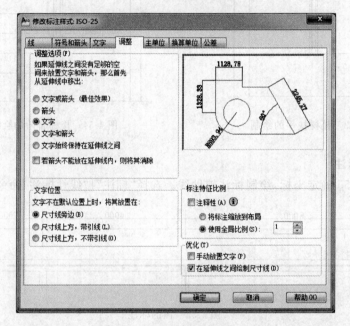

图 4-56　标注样式管理器

图 4-57　修改标注样式

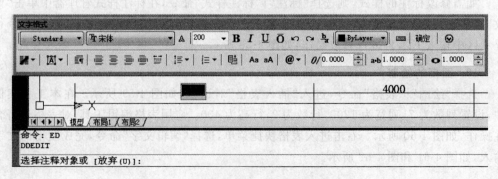

图 4-58　文字格式和内容的修改

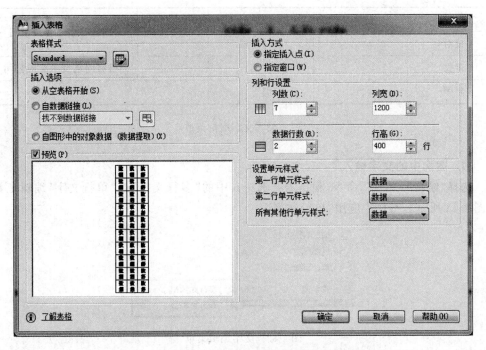

图 4-59　"插入表格"对话框

图 4-60　表格编辑工具

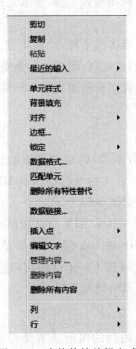

图 4-61　表格快捷编辑方式

设计		比例		网络布线工程路由图
校对		设计阶段		
审核		日期		星城网络技术有限公司
制图		编号		

图 4-62　文字编辑菜单

11. 图例中的文字输入

选择"绘图"|"文字"命令,根据需要选择其中的"多行文字"或"单行文字"编辑工具,如图 4-63 所示。本例中应用"单行文字"。

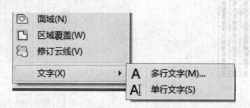

图 4-63　文字编辑菜单

4.3　知识能力拓展

拓展训练:复杂网络布线工程路由图绘制

某公司新建办公地点要实施网络布线工程,要求完成其路由图的绘制任务,如图 4-64 所示。

根据建筑平面图的尺寸确定墙体的坐标,绘制出建筑物的墙体。主要操作技巧包括多线样式、墙体填充、块的应用、图形复制、图形的打断等。多线样式的设置、图形复制等、坐标确定、标注、文字等操作请读者参见前面内容自行完成。下面介绍几种复杂网络布线工程中常用的绘图操作。

1. 立柱体填充

首先根据建筑平面尺寸(见图 4-65)确定立柱体的坐标和大小,应用"绘图"|"矩形"工具绘制一个立柱体的形状,也可以在命令行中执行 RECTANG 命令,输入两个角点的坐标,绘制出一个矩形标示立柱,如图 4-66 所示。

选择"绘图"|"图案填充"命令,出现"图案填充和渐变色"设置窗口。选择合适的图案作为填充图案,本例中选择 SOLID(见图 4-67)。然后单击"边界"栏中的"添加:拾取点"按钮,在需要填充的图形内部单击,按 Enter 键确定,这时将再次出现"图案填充和渐变色"设置窗口。单击"确定"按钮,图形填充完毕。

2. 块的应用

对于绘图过程中遇到的反复用到的图形或者某行业图纸绘制中经常用到的标准图

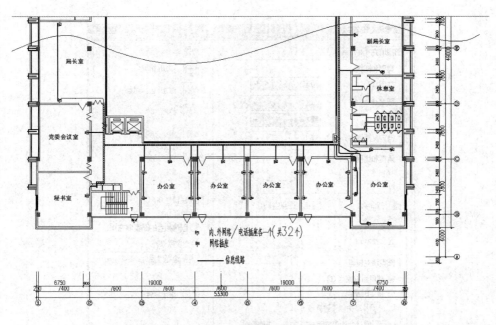

图 4-64 复杂网络布线工程路由图的绘制

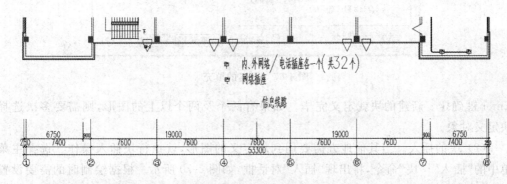

图 4-65 建筑平面图的尺寸

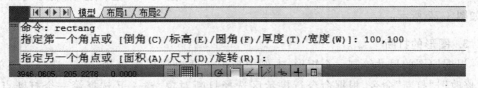

图 4-66 立柱的绘制

形,可以用创建块的方法。本例中有六种图形是反复出现的,因此通过创建块能够较大幅度地提高绘图的效率。下面以其中一个图形为例,介绍块的绘制过程。

(1) 块的创建。首先绘制出外墙立柱的形状,在选择"绘图"|"块"|"创建"命令,出现"块定义"对话框,如图 4-68 所示。选择对象"在屏幕上指定",单击"确定"按钮。根据命令行提示区的提示操作(见图 4-69),选定基准点,并选定绘制好的外墙立柱图形,按

图 4-67　图案的填充

Enter 键确定。新建的块就定义完毕。如果有两个及两个以上的图形,则需要多次选择块定义对象。

（2）块的插入。当其他地方需要用到块定义的图形,就执行块插入操作。选择主菜单中的"插入"|"块"命令,将出现"插入"对话框,如图 4-70 所示。根据绘制时的需要设置"插入点"、"比例"和"旋转",单击"确定"按钮。按照命令行提示区设置插入点、X 比例因子和 Y 比例因子以及旋转角度等参数如图 4-71 所示,按 Enter 键确定,绘制好的外墙立柱如图 4-72 所示。

3. 图形的打断

根据原图的尺寸绘制一个矩形,本例中矩形长度为 500,宽度为 300。选择主菜单中的"修改"|"打断"命令,根据命令行提示区选择打断对象,输入 F 选择第一个打断点,接着选择第二个打断点,如图 4-73 所示。为了准确地选择打断点,可以利用"对象捕捉"工具组中的"捕捉到交点"工具,如图 4-74 所示。

利用定数等分工具将矩形剩下的一条长边等分成两等份,再选择对象捕捉工具绘制直线,应用"单行文字"工具在剩余的矩形中间输入文字,如图 4-75 所示。绘制完毕删除等分点。

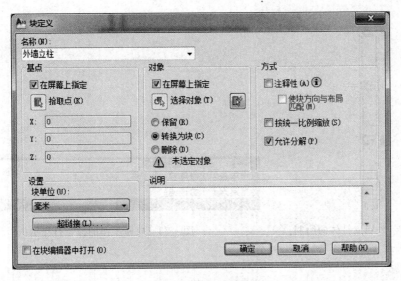

图 4-68　"块定义"对话框

图 4-69　创建块的命令行操作

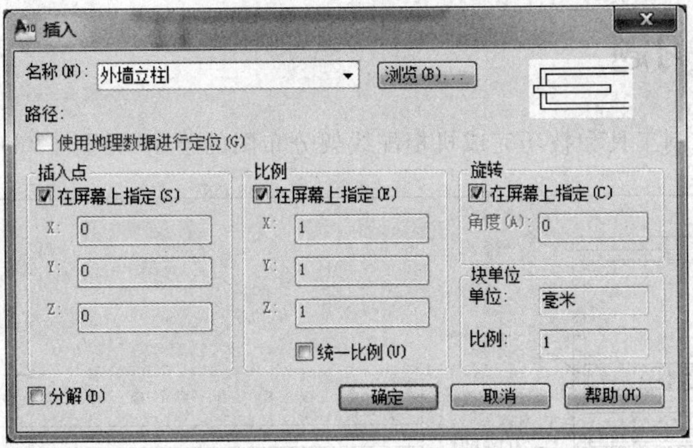

图 4-70　"插入"对话框

图 4-71　插入块命令行操作

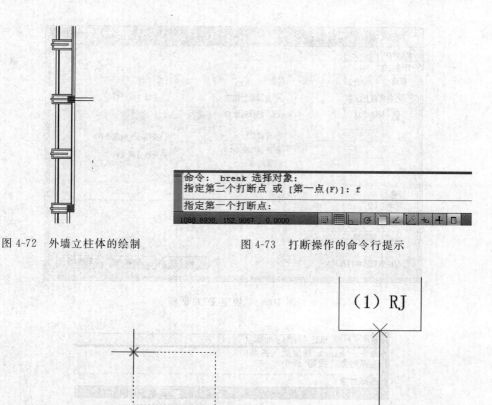

图 4-72 外墙立柱体的绘制　　　　　图 4-73 打断操作的命令行提示

图 4-74 利用对象捕捉工具捕捉打断的交点　　　图 4-75 信息点的绘制

4.4 课后习题

综合应用绘制工具和技巧完成机柜配线架分布图的绘制(见图 4-76)。

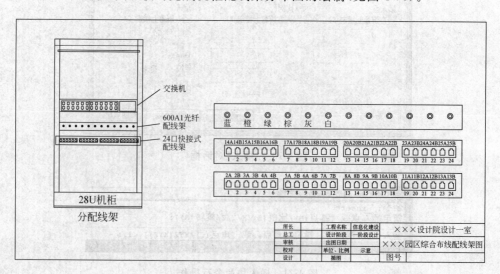

图 4-76 机柜配线架分布图

项目 5

网络布线工程概算、预算

【项目场景】

A 学校的教学实训大楼网络布线工程建设项目即将进入施工阶段,为了更好地核算成本、管理施工进度,需要对该工程进行概算、预算。我们将通过以下任务来完成本项目。

任务：A 学校教学实训大楼网络布线工程概算、预算

5.1 知识引入

在工程实施之前,做好工程概算、预算的编制工作是控制投资规模,提高效益和保证工程质量的重要手段。工程的概算、预算包括工程设计概算和施工图设计预算两个部分。但具体到计算机网络布线工程项目,一般直接进行施工图设计预算。

施工图预算是根据施工图算出的工程量,套用现行预算定额和费用定额规定的费率标准及计算方法、签订的设备材料合同价格或者设备材料预算价格等进行计算和编制的工程费用文件,以作为核算工程成本、签订工程合同以及工程款项结算的主要依据。

施工图预算编制的依据主要包括以下文件。

(1) 批准的初步设计概算及有关文件。

(2) 施工图、标准图、通用图及其编制说明。

(3) 国家相关管理部门发布的有关法律、法规、标准规范。

(4)《通信建设工程预算定额》(目前通信工程用预算定额代替概算定额编制概算)、《通信建设工程费用定额》、《通信建设工程施工机械、仪表台班费用定额》及其有关文件。

(5) 建设项目所在地政府发布的土地征用和赔补费等有关规定。

(6) 有关合同、协议等。

5.1.1 预算定额

在生产过程中,为了完成某一单位合格产品,就要消耗一定的人工、材料、机具设备和资金。由于这些消耗受技术水平、组织管理水平及其他客观条件的影响,所以其消耗水平是不相同的。因此,为了统一考核其消耗水平,便于经营管理和经济核算,就需要有一个统一的平均消耗标准,这就是定额。

所谓定额就是在一定的生产技术和劳动组织条件下,完成单位合格产品在人力、物

力、财力的利用和消耗方面应当遵守的标准。计算机网络布线工程是属于通信工程类别，因此在概算、预算编制中，采用通信工程概算、预算定额。

定额并非一成不变的，一般几年会更新一次。定额的更新是为了让定额单价更接近实际的市场价，同时也随着定额的用处，增加删减。

需要特别注意的是，在预算编制的过程中，必须遵守国家的定额标准，任何单位和个人不得擅自更改。预算定额反映的是人工、主材、机械台班的消耗量，而非其单价。单价是由主管部门或者造价管理归口单位根据市场行情另行发布。

1. 我国现行的通信工程预算定额

我国现行的通信工程概算、预算定额是我国原信息产业部 2008 年 5 月颁布的，原国家信息产业部于 2008 年 5 月 24 日发布了工信部规〔2008〕75 号文件——《关于发布〈通信建设工程概算、预算编制办法〉及相关定额的通知》，并随文发布了新的通信工程概算、预算编制办法及新的通信工程概算、预算定额，自 2008 年 7 月 1 日起实施。为了和原邮电部 1995 年颁布的定额相区分，通常将原邮电部 1995 年颁布的定额称为 95 版定额或 626 定额，而将原信息产业部 2008 年颁布的定额称为 2008 版定额或 75 定额。

现行的 2008 版通信建设工程预算定额将定额项目按照不同的通信工程类型分别集结成册，共分五册，每一册中包含了和该类工程相关的定额项目，为了使用和交流的方便，对于定额的每一分册分别分配了相应的代号，如表 5-1 所示。

表 5-1　现行通信建设工程预算定额分册与分册代号对照表

册　别	分 册 名 称	分册代号	代 号 含 义
第一册	通信电源设备安装工程	TSD	T—通信，S—设备，D—电源
第二册	有线通信设备安装工程	TSY	T—通信，S—设备，Y—有线
第三册	无线通信设备安装工程	TSW	T—通信，S—设备，W—无线
第四册	通信线路工程	TXL	T—通信，XL—线路
第五册	通信管道工程	TGD	T—通信，GD—管道

定额的每一分册都包含了该类通信工程常见工作内容所对应的人工、材料、机械、仪器仪表的消耗量，但没有包含上述各项消耗的单位价格。这既是定额的一个主要特点，也是定额编制的一个基本原则，也就是通常所说的"量价分离"。例如，可以从第五册中查到"通信管道的施工测量"这一工作在人工、仪表等方面的消耗量，但不能从第五册定额中找到所要花费的人工费用和仪表费用。

对于通信工程概算、预算的编制来说，仅仅知道人工、材料、机械或仪器仪表的消耗数量是不够的。预算的目的是要知道最终要耗费多少费用。为了确定每项内容耗费的最终费用，国家主管部门在发布预算定额的同时还发布了相配套的《通信建设工程费用定额》、《通信建设工程施工机械、仪器仪表台班费用定额》，以和各分册《通信建设工程预算定额》配合使用。

2. 内容组成

从内容上来说，现行的通信建设工程概算、预算定额主要由以下几部分组成。

（1）总说明

总说明不仅阐述了定额的编制原则、指导思想、编制依据和适用范围，同时说明了编制定额时已经考虑和没有考虑的各种因素、有关规定和使用方法。总说明的具体内容可参见各定额分册，部分摘录和解释如下。

> 四、本定额适用于新建、扩建工程，改建工程可参照使用。本定额用于扩建工程时，其扩建施工降效部分的人工工日按乘以系数 1.1 计取，拆除工程的人工工日计取办法见各册的相关内容。

本条说明了本定额的适用范围是新建、扩建工程，以及扩建和拆除工程的使用方法。

> 八、本定额根据量价分离的原则，只反映人工工人、主要材料、机械（仪表）台班的消耗量。

本条说明了该定额的基本内容。

> 十三、定额子目编号原则。
> 定额子目编号由三部分组成：第一部分为册名代号，表示通信建设工程的各个专业，由汉语拼音（字母）缩写组成；第二部分为定额子目所在的章号，由一位阿拉伯数字表示；第三部分为定额子目所在章内的序号，由三位阿拉伯数字表示。

本条说明了定额中条目的编号原则，比如由此说明可知编号 TXL1-001 的含义是：通信线路分册第一章第 001 个条目。

> 十四、本定额适用于海拔高程 2000 米以下，地震烈度为七度以下地区，超过上述情况时，按有关规定处理。

本条说明了该定额的地区适用范围。

> 十五、在以下的地区施工时，定额按下列规则调整。
> 1. 高原地区施工时，本定额人工工日、机械台班消耗量乘以下表列出的系数。高原地区调整系数表。
>
> | 海拔高程/m | | 2000 以上 | 3000 以上 | 4000 以上 |
> | --- | --- | --- | --- | --- |
> | 调整系数 | 人工 | 1.13 | 1.30 | 1.37 |
> | | 机械 | 1.29 | 1.54 | 1.84 |
>
> 2. 原始森林地区（室外）及沼泽地区施工时人工工日、机械台班消耗量乘以系数 1.30。
> 3. 非固定沙漠地带，进行室外施工时，人工工日乘以系数 1.10。
> 4. 其他类型的特殊地区按相关部门规定处理。
> 以上四类特殊地区若在施工中同时存在两种以上情况时，只能参照较高标准计取一次，不应重复计列。

本条说明了特殊地区施工使用本定额的系数调整方法。

十六、本定额中注有"××以内"或"××以下"者均包括"××"本身；"××以外"或"××以上"者则不包括"××"本身。

本条则对本定额中的数字表示进行了说明,例如在定额第四册(通信线路工程分册)中有一条定额条目"立 9m 以下水泥杆",这其中的"9m 以下"就包含了 9m 本身。

可见,定额的总说明中包含的各项说明信息往往是在使用定额时需要注意的地方,因此在查询具体的条目之前一定仔细阅读并正确理解总说明中各说明条目的含义,才能正确套用定额。

(2) 册说明

如前所述,现行的通信建设工程预算定额按照专业类别的不同将预算定额分成了五册,为了指导每一册的使用,对每一册还编制了相应的册说明。册说明主要阐述该册的内容、编制基础以及使用该册时应注意的问题及有关规定等。每一册的册说明可参见相应分册的定额,册说明也是概算、预算编制人员在使用概算、预算定额时必须了解的内容。例如,通信线路工程分册(即第四册)的册说明摘录如下。

一、《通信线路工程》预算定额适用于通信光(电)缆的直埋、架空、管道、海底等线路的新建工程。

二、通信线路工程,当工程规模较小时,人工工日以总工日为基数按下列规定系数进行调整。

1. 工程总工日在 100 工日以下时,增加 15%。

2. 工程总工日在 100～250 工日时,增加 10%。

三、本定额中带有括号和分数表示的消耗量,系供设计选择;"*"表示由设计确定其用量。

四、本定额拆除工程,不单立子目,发生时按下表规定执行。

序号	拆除工程内容	占新建工程定额的百分比/%	
		人工工日	机械台班
1	光(电)缆(不需清理入库)	40	40
2	埋式光(电)缆(清理入库)	100	100
3	管道光(电)缆(清理入库)	90	90
4	成端电缆(清理入库)	40	40
5	架空、墙壁、室内、通道、槽道、引上光(电)缆	70	70
6	线路工程各种设备以及除光(电)缆外的其他材料(清理入库)	60	60
7	线路工程各种设备以及除光(电)缆外的其他材料(不清理入库)	30	30

五、敷设光（电）缆工程量计算时，应考虑敷设的长度和设计中规定的各种预留长度。

六、敷设光缆定额中，光时域反射仪台班量是按单窗口测试取定的，如需双窗口测试时，其人工和仪表定额分别乘以 1.8 的系数。

可见，该定额分册的册说明包含了以下信息：本册定额的适用范围（册说明第一条）、小工日调整方法（册说明第二条）、本定额用于拆除工程时的使用方法（册说明第四条）、光缆测试定额的使用方法（册说明第六条）。因此，各册定额的册说明也是概算、预算编制人员必须认真了解的一项内容

（3）章节说明

如同学校的教材一样，在各册定额内容的组织结构中，又将定额内容进一步细分成不同的章、节，以方便定额项目的查询。对于定额分册的章节内容，定额中还编制了相应的章节说明，以指导定额的使用。

章、节说明的具体内容可参加相应的定额，部分定额的章、节说明举例说明如下，例如，定额第四分册（通信线路工程分册）第三章的章说明就包含了如下内容。

第三章　敷设架空光（电）缆
说　明

一、挖电杆、拉线、撑杆坑等的土质系按综合土、软石、坚石三类划分。其中综合土的构成按普通土 20%、硬土 50%、砂砾土 30%。

二、本定额中立电杆与撑杆、安装拉线部分为平原地区的定额，用于丘陵、水田、城区时应乘以 1.30 系数；用于山区时应乘以 1.60 系数。

三、更换电杆及拉线按本定额相关子目的 2 倍计取；拆除工程按本定额相关子目人工与机械的 0.7 倍计取（拆除拉线未拆除地锚的，按相应定额人工与机械的 30% 计取）。

四、组立安装 L 杆，取 H 杆同等杆高定额的 1.5 倍；组立安装井字杆，取 H 杆同等杆高定额的 2 倍。

五、高桩拉线中电杆至拉桩间正拉线的架设套用相应安装吊线的人工定额，主要材料由设计根据具体情况另行计算。

六、安装拉线如采用横木地锚时，相应定额应取消地锚铁柄和水泥拉线盘两种材料，需另增加制作横木地锚的相应子目。

七、本定额相关子目所列横木的长度，由设计根据地质地形选取。

八、架空明线的线位间如需架设安装架空吊线时，按相应子目的定额乘以 1.3 系数。

九、敷设档距在 100m 及以上的吊线、光电缆时，其人工按相应定额的 2 倍取取。

十、拉线坑所在地表有水或严重渗水，应由设计另计取排水等措施费用。

十一、有关材料部分的说明。

1. 本定额中立普通品接杆限高 15m 以内，特种品接杆限高 24m 以内，工程中电杆长度由设计确定。

2. 各种拉线的钢绞线定额消耗量按 9m 以内杆高、距高比 1∶1 测定，如杆高与距高比根据地形地貌有变化，可据实调整换算其用量，杆高相差 1m 单条钢绞线的调整数如下。

制式	7/2.2	7/2.6	7/3.0
调整量/kg	±0.31	±0.45	±0.60

3. 架设消弧线定额套用吊线定额。

再摘录部分节说明如下。

第一节　立　　杆

一、立水泥杆

工作内容：打洞、清理、组接电杆、立杆、装卡盘、装 H 杆腰梁，回填夯实，号杆等。

第二节　安 装 拉 线

一、水泥杆单股拉线

工作内容：挖地锚坑，埋设地锚，安装拉线，收紧拉线、做中、上把、清理现场等

由摘录的上述章说明和节说明可见，定额分册的章说明中包含了本章章节说明，主要说明分部、分项工程的工作内容，工程量计算方法和本章节的相关规定、计量单位、起讫范围、应扣除和应增加的部分等。因此，定额的章、节说明和定额的使用密切相关，必须全面掌握。

（4）定额项目表

定额项目表是通信工程概算、预算定额中所包含的各定额项目的列表，是最为主要的部分，也是定额使用过程中要查询的主要内容，定额中的其他组成部分都是为定额项目表中定额项目的使用服务的。定额项目表的具体内容可参见具体的定额分册，部分摘录作为示例，如图 5-1 所示。

定额编号			TGD1—015	TGD1—016	TGD1—017	TGD1—018
项　　目			开挖管道沟及人（手）孔坑			
			普遍土	硬土	砂砾土	软石
名　　称		单位	100m³			
人工	技工	工日	—	—	—	5.00
	普工	工日	26.00	43.00	65.00	170.00
主要材料	硝铵炸药	kg	—	—	—	33.00
	雷管（金属壳）	个	—	—	—	100.00
	导火索	m	—	—	—	100.00
机械	燃油式空气压缩机（含风镐）6m³/min	台班	—	—	—	3.00
仪表						

图 5-1　通信工程预算定额项目表示例

由图 5-1 可见,定额项目表中主要包括以下内容。

① 定额项目名称。定额项目名称表示本定额项目对应的施工项目,如图 5-1 中的"开挖管道沟及人(手)孔坑"就是本定额项目的项目名称,它表示本定额项目是通信管道施工过程中"开挖管道沟及人(手)孔坑"这一工作内容所对应的定额。但要注意的是,有些情况下,同一工作内容的定额项目又会根据施工时所消耗材料、机械、仪器仪表等具体情况的不同细分成不同的定额条目,如图 5-1 所示的"开挖管道沟及人(手)孔坑"这一工作内容,显然在不同的土质情况下完成同样的开挖工作需要采用不同的施工过程。比如,普通土情况下采用铁锹等简单工具人工开挖即可完成,而软石情况下就必须先进行爆破再使用风镐才能完成开挖工作。显然两种情况下所要消耗的人工、材料、机械都是不同的,因此定额中作为不同的定额条目分别列出。

② 定额编号。定额标号是定额项目所对应的定额条目的代号,定额编号的规则遵循定额总说明第十三条(定额子目编号原则),如图 5-1 中的 TGD1—015、TGD1—018 等就是定额编号。定额编号一般与定额项目是一一对应的。

③ 计量单位。如图 5-1 中的 100m³。

④ 人工。人工是指该定额项目下单位工程所消耗的人工,单位是"工日"。所谓工日是指一个工人工作 8 小时。按照我国现行概算、预算定额的编制办法,将通信工程施工人员又分为技术工人(简称技工)和普通工人(简称普工)。所谓技工是指具有一定技术的施工人员,比如光纤熔接需要使用光纤熔接机,其操作需要工人经过培训掌握相应的操作技术后才能完成,因此通过光纤熔接进行光缆接续的施工人员就称为技工。与此相对应,普工就是指没有专门操作技术而只能提供体力劳动的普通工人,比如普通土质下开挖管道沟,只需普通人用铁锹挖土就可完成,不需要挖土人员具有专门的操作技术,因此这类人员就称为普工。定额项目表中将技工工日和普工工日分开统计。

需要注意的是,定额项目表中经常会看到某项目的消耗数量没有给出具体的数字,而是"—",这是表示该定额项目不需要消耗此项内容,比如上图中的"普通土 开挖管道沟和人(手)孔坑"项目的人工消耗情况,可以看到技工消耗是"—",普工消耗是 26.0 工日,这就表示在普通土土质情况下开挖 100m³ 的管道沟或人(手)孔坑不需要消耗技工,而需要一个普工工作 26.0 个工日,假如一日工作 8 小时的话,也就是需要一个普工工作 26 天。

⑤ 主要材料。是指该定额条目下完成单位工程量所要消耗的主要材料,包括所要消耗材料的种类、每种材料消耗量的计量单位以及在对应计量单位下所要消耗的数量。

如图 5-1 中定额项目表所示,在"软石土质情况下开挖管道沟和人(手)孔坑"工作需要消耗的主要材料种类就包括:硝铵炸药、雷管(金属壳)、导火索,每种材料消耗量的计量单位分别是:kg、个、m,在完成该定额项目单位工程量(100m³)的情况下每种材料所消耗的数量分别是 33.00、100.00、100.00。也就是说,在软石土质情况下开挖 100m³ 管道沟和人(手)孔坑需要消耗硝的主要材料是硝铵炸药 33.00kg,金属壳雷管 100.00 个,导火索 100.00m。

需要注意的是:定额项目表中给出了每一个工作项目所要消耗的主要材料的种类、计量单位、单位工程量下的消耗数量,但是定额项目中并没有给出每种材料的价格,这就是定额编制的"量价分离原则",即定额中只反映各项内容(人工、材料、机械、仪表)的消耗量,而不反映对应消耗内容的价格。

⑥ 机械。有些通信工程的施工只借助人力是无法完成的,比如图 5-1 中所示的"软石土质情况下开挖管道沟和人(手)孔坑",再比如通信管道施工过程中的"开挖混凝土路面",完成这些工作显然必须借助一定的机械才能完成。因此,我国现行的通信工程预算定额中对于需要借助机械才能完成的对应项目,在定额项目表中给出了所要消耗机械的种类、消耗量的计量单位以及单位工程量下的消耗量。按照现行的概算、预算编制办法,机械消耗量都是以"台班"作为计量单位的。所谓台班,是指一台机械工作 8 小时,如果一天工作 8 小时算作一个班次,一个台班就是指一台机械工作一天。

如图 5-1 中"软石土质情况下开挖管道沟和人(手)孔坑"定额项目,从图中看到,其机械消耗情况是:要消耗的机械种类是"燃油式空气压缩机(含风镐)6m³/min"、消耗量的计量单位是"单班"、单位工程量下的消耗量是 3.00。也就是说在软石土质情况下开挖 100m³ 管道沟或人(手)孔坑,需要使用出风量 6m³/min 的燃油式空气压缩机(含风镐) 3.00 个台班。

⑦ 仪表。有些通信工程的施工必须借助于一定的仪器仪表才能完成,比如光缆接续中的光纤熔接,就必须借助光纤熔接机才能完成。因此,我国现行的通信工程预算定额中对于需要借助仪器仪表才能完成的对应项目,在定额项目表中给出了所要消耗仪器仪表的种类、消耗量的计量单位以及单位工程量下的消耗量。按照现行的概算、预算编制办法,仪器仪表消耗量也都是以"台班"作为计量单位的。

(5) 备注

备注也是定额的一个组成部分,用来对相应的定额项目的使用进行注解说明。备注一般位于需要注解说明的定额项目标下面,并以"注:"字开头。如定额第四分册(通信管道分册)第二章第一节"混凝土管道基础"部分定额项目表下面就给出如下的备注。

> 注:本定额是按管道基础厚度为 80mm 时取定的。当基础厚度为 100mm、120mm 时,除钢材外定额分别乘以 1.25、1.50 系数。

该备注放在"混凝土管道基础"部分定额项目表下面,注解说明了该部分定额编制时所考虑的因素和适用条件,也说明了实际使用该部分定额项目时应进行的处理。显而易见定额中的备注部分也是我们使用定额必须仔细阅读并真正理解的部分。

(6) 附录

附录也是现行通信工程预算定额的一个组成部分,是指定额文本中所附加的一些对定额项关内容的补充说明,如"土壤及岩石分类表",或者为了方便定额使用而附加的相应内容。附录一般作为附加内容放于对应分册的最后,如定额第五分册(通信管道工程预算定额)最后就附加了如下的一些附录。

> 附录一   土壤及岩石分类表
> 附录二   开挖土(石)方工程量计算
> 附录三   主要材料损耗率及参考容重表
> 附录四   水泥管管道每百米表管群体积参考
> 附录五   通信管道水泥管块组合图

附录六　100 米长管道基础混凝土体积一览表

附录七　定型人孔体积参考表

附录八　开挖管道沟土方体积一览表

附录九　开挖 100 米长管道沟上口路面面积

附录十　开挖定型人孔土方及坑上口路面面积

附录十一　水泥管通信管道包封用混凝土体积一览表

这些附录可以减少对应部分工程量的计算，大大方便概算、预算的编制。

3. 通信工程概算、预算定额的使用方法

对于通信工程概算、预算编制人员来说，除了要知道概算、预算定额的主要内容和组成结构，更关心的一个问题是概算、预算定额如何使用。对于通信工程概算、预算定额的使用，主要是根据所完成的工程量统计表，通过查询定额确定各工作项目在人工、材料、机械、仪器仪表方面的消耗。通信工程概算、预算定额的查询可按如下步骤来完成。

（1）根据工作内容确定所属分册，即首先根据工作内容确定对应的定额项目应该在哪一册。

（2）查阅所确定分册的目录，确定所属的章、节。

（3）查阅所确定章节的定额项目表，找到对应的定额条目。

（4）查阅所找到的定额条目，确定对应工作在人工、材料、机械、仪表方面的单位消耗量。

（5）对照定额的总说明、册说明、章节说明以及备注等说明内容，并参照实际施工要求，确定是否需要进行系数调整。

比如要查询丘陵地区档距为 110m 的水泥杆上架设 7/2.2 规格的光缆吊线施工时在人工、材料、机械、仪表方面的定额单位消耗量，就可按照上述步骤查询如下。

（1）确定所属分册。由于架设光缆吊线属于架空通信线路施工的内容，我们可以知道该工作内容对应的定额条目应该在第四定额（通信线路工程定额）分册中。

（2）确定所属章节。查阅第四分册的目录可知，该分册的第三章是"敷设架空光（电）缆"，而第三章的第三节则是"架设吊线"，和所要查询的"架设光缆吊线"的工作内容相符。所以可以确定所属的章节应该是第三章第三节。

（3）确定对应定额条目。按照定额分册的目录指示，将第四分册定额翻到第 69 页，可以看到该节首先给出的是木线杆上架设吊线的定额，再继续翻到第 71 页，就可以看到水泥杆上架设吊线的定额项目表，再对照实际的施工要求"丘陵地区"和吊线规格是 7/2.2，就可以确定对应的定额条目编号是 TXL3—164。

（4）确定单位消耗量。从对应的定额条目 TXL3—164 对应的定额项目表中可以查阅到架设吊线的单位是"千米·条"，并可以查阅到架设单位数量（即 1 千米·条）的吊线在人工、材料、机械和仪表方面的消耗量。

（5）确定是否需要系数调整。察看第四分册第三章的章说明部分，可以看到章说明的第九条"敷设档距在 100m 及以上的吊线、光（电）缆时，其人工按相应定额的 2 倍计取"，由此可知，对于本实例中所要求的在档距 110m 的水泥杆上架设吊线来说，由于档距在 100m 以上，其人工消耗量需要进行系数调整，即按照定额项目所对应的人工消耗量两倍计取。

4. 通信工程概算、预算定额使用过程中应注意的主要事项

如前所述，正确查询定额是确定通信工程人力、材料、机械以及仪表消耗量的基础，对定额必须能够正确、熟练地使用，为此，必须注意以下注意事项。

(1) 必须注意是否需要进行系数调整

现行的通信建设工程预算定额是按照社会平均技术水平和劳动组织条件经过一定的测算而得到的，其内容只能反映普遍的、通用的施工内容和施工工艺方法，而不可能面面俱到。对于实际需要采用的、而定额中没有直接对应条目的部分施工内容，可以通过使用相近的定额条目乘以一定的调整系数而得到其相应的消耗量。那么，哪些情况下需要进行系数调整(也即需要乘以调整系数)? 需要调整时系数又该如何选取? 就需要我们在使用定额时必须加以注意。

对于我们国家现行的通信工程建设预算定额来说，其定额组成中的总说明、册说明、章、节说明以及备注这些相应的使用说明部分对需要进行系数调整的情况，以及系数调整的方法给出了相应的规定和说明，因此，在使用定额时必须认真阅读、并正确理解上述的各项说明内容，以便在需要的时候能够正确地对定额项目表中所示的各方面消耗量进行系数调整。

当然，定额项目表中包含的定额项目繁多，需要进行系数调整的情况也比较多，靠死记硬背显然是不行的。对于通信工程概算、预算编制的初学者而言可以通过多翻阅相应的说明内容、或者借助于计算机概算、预算编制软件的提示来确定调整系数。随着概算、预算编制经验的不断积累，对于定额项目的系数调整自然就会慢慢熟悉起来的。

(2) 必须随时关注定额的发展变化

正如定额的概念所反映的，定额是在一定的生产技术和劳动组织条件下而测算得到的，定额的内容具有一定的时效性。随着生产技术和劳动组织条件的发展变化，以及国家相应管理政策的变化，已有的定额内容就可能需要做出相应的调整或补充。在这种情况下，国家主管部门往往会发布相应的通知对原有定额内容进行相应的调整或补充。因此，通信工程概算、预算的编制人员必须随时关注和了解定额内容的调整或变化情况，以保证定额使用的正确性。

5.1.2　概算、预算相关信息的具体确定

1. 工程基本信息的确定

由于通信工程概算、预算的编制是在通信工程的设计和施工图纸出来后进行的工作，因此"建设项目名称"、"单项工程名称"、"建设单位名称"等工程相关的基本信息可以从工程的设计文件中查阅得到。

2. 工程属性信息的确定

根据上述的相关信息确定的依据和原则，各相关基本属性信息的确定如下。

1) 概算、预算类型的确定

如前所述，概算、预算作为通信工程建设过程中的费用文件的统称，包含了概算、预

算、决算、结算等不同的具体类型，不同类型的费用文件对定额的使用、所包含的具体费用及费用的确定方法各不相同，因此在编制通信工程概算、预算时，必须首先确定所要编制的概算、预算的类型。通信工程的不同建设阶段对应不同类型的费用文件。

在工程的设计阶段，如工程采用三阶段设计或二阶段设计，则初步设计时须编制工程概算，施工图设计时须编制工程预算；如工程采用一阶段设计，则应编制工程预算。

在工程的竣工验收阶段，初步竣工时编制的费用文件是工程结算，工程全部验收编制的费用文件是工程决算。

2）工程建设性质的确定

工程的建设性质在工程的立项和设计文件中会有描述，因此该工程信息可以从工程的立项和设计文件中查阅确定。

3）单项工程类型的确定

如前所述，由于不同的通信工程类型其计费不同，因此编制通信工程概算、预算时必须确定单项工程的工程类型。单项工程的确定方法是根据工程的实际建设内容。

4）是否记取小工日调整

该参数的确定主要根据工信部的相关规定和工程投资建设方的相关要求确定。若工程建设方明确提出本工程不计取小工日调整，则将该参数设置为"不计取小工日调整"；若工程建设方没有提出明确的要求，则按照工信部的规定将该参数设置为"计取小工日调整"。

5）施工机械调遣费相关信息的确定

施工机械调遣费相关信息包括了前述的"施工机械调遣吨位"、"施工机械调遣距离"等信息，如果建设方明确要求本工程不计取施工机械调遣费，则将"施工机械调遣吨位"和"施工机械调遣距离"两个参数全部设置为 0，如果工程建设方没有提出明确的不计取要求，则该信息的确定按照国家主管部门的规定确定如下。

（1）如果编制的是概算和预算，大型施工机械的调遣吨位按照表 5-2 确定。

表 5-2　大型施工机械的调遣吨位表

机 械 名 称	吨位	机 械 名 称	吨位
光缆接续车	4	水下光（电）缆沟挖冲机	6
光（电）缆拖车	5	液压顶管机	5
微管微缆气吹设备	6	微控钻孔敷管设备	<25
气流敷设吹缆设备	8	微控钻孔敷管设备	≥25

（2）如果编制的是工程的结算和决算，则按照工程建设过程中实际发生的施工机械调遣情况按实确定相关信息和施工机械调遣费用。

① 施工队伍调遣费相关信息的确定。施工队伍调遣费相关信息包括了"施工队伍调遣人数"、"施工队伍调遣的单程费用"、"施工队伍的调遣距离"等，按照国家主管部门的相关规定，当施工企业距施工现场的距离小于或等于 35km 时，不计取施工队伍调遣费，这种情况下将施工队伍调遣费相关的前述各项信息的值都设为 0 即可。当施工企业和施工现场的距离大于 35km 时，如果工程投资建设方明确提出不计取施工队伍调遣费，则同样将施工队伍调遣费相关的前述各项信息的值都设为 0 即可；反之，则按照国家相关规定

确定相关施工队伍调遣的相关信息。

如果编制的是工程概算或预算,首先根据工程合同施工方的实际情况确定施工队伍的调遣距离,而后根据工信部通信工程概算、预算费用定额的相关规定,按照表 5-3 确定施工队伍调遣人数。

表 5-3　施工队伍调遣人数表

概(预)算技工总工日	调遣人数/人	概(预)算技工总工日	调遣人数/人
通信设备安装工程			
500 工日以下	5	4000 工日以下	30
1000 工日以下	10	5000 工日以下	35
2000 工日以下	17	5000 工日以上,每增加	3
3000 工日以下	24	1000 工日增加调遣人数	
通信线路、通信管道工程			
500 工日以下	5	9000 工日以下	55
1000 工日以下	10	10000 工日以下	60
2000 工日以下	17	15000 工日以下	80
3000 工日以下	24	20000 工日以下	95
4000 工日以下	30	25000 工日以下	105
5000 工日以下	35	30000 工日以下	12
6000 工日以下	40	30000 工日以上,每增加	3
7000 工日以下	45	5000 工日增加调遣人数	
8000 工日以下	50		

由表 5-3 可见,通信工程概算和预算编制过程中,施工队伍调遣人数的确定和通信工程的类型有关,即在工程所消耗的总工日相同的情况下,不同专业类型的通信工程需要调遣的人数是不同的,这就是我们前面强调的要正确选择工程类型的原因。

而施工队伍调遣的单程费用则按照表 5-4 确定。

表 5-4　施工队伍调遣的单程费用

调遣里程 L/km	调遣费/元	调遣里程 L/km	调遣费/元
$35 < L \leqslant 200$	106	$2400 < L \leqslant 2600$	724
$200 < L \leqslant 400$	151	$2600 < L \leqslant 2800$	757
$400 < L \leqslant 600$	227	$2800 < L \leqslant 3000$	784
$600 < L \leqslant 800$	275	$3000 < L \leqslant 3200$	868
$800 < L \leqslant 1000$	376	$3200 < L \leqslant 3400$	903
$1000 < L \leqslant 1200$	416	$3400 < L \leqslant 3600$	928
$1200 < L \leqslant 1400$	455	$3600 < L \leqslant 3800$	964
$1400 < L \leqslant 1600$	496	$3800 < L \leqslant 4000$	1042
$1600 < L \leqslant 1800$	534	$4000 < L \leqslant 4200$	1071
$1800 < L \leqslant 2000$	568	$4200 < L \leqslant 4400$	1095
$2000 < L \leqslant 2200$	601	$L > 4400$km 时,每增加	73
$2200 < L \leqslant 2400$	688	200km 增加	

如果编制的是工程结算或决算文件,则施工队伍调遣的相关信息(调遣人数、调遣距离、单程调遣费用等)按照工程施工过程中实际发生的情况确定。

② 主要材料运输距离的确定。主要材料的运输距离确定材料运杂费的计取结果,该信息按照实际材料的运输距离进行确定。

③ 主要材料运杂费费率的确定。按照工信部通信工程概算、预算费用定额的相关规定,主要材料的运杂费系数根据材料的运输距离和材料类别进行确定,编制概算时,除水泥及水泥制品的运输距离按 500km 计算,其他类型的材料运输距离按 1500km 计算。具体如表 5-5 所示。

表 5-5　主要材料运杂费费率表

费率/% 器材名称 运距 L/km	光缆	电缆	塑料及 塑料制品	木材及 木制品	水泥及 水泥构件	其他
$L \leqslant 100$	1.0	1.5	4.3	8.4	18.0	3.6
$100 < L \leqslant 200$	1.1	1.7	4.8	9.4	20.0	4.0
$200 < L \leqslant 300$	1.2	1.9	5.4	10.5	23.0	4.5
$300 < L \leqslant 400$	1.3	2.1	5.8	11.5	24.5	4.8
$400 < L \leqslant 500$	1.4	2.4	6.5	12.5	27.0	5.4
$500 < L \leqslant 750$	1.7	2.6	6.7	14.7	—	6.3
$750 < L \leqslant 1000$	1.9	3.0	6.9	16.8	—	7.2
$1000 < L \leqslant 1250$	2.2	3.4	7.2	18.9	—	8.1
$1250 < L \leqslant 1500$	2.4	3.8	7.5	21.0	—	9.0
$1500 < L \leqslant 1750$	2.6	4.0	—	22.4	—	9.6
$1750 < L \leqslant 2000$	2.8	4.3	—	23.8	—	10.2
$L > 2000km$ 每增 250km 增加	0.2	0.3	—	1.5	—	0.6

由表 5-5 可知:在确定材料运杂费系数时,首先将通信工程的主要材料分成了光缆、电缆、塑料及塑料制品、木材及木制品、水泥及水泥构件、其他等几个不同类别,然后根据不同的运距确定运杂费系数,因此在确定材料的运杂费系数时,应首先将工程实际使用的材料分别归类到相应的材料类别,然后分别确定材料的运杂费系数。

④ 材料运输保险费费率的确定。对于通信工程概算或预算的编制,按照主管部门的规定,材料运输保险费的费率固定为 0.1%。对于通信工程决算或结算的编制,材料运输保险费费率按照实际情况确定。

⑤ 材料采购及保管费费率的确定。根据工信部的相关规定,在编制通信工程概算或预算时,材料采购及保管费费率按照表 5-6 确定。

表 5-6　材料采购及保管费费率表

工 程 名 称	计算基础	费率/%
通信设备安装工程	材料原价	1.0
通信线路工程		1.1
通信管道工程		3.0

从表 5-6 中可以再次看到,费率的确定和单项工程所属的专业类型有关,因此,在编制通信工程概算、预算文件时,一定要首先选择正确的工程专业类型。

⑥ 是否计取预备费。在编制三阶段设计、二阶段设计通信工程的概算,和编制一阶段设计通信工程的施工图预算时,如果工程建设方明确要求不计取预备费,则将该信息参数设为"不计取预备费";反之,如果建设方没有提出明确要求,则按照相关要求应将该信息参数确定为"计取预备费",并按照国建相关规定确定预备费费率,如表 5-7 所示。

表 5-7　预备费费率表

工 程 名 称	计算基础	费率/%
通信设备安装工程		3.0
通信线路工程	工程费＋工程建设其他费	4.0
通信管道工程		5.0

由表 5-7 可见,预备费费率也是和工程的专业类型相关的。

5.1.3　建筑安装工程量概算、预算表(表三)

1. 表三甲的基本概念

建筑安装工程量概算、预算表通常简称表三甲,如表 5-8 所示。顾名思义,该表格是反映通信工程建设过程中建筑安装工程量的概算、预算表格,是国家规定的十张通信工程概算、预算表格中的其中一张,也是通信工程概算、预算编制过程中要编制的第一张表格。表三甲反映了通信工程建设过程中施工的具体内容项目,以及每个施工项目工程量的大小,同时也直接反映了通信工程建设过程中人工的消耗情况,包括技工和普工分别的消耗情况。通信工程建设过程中的人工消耗量的大小以工日表示。

任何通信工程的建设都需要消耗一定的人力、材料以及相应的机械/仪表。比如我们要建设一段通信管道,就需要有相应的工人和技术人员完成管道线路的测量、管道沟的开挖、管道基础及人手孔的建设、管道的敷设等一系列的工作,同时在施工过程中也可能要使用挖掘机、起重机等相应的施工机械,当然也要消耗相应的钢筋、水泥、砖块、通信管道等工程材料。通信工程概算、预算文件就是对通信工程建设过程中人力、机械仪表和工程材料等方面的消耗情况进行计算和统计的费用文件,其中通信工程建设过程中的人力消耗就用概算、预算文件中的表三甲表示,因此,在通信工程概算、预算文件编制过程中,首先要根据工程量的统计结果填写表三甲。

国家工信部在通信建设工程概算、预算编制办法中规定的表三甲样式如下所示。

表三甲中要填写的内容可分为两个大的方面。

(1) 表头表尾信息。表头表尾信息主要表示了工程相关的一些基本信息和概算、预算编制的一些基本信息,具体包括以下项目。

① 单项工程名称。

② 建设单位名称。

③ 设计、审核、编制等相关人员名称。

④ 表格的编制日期。

表 5-8　建筑安装工程量_____算表(表三甲)

工程名称:　　　　　建设单位名称:　　　　　表格编号:　第　页

序号	定额编号	项目名称	单位	数量	单位定额值		合计值	
					技工	普工	技工	普工
Ⅰ	Ⅱ	Ⅲ	Ⅳ	Ⅴ	Ⅵ	Ⅶ	Ⅷ	Ⅸ

设计负责人:　　　　审核:　　　编制:　　　编制日期:　年　月

　　(2) 表格内容。表三甲的主要表格内容包括工程各项工作的人工消耗,具体包括以下内容。

　　① 项目名称。指工程量统计时各工作项目的名称,例如通信管道工程的“施工测量”、“开挖管道沟”等,或架空线路工程的“立水泥线杆”、“装设拉线”等。

　　② 定额编号。指工作项目在所适用定额分册中所对应的定额编号。

　　③ 单位。指定额中所对应定额条目的计量单位,一般也是工程量统计时的计量单位。

　　④ 数量。指根据所确定的计量单位所确定的工程量大小。

　　⑤ 单位定额值。指概算、预算定额中所规定的某项目内容所对应的技工和普工消耗量,即定额中所规定的技工和普工的工日值。

　　⑥ 合计值。指某工作项目在统计的工程量下所消耗的技工和普工工日数值。

　　为了便于相互的沟通交流,我国主管部门在通信工程概算、预算编制办法中对概算、预算文件的表格规定了相应的统一格式,概算、预算编制人员在编制通信工程的概算、预算文件时按照相应的表格格式填写就行了。

2. 表三甲的填写方法

如前所述,表三甲的内容包括表头表尾信息和表格内容,其中的表头信息可以从工程的设计文件中找到,表尾信息则可以从项目组人员分工中得知。所以表三甲填写的关键在于表格中内容的填写。

根据表三甲表格中各项内容的含义可知,表三甲表格内容的填写依据主要包括两个方面。

(1) 通信建设工程的工程量统计

表三甲表格中的"项目名称"和"数量"栏目中要填的内容都来自于工程量的统计,所以工程量统计是表三甲填写的主要基础和依据,只有工程量统计正确了,才能知道表三甲中应该填入哪些项目内容,才能保证"数量"栏目填入的数值是正确的。

(2) 通信建设工程的概算、预算定额

国家主管部门颁布的通信工程概算、预算定额中规定了通信工程建设过程中常见施工项目的人力、机械仪表和工程材料的消耗标准,这是编制概算、预算文件的根本依据和主要基础。表三甲中的"定额编号"、"单位"、"单位定额值"几个栏目的内容就要通过查询相应定额而得到。

3. 表三甲内容的填写步骤

首先填写表三甲表头的"单项工程名称"和"建设单位名称"。

然后可按图5-2所示的过程填写表三甲的表格内容。

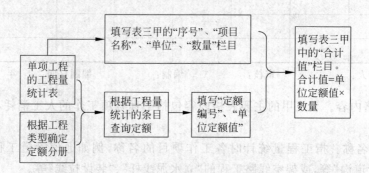

图 5-2   表三甲的填写过程示意图

图5-2所示填写过程解释如下。

(1) 根据工程量统计表填写表三甲的"序号"、"项目名称"、"单位"、"数量"栏目,即将工程量统计表中的工程内容条目和对应的"单位"、"数量"逐条抄写到表三甲对应的栏目中,并在表三甲的"序号"栏目中按照项目条目的先后填写顺序编上序号。

(2) 根据工程量统计表中的工作项目和适用的定额,查询每条工作项目所对应的"定额编号"和"定额单位值",并填入表三甲的对应栏目中。

(3) 根据前面所填的"单位定额值"和"数量"栏目,相乘后得每项的合计技工工日和普工合计工日,填入表三甲的工日合计栏目中。

(4) 检查核对初步完成的表三甲是否有工作项目的遗漏、重复,定额项目是否查询正确,合计值的计算有无差错等,检查无误后表三甲表格内容的填写就完成了。

4. 表三乙和表三丙概述

在实际通信工程的施工过程中不仅消耗一定量的人工和设备材料,有的情况下还需要使用一定的机械才能完成。比如城市市区内通信管道工程的施工,对于水泥路面和柏油路面的开挖显然单靠人工是不行的,这时就需要使用路面切割机、破碎机等施工机械。实际上,为了保证施工的质量并提高施工的效率,很多通信工程的施工都必须借助各种各样的施工机械。通信工程概算、预算文件作为通信工程建设和管理的费用文件,其费用计算时理应反映通信工程建设过程中机械方面的费用消耗。为此,我国现行的通信工程概算、预算编制办法中规定:在通信工程概算、预算编制时专门计列一项"机械使用费"以反映通信工程建设过程中的机械使用方面的费用消耗,并在概算、预算表格中用"建筑安装工程机械使用费概算、预算表"(即通常所说的表三乙,如表 5-9 所示)对机械使用费进行计算和统计。

表 5-9　建筑安装工程机械使用费＿＿＿＿＿算表(表三乙)

工程名称:　　　　　　　建设单位名称:　　　　　　　表格编号:　　第　　页

序号	定额编号	项目名称	单位	数量	机械名称	单位定额值		合计值	
						数量/台班	单价/元	数量/台班	合价/元
I	II	III	IV	V	VI	VII	VIII	IX	X

设计负责人:　　　　审核:　　　　编制:　　　　编制日期:　　年　　月

同样道理,对于有些通信工程的施工建设过程,还需使用特定的仪器仪表以保证施工的质量,比如在光缆接续过程中则需要使用光纤熔接机以完成光纤的接续。为此,我国现行的通信工程概算、预算编制办法中规定:在通信工程概算、预算编制时专门计列一项"仪器仪表使用费"以反映通信工程建设过程中的仪器仪表使用方面的费用消耗,并在概算、预算表格中用"建筑安装工程仪器仪表使用费概算、预算表"(即通常所说的表三丙,如表 5-10 所示)对仪器仪表使用费进行计算和统计。

根据我国工业和信息化部 2008 年颁布的《通信建设工程概算、预算编制办法》的相关规定，现行的通信工程建筑安装机械使用费概算、预算表（表三乙）和仪器仪表使用费概算、预算表（表三丙）。

表 5-10   建筑安装工程仪器仪表使用费＿＿＿＿＿算表（表三丙）

工程名称：　　　　　　建设单位名称：　　　　　　表格编号：　　第　　页

序号	定额编号	项目名称	单位	数量	仪表名称	单位定额值		合计值	
						数量 /台班	单价 /元	数量 /台班	合价 /元
I	II	III	IV	V	VI	VII	VIII	IX	X

设计负责人：　　　　审核：　　　　编制：　　　　编制日期：　　年　月

（1）表三乙和表三丙的主要内容

表三乙和表三丙的样式和内容基本相同，所不同的只是表三乙是机械使用费概算、预算表格，其第Ⅵ栏内容是"机械名称"，而表三丙是仪器仪表使用费表格，所以其第Ⅵ栏内容是"仪表名称"。表格中各项内容的基本含义如下。

第Ⅰ栏"序号"：指表中各行内容的顺序编号。

第Ⅱ栏"定额编号"：指消耗机械或仪器仪表的工作项目在通信工程概算、预算定额的定额项目表中所对应的定额项目编号。

第Ⅲ栏"项目名称"：指通信工程施工过程中消耗机械或仪器仪表的工作项目的名称。

第Ⅳ栏"单位"：指通信工程施工过程中消耗机械或仪器仪表的工作项目工程量的统计单位。

第Ⅴ栏"数量"：指在第Ⅳ栏对应的计量单位下，通信工程施工过程中消耗机械或仪器仪表的工作项目工程量的数量。

第Ⅵ栏"机械名称"(表三乙)或"仪表名称"(表三丙)：指第Ⅲ栏"项目名称"所对应的工作项目所需消耗的机械名称(表三乙)或仪表名称(表三丙)。

第Ⅶ栏"单位定额值中的数量"：指第Ⅱ栏"定额编号"所对应的定额项目在定额项目表中所对应的相应机械或仪表的消耗数量。该数量以"台班"为单位,所谓台班是指一台机械或仪器仪表工作 8 个小时所完成的工作量。

第Ⅷ栏"单位定额值中的单价"：指第Ⅵ栏中填写的机械或仪器仪表工作一个台班所对应的价格。

第Ⅸ栏"合计值中的数量"：指第Ⅲ栏所对应的工作项目在第Ⅳ栏所对应的单位和第Ⅴ栏所对应的数量下,消耗第Ⅵ栏所述机械(表三乙)或仪器仪表(表三丙)的合计台班数量。

第Ⅹ栏"合计值中的合价"：指第Ⅲ栏所对应的工作项目在第Ⅳ栏所对应的单位和第Ⅴ栏所对应的数量下,消耗第Ⅵ栏所述机械(表三乙)或仪器仪表(表三丙)的合计费用。

(2) 表三乙和表三丙的填写方法

由前述表三乙和表三丙中所要填写的主要内容可知,表三乙和表三丙填写的主要内容是需要机械或仪表的工作项目名称、需要消耗的机械或仪表名称以及所要消耗的机械或仪器仪表的台班数量、费用合计。其中"工作项目"及其对应的"单位"、"数量"等内容来自单项工程的工程量统计,而"定额编号"及其对应的"单位定额值中的数量"来自国家主管部门颁布的《通信建设工程预算定额》,机械或仪器仪表的定额单价则来自国家主管部门颁布的《通信建设工程施工机械、仪表台班定额》。因此,表三乙和表三丙填写的主要依据来自三个方面,分别是：单项工程的工程量统计表、《通信建设工程预算定额》以及《通信建设工程施工机械、仪表台班定额》。

5.1.4　器材/设备概算、预算表(表四)

1. 表四概述

通信工程的建设不仅要消耗一定的人工、机械或仪表,而且还会消耗一定的设备和材料,作为工程建设过程中进行成本控制和管理的费用文件,通信建设工程的概算、预算文件理应反映通信工程建设过程中在器材/设备方面的费用消耗。为此,在我国工信部颁布的《通信建设工程概算、预算编制办法》中明确规定,在通信建设工程概算、预算表格中计列"器材/设备概算、预算表"(简称表四),以反映通信工程建设过程在设备、器材方面的费用消耗。考虑到从国外引进设备/器材牵涉到的一些特殊费用,《通信建设工程概算、预算编制办法》中又进一步将表四分成"国内器材_____算表(表四甲)"和"引进器材_____算表(表四乙)",表四甲和表四乙统称表四。

可见,表四(包括表四甲和表四乙)是概算、预算表格中用来反映通信工程建设过程中器材/设备方面费用消耗的表格。

根据国家工信部《关于发布〈通信建设工程概算、预算编制办法〉及相关定额的通知》(工信部规〔2008〕75 号)中的相关规定,通信建设工程概算、预算"国内器材_____算表(表四甲)"和"引进器材_____算表(表四乙)"分别如表 5-11 和表 5-12 所示。

表 5-11　国内器材＿＿＿＿＿＿算表（表四甲）

工程名称：　　　　　　　建设单位名称：　　　　　　表格编号：　　第　　页

序号	名称	规格程式	单位	数量	单价/元	合计/元	备　注
Ⅰ	Ⅱ	Ⅲ	Ⅳ	Ⅴ	Ⅵ	Ⅶ	Ⅷ

设计负责人：　　　　　审核：　　　　编制：　　　　　编制日期：　　年　　月

表四甲的内容主要包含如下几项。

第Ⅰ栏"序号"：指表中各行内容的顺序编号。

第Ⅱ栏"名称"：指所用主要材料或需要安装的设备或不需要安装的设备、工器具、仪表的名称。如通信管道工程中所用的水泥、管道等材料名称，或通信设备安装工程中所安装的各种设备的名称等。

第Ⅲ栏"规格程式"：指表中所列主要材料或需要安装的设备或不需要安装的设备、工器具、仪表的规格程式。如水泥的标号；管道的直径、长度等。

第Ⅳ栏"单位"：指表中所列主要材料或需要安装的设备或不需要安装的设备、工器具、仪表的计量单位。

第Ⅴ栏"数量"：指在给定的计量单位下，通信工程所消耗的主要材料或需要安装的设备或不需要安装的设备、工器具、仪表的数量。

第Ⅵ栏"单价"：指在给定的计量单位下，通信工程所消耗的主要材料或需要安装的设备或不需要安装的设备、工器具、仪表的单位价格。

第Ⅶ栏"合计"：指通信工程所消耗的每种主要材料或需要安装的设备或不需要安装的设备、工器具、仪表的合计价格。

第Ⅷ栏"备注"：主要材料或需要安装的设备或不需要安装的设备、工器具、仪表需要说明的有关问题。

表四乙是引进器材的概算、预算表（见表 5-12），其内容和表四甲类似，只是由于表四乙表示的是引进器材的概算、预算表，因此表中除了器材的中文名称和人民币价格外，还要求列出所用器材的外文名称和外币价格。

表 5-12　引进器材_____算表（表四乙）

工程名称：　　　　　　　　建设单位名称：　　　　　　表格编号：　　第　　页

序号	中文名称	外文名称	单位	数量	单　价		合　价	
					外币（　　）	折合人民币/元	外币（　　）	折合人民币/元
Ⅰ	Ⅱ	Ⅲ	Ⅳ	Ⅴ	Ⅵ	Ⅶ	Ⅷ	Ⅸ

设计负责人：　　　　　审核：　　　编制：　　　　　编制日期：　　年　月

根据《通信建设工程概算、预算编制办法》的相关规定，表四甲和表四乙除需依次填写需要主要材料、安装的设备或不需要安装的设备、工器具、仪表之后还需计取下列费用。

① 小计：是指对表中所列各主要材料、安装的设备或不需要安装的设备、工器具、仪表等购买价格的合计。

② 运杂费：是指材料自来源地运至工地仓库（或指定堆放地点）所发生的费用。

③ 运输保险费：指材料（或器材）自来源地运至工地仓库（或指定堆放地点）所发生的保险费用。

④ 采购及保管费：指为组织材料采购及材料保管过程中所需要的各项费用。

⑤ 采购代理服务费：指委托中介采购代理服务的费用。

⑥ 合计：指表中所有上述费用的合计。

2. 表四的编制依据

根据《通信建设工程概算、预算编制办法》的相关规定和通信工程概算、预算文件的实际编制过程,表四填写的主要依据可以归纳为以下两个方面。

(1) 在编制通信建设工程的概算和施工图预算时,器材/设备相关的很多费用还未实际发生,此时表四中各项内容的填写依据主要包括以下 4 项。

① 通信工程的设计和施工图纸。通信工程的设计和施工图纸是工程施工内容的详细描述,也是统计工程建设所需器材和设备的最为根本的依据。

② 国家主管部门颁布的相关定额。如前所述,定额反映了工程建设在人力、材料和机械、仪表等方面的消耗,具体来说,定额中反映了各项具体施工内容所需消耗器材的种类、规格、数量等信息,定额也是编制工程概算、预算时必须遵守的标准,因此,相关定额就成为确定工程建设器材/设备消耗的另一个主要依据。对于现在的通信工程概算、预算的编制来说,所依据的主要是工信部 2008 年所颁布的《通信建设工程预算定额》。

③ 器材/设备的订货合同及询价结果。由于工程设计和施工图纸中只反映了所要施工的具体内容,而由于贯彻"量价分离"原则,定额中则只反映了所消耗材料的种类、规格和数量,但是表四中最终需要填写的是工程建设在器材/设备方面消耗的费用,因此还必须知道所需器材/设备的价格,器材/设备的订货合同及询价结果就是确定所需器材/设备价格的根本依据,因此也是表四编制的依据之一。

④ 国家主管部门颁布的费用定额及建设方要求。表四中不仅反映通信工程建设过程中直接消耗的器材和设备名称、数量和费用,还需包含运杂费、运输保险费、采购保管费、采购代理服务费等相关费用,这些费用确定的依据就是国家主管部门颁布的费用定额和工程建设方提出的计费要求。

(2) 在编制通信建设工程的决算和结算文件时,由于所需器材/设备都已经实际采购并使用,因此,实际使用的主要材料各主要材料、安装的设备或不需要安装的设备、工器具、仪表的种类、规格、价格都已有实际记录,因此通信建设工程决算和结算文件中表四编制的主要依据就是实际的器材/设备消耗记录。

5.1.5   建筑安装工程费概算、预算表(表二)

1. 建筑安装工程费的基本概念

建筑安装工程费是通信工程建设过程中用于各种通信线路建筑和通信设备安装的费用的总称,建筑安装工程费通常也简称为建安费。按照我国工信部颁布的《通信建设工程费用定额》的规定,通信工程的建安费具体又包含一系列费用,具体如图 5-3 所示。

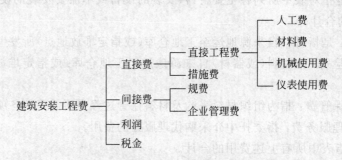

图 5-3   建筑安装工程费构成示意图

建筑安装工程费概算、预算表就是反映通信工程建设过程中建筑施工和设备安装方面费用消耗的一张概算、预算表格,通常简称表二。

表二的具体形式如表 5-13 所示。

表 5-13　建筑安装工程费用_____算表(表二)

工程名称：　　　　　　　　建设单位名称：　　　　　　表格编号：　　第　　页

序号	费 用 名 称	依据和计算方法	合计/元	序号	费 用 名 称	依据和计算方法	合计/元
Ⅰ	Ⅱ	Ⅲ	Ⅳ	Ⅰ	Ⅱ	Ⅲ	Ⅳ
	建筑安装工程费			8	夜间施工增加费		
一	直接费			9	冬雨季施工增加费		
(一)	直接工程费			10	生产工具、用具使用费		
1	人工费			11	施工用水电蒸气费		
(1)	技工费			12	特殊地区施工增加费		
(2)	普工费			13	已完工程及设备保护费		
2	材料费			14	运土费		
(1)	主要材料费			15	施工队伍调遣费		
(2)	辅助材料费			16	大型施工机械调遣费		
3	机械使用费			二	间接费		
4	仪表使用费			(一)	规费		
(二)	措施费			1	工程排污费		
1	环境保护费			2	社会保障费		
2	文明施工费			3	住房公积金		
3	工地器材搬运费			4	危险作业意外伤害保险费		
4	工程干扰费			(二)	企业管理费		
5	工程点交、场地清理费			三	利润		
6	临时设施费			四	税金		
7	工程车辆使用费						

设计负责人：　　　　审核：　　　　编制：　　　　编制日期：　　年 月

表二中需要填写的内容是建安费各项具体费用的计算依据和结算结果,显而易见,要想正确填写表二,必须首先了解表中各项费用的具体含义和计算方法。

2. 表二中包含的具体费用

表二中各项费用的具体含义和所包含的实际内容请参照工信部颁布的《通信建设工

程费用定额》,在此不再详细抄录。作为通信工程概算、预算的编制人员,必须仔细阅读并真正理解《通信建设工程费用定额》中所列的各项费用,明确各项费用的真实含义和所对应的实际费用内容。在阅读《通信建设工程费用定额》时应注意以下几点。

(1) 建筑安装工程费中牵涉的概念较多,这些概念不仅是编制实际通信工程概算、预算时表二的基础,也是我们国家通信工程概算、预算员证书考试的基本内容。

(2) 通信工程建筑安装工程费包含的具体费用较多,必须清楚各项具体费用的包含与归属关系,不能混淆。如"企业管理费"是包含在"间接费"中,而"人工费"则是归属于"直接工程费"的一项费用。

(3) 在《通信建设工程费用定额》定额中多次出现了"人工费"的概念,如"直接工程费"中中包含有人工费,而"机械使用费"和"仪表使用费"中也包含有人工费,"企业管理费"中也包含有"管理人员工资",管理人员工资也可以看做企业管理的人工费。实际编制通信工程概算、预算文件时必须注意区分这几个不同的"人工费",其中,"直接工程费"中的"人工费"是指直接参与建筑安装工程施工的生产人员开支的相关费用,如工程施工工人开支的工资、各种补贴等;"机械使用费"和"仪表使用费"中的"人工费"则是指机械和仪表的直接操作人员开支的费用,如挖掘机的驾驶员、光纤接续人员等的费用。而"企业管理费"中的人工费则是指施工企业管理人员的工资开支。

(4) "机械使用费"和"仪表使用费"中不包含机械和仪器仪表的购买费用。

(5) 注意区分"材料运杂费"和"工地器材搬运费"的区别。"材料运杂费"是指材料(或器材)自来源地运至工地仓库(或指定堆放地点)所发生的费用。而"工地器材搬运费"是指由工地仓库(或指定地点)至施工现场转运器材而发生的费用。

(6) 根据"工程干扰费"的定义,并不是所有的通信建设工程都可以收取"工程干扰费",而是只有通信线路工程、通信管道工程在受干扰的情况下才能收取"工程干扰费"。

(7) 注意区分"措施费"中的"工程车辆使用费"和"直接工程费"中的"机械使用费"的车辆是不同的,"机械使用费"中的车辆指直接用于施工的车辆,如载重汽车、挖掘机、起重机等。而"工程车辆使用费"中的车辆是指服务于工程施工的接送施工人员、生活用车等,如接送施工人员的载客汽车等。

(8) 注意区分"生产工具、用具使用费"中的"生产工具、用具"和"机械使用费"及"仪表使用费"中的"机械/仪表"。价值达到2000元以上、能够构成施工企业固定资产的机械、仪器仪表看做"机械使用费"及"仪表使用费"中的"机械/仪表"(如光纤熔接机);其相关费用列于"机械使用费"或"仪表使用费"中;价值达不到2000元、不能够构成施工企业固定资产的机械、仪器仪表则看做"生产工具、用具"(如测量用的皮卷尺),其相关费用列于"生产工具、用具使用费"中。还应注意,"机械使用费"及"仪表使用费"中不包含机械/仪表的购置费用,而"生产工具、用具使用费"中是包含生产工具、用具的购置费用的。

(9) 从"运土费"的定义可知,并不是所有的通信建设工程都可计取运土费,而是只有直埋(光)电缆工程、通信管道工程才可以计取运土费。

3. 表二中费用的计算方法

在了解了建筑安装工程费所包含的各项含义之后,重点关注一下各项费用的计算方法。对于通信工程概算、预算中建安费各项费用的计算方法,在我国工信部颁布的《通信建设工程费用定额》中有着较为详细的说明,在此不再详细抄录。需要注意以下两点。

(1) 建筑安装工程费中很多项费率的取定都和通信工程的类型有关,如辅助材料费的费率、材料采购及保管费费率、环境保护费费率、工地器材搬运费费率、工程干扰费费率、临时设施费费率等,因此在选取相应的费率时必须正确划分工程的类型。

(2) 措施费中所包含的许多费用的计费基础都是人工费,如工地器材搬运费、临时设施费、冬雨季施工增加费等。因此在编制通信工程概算、预算时,人工费必须计算准确,否则将会导致建安费的计算错误。这就要求人工工日的统计必须是正确的。

5.1.6　工程建设其他费概算、预算表(表五)

工程建设其他费概算、预算表是我国工信部 2008 年颁布的《通信建设工程概算、预算编制办法》中规定的、用来反映通信工程建设其他费的一张概算、预算表格。考虑到设备引进工程计费的特殊性,又将工程建设其他费概算、预算表分为《工程建设其他费概算、预算表》(简称表五甲)和《引进设备工程建设其他费用概算、预算表》(表五乙)。其中,表五甲用来表示使用国内器材/设备建设的通信工程其他费用的概算、预算;表五乙用来表示采用国外引进器材/设备建设的通信工程其他费用的概算、预算。表五甲和表五乙统称表五。

如上所述,表五中的内容反映的主要是通信工程建设的其他费,所谓工程建设其他费,是指应在通信工程建设项目的建设投资中开支的固定资产其他费用、无形资产费用和其他资产费用。按照我国工信部颁布的《通信建设工程费用定额》的相关规定,通信建设工程的其他费具体又包含了如下一系列费用。

(1) 建设用地及综合赔补费。

(2) 建设单位管理费。

(3) 可行性研究费。

(4) 研究试验费。

(5) 勘察设计费。

(6) 环境影响评价费。

(7) 劳动安全卫生评价费。

(8) 建设工程监理费。

(9) 安全生产费。

(10) 工程质量监督费。

(11) 工程定额编制测定费。

(12) 引进技术及进口设备其他费。

(13) 工程保险费。

(14) 工程招标代理。

(15) 专利及专用技术使用费。

(16) 生产准备及开办费。

表五的具体形式如表 5-14 和表 5-15 所示。

表 5-14　工程建设其他费＿＿＿＿＿算表（表五甲）

工程名称：　　　　　　　建设单位名称：　　　　　　表格编号：　　第　　页

序号	费 用 名 称	计算依据及方法	金额/元	备 注
Ⅰ	Ⅱ	Ⅲ	Ⅳ	Ⅴ
1	建设用地及综合赔补费			
2	建设单位管理费			
3	可行性研究费			
4	研究试验费			
5	勘察设计费			
6	环境影响评价费			
7	劳动安全卫生评价费			
8	建设工程监理费			
9	安全生产费			
10	工程质量监督费			
11	工程定额测定费			
12	引进技术及引进设备其他费			
13	工程保险费			
14	工程招标代理费			
15	专利及专利技术使用费			
	总　计			
16	生产准备及开办费（运营费）			

设计负责人：　　　审核：　　　编制：　　　编制日期：　年　月

表 5-15　引进设备工程建设其他费用＿＿＿＿＿算表（表五乙）

工程名称：　　　　　　　建设单位名称：　　　　　　表格编号：　　第　　页

序号	费用名称	计算依据及方法	金　额		备 注
			外币	折合人民/元	
Ⅰ	Ⅱ	Ⅲ	Ⅳ	Ⅴ	Ⅵ

设计负责人：　　　审核：　　　编制：　　　编制日期：　年　月

表五中表示的是通信工程建设的其他费,具体内容见国家工信部颁布的《通信建设工程费用定额》,该费用定额中详细规定了通信工程建设其他费应包含的各项费用,以及每项费用的计取方法,具体可参阅费用定额,在此不再详细抄录。要注意以下三点。

(1)由于定额的时效性和国家相关管理制度的改革变化,《通信建设工程费用定额》中所规定的工程建设其他费相关的各项费用并不是一成不变的,而是会随着国家相关管理规章制度的变化而变化。例如,工信部办公厅 2009 年发布的《关于停止计列通信建设工程质量监督费和工程定额测定费的通知》(工信厅通〔2009〕22 号)中规定,现行费用定额中计列的“通信建设工程质量监督费”和“工程定额测定费”两项费用就不再计取。因此,对于通信工程概算、预算的编制人员来说,不仅要熟悉《通信建设工程费用定额》中的相关规定,还必须经常关注国家相关规章制度的改变。

(2)应注意理解各费用的真正含义,比如工程建设其他费中的“建设单位管理费”和通信工程建安费中“企业管理费”虽然都是企业单位的管理费用,具体费用也比较相似,都包含了单位管理人员的差旅交通费等。但是建安费中的“企业管理费”指的是通信工程施工单位的管理费用,而工程建设其他费中的“建设单位管理费”则指的是工程投资建设单位的管理费用。

(3)和通信工程建安费的各项费用在《通信建设工程费用定额》中都规定了具体的计费方法不同,通信工程建设其他费的多项具体费用在《通信建设工程费用定额》中只给出了计费的依据,并没有直接给出相应的计费公式。如对于“勘察设计费”的计算,在《通信建设工程费用定额》中要求“参照国家计委、建设部《关于发布〈工程勘察设计收费管理规定〉的通知》(计价格〔2002〕10 号)规定。”其中并没有直接给出计算方法或计算公式,其他诸多费用也是如此。因此对于工程建设其他费的计算,不仅要熟悉《通信建设工程费用定额》,还要熟悉相应的各项其他部门颁布的规章制度。

5.1.7　表一和项目费用汇总表

前面各项概算、预算表格都只是反映了通信建设过程在某一方面的费用消耗情况,比如,表三甲反映的是通信建设工程在人工方面的消耗,表三乙反映的是通信建设工程在机械方面的消耗,表三丙反映的是通信建设工程在仪表方面的消耗,表四反映的则是通信建设工程在材料方面的消耗情况等,并没有一张表格能够反映出单项工程建设过程中费用消耗的总体情况。为此,工信部 2008 年颁布的《通信建设工程概算、预算编制办法》中规定,通信工程概算、预算文件中还应包含一张《通信单项工程算总表》,以便反映通信单项工程建设过程中费用消耗的总体情况。通信单项工程算总表通常简称表一。

通信建设工程概算、预算的编制都是针对不同类型的单项工程来编制的,所以通信工程概算、预算文件中的表一只是反映了某通信单项工程的总体费用。同时,我们也知道,比较复杂的通信建设项目往往包含不止一项单项工程,比如一个城市的移动通信网络建设项目就可能包含无线通信设备安装、通信管道传输线路、架空通信传输线路等多个单项工程建设。因此对于包含多个单项工程的通信建设项目,还需要一张《项目费用汇总表》来反映整个建设项目的费用消耗。

表一和项目汇总表的样式如表 5-16 和表 5-17 所示。

表 5-16　工程_____算总表（表一）

建设项目名称：　　　工程名称：建设单位名称：　　　　　　　表格编号：　　第　页

序号	表格编号	费用名称	小型建筑工程费/元	需要安装的设备费/元	不需要安装的设备、工器具费/元	建筑安装工程费/元	其他费用/元	总价值	
								人民币/元	其中外币
I	II	III	IV	V	VI	VII	VIII	IX	X

设计负责人：　　　审核：　　　编制：　　　　编制日期：　年　月

表 5-17　建设项目总_____算表（汇总表）

建设项目名称：　　　　　　　建设单位名称：　　　　　　表格编号：　　第　页

序号	表格编号	单项工程名称	小型建筑工程费/元	需要安装的设备费/元	不需安装的设备、工器具费/元	建筑安装工程费/元	预备费/元	其他费用/元	总价值		生产准备及开办费/元
									人民币/元	其中外币	
I	II	III	IV	V	VI	VII	VIII	IX	X	XI	XII

设计负责人：　　　审核：　　　编制：　　　　编制日期：　年　月

　　表一作为单项工程费用汇总表,其内容表示了通信单项工程建设的总体费用,按照国家工信部 2008 年颁布的《通信建设工程费用定额》的相关规定,通信建设单项工程费用的构成如图 5-4 所示。

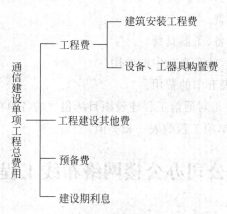

图 5-4　通信建设单项工程费用的构成

　　从图 5-5 可以看出,通信建设单项工程总费用主要由以下几部分构成。

　　(1) 工程费。顾名思义,工程费是通信建设工程直接用于工程建设的相关费用,具体又包含了建筑安装工程费和设备、工器具购置费。

　　① 建筑安装工程费是指通信工程建设过程中用于各种通信线路建筑和通信设备安装的费用的总称,通常也简称为建安费,也就是前面表二中所填写的内容。

　　② 设备、工器具购置费是指根据设计提出的设备(包括必需的备品备件)、仪表、工器具清单,按设备原价、运杂费、采购及保管费、运输保险费和采购代理服务费计算的费用。

　　(2) 工程建设其他费。工程建设其他费是指应在通信工程建设项目的建设投资中开支的固定资产其他费用、无形资产费用和其他资产费用。也就是前面学习过的表五中所填写的内容。

　　(3) 预备费。预备费是指在初步设计及概算内难以预料的工程费用。预备费又可进一步细分成基本预备费和价差预备费。

　　① 基本预备费包括以下 3 项。

　　• 进行技术设计、施工图设计和施工过程中,在批准的初步设计和概算范围内所增加的工程费用。

　　• 由一般自然灾害所造成的损失和预防自然灾害所采取的措施费用。

　　• 竣工验收为鉴定工程质量,必须开挖和修复隐蔽工程的费用。

　　② 价差预备费:主要是指设备、材料的价差。

　　注意:按照《通信建设工程概算、预算编制办法》和《通信建设工程费用定额的规定》,只有编制通信工程概算或一阶段设计的通信工程预算时才需计取预备费。

　　(4) 建设期利息。建设期利息是指建设项目贷款在建设期内发生并应计入固定资产的贷款利息等财务费用。

根据工信部颁布的《通信建设工程概算、预算编制办法》的规定,具体填写表一时,又将各相关费用分成如下几部分,分别填入相应的表格栏目中。

(1) 小型建筑工程费。

(2) 需要安装的设备费。

(3) 不需要安装的设备、工器具费。

(4) 建筑安装工程费,就是表二中的费用。

(5) 其他费用,就是表五中的费用。

项目费用汇总表主要是对通信工程建设项目所包含的各单项工程相关费用的分类汇总,其要填写的内容同各单项工程的表一相类似。

5.2 任务 1：某公司办公楼网络布线工程概算、预算

5.2.1 已知条件

(1) 某公司办公楼网络布线工程二楼路由如图 5-5 所示。

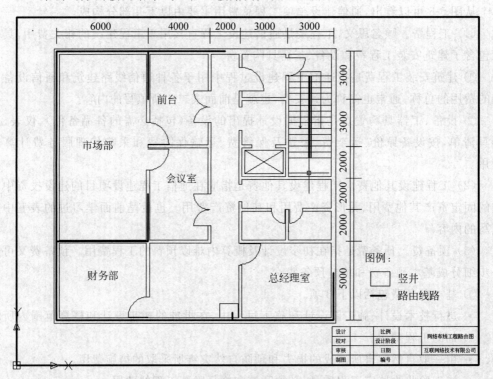

图 5-5 某公司办公楼二楼的网络布线路由图

该公司有五层楼,其余各层网络布线路由图与二楼基本一致。

(2) 根据公司办公的要求,各层信息点的分布数量如表 5-18 所示。

表 5-18 各层信息点分布及统计表

楼层	部门	信息点数量	小计	合计
一	行政室(一)	6	22	115
	行政室(二)	6		
	会议室	5		
	收发室	2		
	打印室	2		
	其他	1		
二	总经理室	2	26	
	财务部	5		
	市场部	10		
	前台	2		
	会议室	5		
	其他	2		
三	技术部办公室(一)	6	23	
	技术部办公室(二)	6		
	会议室	5		
	技术部主任室	2		
	总工程师室	2		
	其他	2		
四	副总经理室(一)	2	23	
	产品研发部主任室	2		
	产品研发部(一)	6		
	产品研发部(二)	6		
	会议室	5		
	其他	2		
五	副总经理室(二)	2	21	
	ISO 质保部	6		
	人力资源部	6		
	宣传部	3		
	档案室	2		
	其他	2		

5.2.2 施工图预算编制

1. 主要工作量统计

(1) 根据图 5-5 所示路由线路,二楼楼层电缆布放的长度计算方法为:17(楼宽度)+18(楼长度)+6×2+5+3×2+3+1=62(m)。该公司办公楼共五层,每层的结构和路由基本一致,因此其总长度为 5×62=310(m)。

(2) 根据工程设计方案和现场勘测的结果,该工程中光缆布放到楼层交换机,其光缆布放长度为:5(信息机房的光缆长度)+5(楼层高度)×5+15=45(m)。

(3) 信息点的个数:根据各层信息点分布及统计表(见表 5-18)可得为 115 个。

(4) 管道光电缆施工测量的距离为:310+30=340(m)。

（5）安装机柜机架数量的计算。五层楼每层楼设置一个墙壁挂式机柜，因此数量为5。

（6）敷设竖井引上光缆。根据楼层高度和楼层数量以及现场勘测的结果，其长度为25米。

2．预算表填写顺序

预算表的填写顺序为表三甲→表三乙→表三丙→表四甲。

（1）表三甲的填写结果如表5-19所示。

表 5-19　表三甲的填写结果

序号	定额编号	项 目 名 称	单位	数量	单位定额值		合计值	
					技工	普工	技工	普工
I	II	III	IV	V	VI	VII	VIII	IX
1	TSY1-004	安装综合架、柜	架	1	2.5	0	2.5	
2	TXL1-003	管道光（电）缆工程施工测量	100m	3.4	0.5	0	1.7	
3	TXL4-060	敷设竖井引上光缆	百米条	0.25	2	3.5	0.5	0.88
4	TXL4-061	布放槽道光缆	百米条	0.05	0.84	0.84	0.04	0.04
5	TXL7-041	管、暗槽内穿放光缆	百米条	0.15	1.36	1.36	0.20	0.20
6	TXL7-043	布放光缆护套	百米条	0.45	0.9	0.9	0.41	0.41
7	TXL5-015	光缆成端接头	芯	5	0.25	0	1.25	0
8	TXL5-096	用户光缆测试（12芯以下）	段	5	2.4	0	12	0
9	TXL7-011	敷设塑料线槽100mm宽以下	100m	3.1	3.51	10.53	10.88	32.64
10	TXL7-025	安装信息插座底盒（接线盒）砖墙内	10个	11.7	0	0.98	0	11.47
11	TXL7-030	安装机柜、机架（墙挂式）	架	5	3	1	15	5
12	TXL7-033	穿放4对对绞电缆	百米条	3.1	0.85	0.85	2.63	2.63
13	TXL7-033	穿放电话线（套用）	百米条	3.1	0.85	0.85	2.63	2.63
14	TXL7-045	卡接4对对绞电缆（配线架侧）非屏蔽	条	117	0.06	0	7.02	0
15	TXL7-058	安装8位模块式信息插座 双口 非屏蔽	10个	11.7	0.75	0.07	8.78	0.82
16	TXL7-062	电缆跳线	条	200	0.08	0	16	0
17	TXL7-065	电缆链路测试	链路	117	0.1	0	11.7	0
合　计							74.61	54.09
工程总工日在100～250工日 增加10%							7.46	5.41
总　计							82.07	59.50

（2）表三乙的填写结果如表 5-20 所示。

表 5-20 表三乙的填写结果

序号	定额编号	项目名称	单位	数量	机械名称	单位定额值 数量/台班	单位定额值 单价/元	合计值 数量/台班	合计值 合价/元
I	II	III	IV	V	VI	VII	VIII	IX	X
1	TXL5-015	光缆成端接头	芯	5	光纤熔接机	0.03	168	0.15	25.20
		合 计							25.20
		总 计							25.20

（3）表三丙的填写结果如表 5-21 所示。

表 5-21 表三丙的填写结果

序号	定额编号	项目名称	单位	数量	仪表名称	单位定额值 数量/台班	单位定额值 单价/元	合计值 数量/台班	合计值 合价/元
I	II	III	IV	V	VI	VII	VIII	IX	X
1	TXL5-015	光缆成端接头	芯	5	光时域反射仪	0.05	306	0.250	76.50
2	TXL5-096	用户光缆测试 12 芯以下	芯	5	光时域反射仪	0.8	306	4.0	1224.0
3	TXL7-065	电缆链路测试	链路	117	综合布线线路分析仪	0.05	153	5.850	895.05
		合 计							2195.55
		总 计							2195.55

（4）表四甲的填写结果如表 5-22 所示。

表 5-22 表四甲的填写结果

序号	名 称	规格程式	单位	数量	单价/元	合计/元	备 注
I	II	III	IV	V	VI	VII	VIII
1	光缆	GYTA-8B1.3	m	200	3.8	760	
2	尾纤	FC-FC/10m	条	8	38	304	
3	超五类线		箱	20	500	10000	
4	电源插座		套	7	50	350	
5	电话软平线	1mm×2mm×0.4mm	m	1500	0.8	1200	
6	塑料线槽	20mm×10mm	m	2000	1.8	3600	
7	塑料线槽	60mm×27mm	m	200	4.2	840	
8	塑料线槽	100mm×40mm	m	100	6.5	650	
9	水泥钉		kg	10	15	150	
10	8 位模块式信息插座(含底盒)		套	120	22	2640	
11	RJ-45 水晶头		粒	800	1.2	960	
12	扎带		卷	10	30	300	
13	膨胀螺栓	12mm	颗	20	1	20	

续表

序号	名 称	规格程式	单位	数量	单价/元	合计/元	备 注
I	II	III	IV	V	VI	VII	VIII
14	U形钢卡	10#	粒	20	1.6	36	
	合计					21810	
	运输保险费×0.1‰					21.8	
	采购及保管费×1.1%					218.1	
	采购代理费					1000	按实收取
	总计					23049.9	

5.3 任务2：复杂网络布线工程概算、预算

5.3.1 已知条件

（1）网络布线工程路由图如图 5-6 所示。

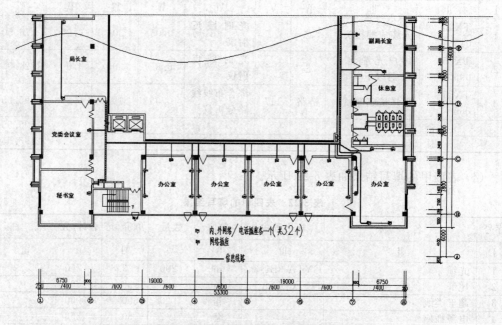

图 5-6　复杂网络布线工程路由图

（2）已知该网络布线工程共有 10 层楼，各层剖面图与图 5-6 基本一致。

5.3.2 施工图预算编制

1. 主要工作量统计

（1）根据图 5-6 所示路由线路，图中所示楼层电缆布放的长度计算为：69＋32×2＋7.8＝140.8(m)。该公司办公楼共 10 层，每层的结构和路由基本一致，因此其总长度为 10×140.8＝1408(m)。

（2）根据工程设计方案和现场勘测的结果，该工程中光缆布放到楼层交换机，其光缆

布放长度为：5(信息机房的光缆长度)＋5(楼层高度)×10＋15＝70(m)。

（3）信息点的个数，根据图 5-6 各层信息点分布可得为：32×10＝320(个)。

（4）管道光电缆施工测量的距离为：1408＋70＝1478(m)。

（5）安装机柜机架的数量，由于每层楼设置一个墙壁挂式机柜，因此数量为 10。

（6）敷设竖井引上光缆，根据楼层高度和楼层数量以及现场勘测的结果，其长度为 55m。

2. 预算表填写

（1）表三甲的填写结果如表 5-23 所示。

表 5-23　表三甲的填写结果

序号	定额编号	项目名称	单位	数量	单位定额值		合计值	
					技工	普工	技工	普工
I	II	III	IV	V	VI	VII	VIII	IX
1	TSY1-004	安装综合架、柜	架	3	2.5	0	7.5	0
2	TXL1-003	管道光(电)缆工程施工测量	100m	14.78	0.5	0	1.7	0
3	TXL4-060	敷设竖井引上光缆	百米条	0.55	2	3.5	0.5	0.88
4	TXL4-061	布放槽道光缆	百米条	0.15	0.84	0.84	0.04	0.04
5	TXL7-041	管、暗槽内穿放光缆	百米条	0.35	1.36	1.36	0.20	0.20
6	TXL7-043	布放光缆护套	百米条	0.45	0.9	0.9	0.41	0.41
7	TXL5-015	光缆成端接头	芯	5	0.25		1.25	
8	TXL5-096	用户光缆测试(12 芯以下)	段	5	2.4	0	12	0
9	TXL7-011	敷设塑料线槽 100mm 宽以下	100m	3.1	3.51	10.53	10.88	32.64
10	TXL7-025	安装信息插座底盒(接线盒)砖墙内	10 个	11.7	0	0.98	0	11.47
11	TXL7-030	安装机柜、机架(墙挂式)	架	5	3	1	15	5
12	TXL7-033	穿放 4 对对绞电缆	百米条	3.1	0.85	0.85	2.63	2.63
13	TXL7-033	穿放电话线(套用)	百米条	3.1	0.85	0.85	2.63	2.63
14	TXL7-045	卡接 4 对对绞电缆(配线架侧,非屏蔽)	条	117	0.06	0	7.02	0
15	TXL7-058	安装 8 位模块式信息插座(双口,非屏蔽)	10 个	11.7	0.75	0.07	8.78	0.82
16	TXL7-062	电缆跳线	条	200	0.08	0	16	0

续表

序号	定额编号	项 目 名 称	单位	数量	单位定额值		合计值	
					技工	普工	技工	普工
Ⅰ	Ⅱ	Ⅲ	Ⅳ	Ⅴ	Ⅵ	Ⅶ	Ⅷ	Ⅸ
17	TXL7-065	电缆链路测试	链路	117	0.1	0	11.7	0
合　计							74.61	54.09
工程总工日在 100～250 工日 增加 10%							7.46	5.41
总　计							82.07	59.50

（2）表三乙的填写结果如表 5-24 所示。

表 5-24　表三乙的填写结果

序号	定额编号	项目名称	单位	数量	机械名称	单位定额值		合计值	
						数量/台班	单价/元	数量/台班	合价/元
Ⅰ	Ⅱ	Ⅲ	Ⅳ	Ⅴ	Ⅵ	Ⅶ	Ⅷ	Ⅸ	Ⅹ
1	TXL5-015	光缆成端接头	芯	5	光纤熔接机	0.03	168	0.15	25.20
合　计									25.20
总　计									25.20

（3）表三丙的填写结果如表 5-25 所示。

表 5-25　表三丙的填写结果

序号	定额编号	项目名称	单位	数量	仪表名称	单位定额值		合计值	
						数量/台班	单价/元	数量/台班	合价/元
Ⅰ	Ⅱ	Ⅲ	Ⅳ	Ⅴ	Ⅵ	Ⅶ	Ⅷ	Ⅸ	Ⅹ
1	TXL5-015	光缆成端接头	芯	5	光时域反射仪	0.05	306	0.250	76.50
2	TXL5-096	用户光缆测试 12 芯以下	芯	5	光时域反射仪	0.8	306	4.0	1224.0
3	TXL7-065	电缆链路测试	链路	117	综合布线线路分析仪	0.05	153	5.850	895.05
合　计									2195.55
总　计									2195.55

5.4 课后习题

某单位网络布线工程路由图如图 5-7 所示，请根据图示完成网络布线工程表三甲、表三乙、表三丙的概算、预算。

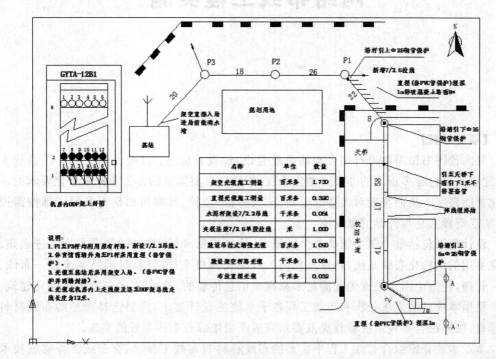

名称	单位	数量
架空光缆施工测量	百米条	1.730
直埋光缆施工测量	百米条	0.390
水泥杆架设7/2.2吊线	千米条	0.064
夹板法装设7/2.6单股拉线	米	1.000
敷设吊挂式墙壁光缆	百米条	1.090
敷设架空杆路光缆	千米条	0.064
布放直埋光缆	千米条	0.032

机房内ODF架上开图

说明：
1. P1至P3杆均利用原有杆路，新设7/2.2吊线。
2. 体育馆西墙升角至P1杆采用直埋（套管保护）。
3. 光缆至基站后采用架空入局。（套PVC管保护并两端对堵）。
4. 光缆在机房内上走线架及进ODF架及走线长度为12米。

图 5-7 某单位网络布线工程路由图

项目 6

网络布线工程实施

【项目场景】

　　某高校图书馆需要进行综合布线系统建设,建设目标是:以高性能综合布线系统支撑,建成一个包含多用途的办公自动化系统,能适应日益发展的办公业务电子化要求的现代化智能楼宇。从而实现对大楼的电器、防火防盗、监控、计算机通信等系统实施按需控制,实现资源共享与外界信息交流。

　　设计范围包括整个图书馆的办公区域、计算机机房和管理区域,要求采用先进成熟、可靠实用的结构化布线系统,将建筑物内的程控交换机系统、计算机网络系统统一布线、统一管理,使整个图书馆成为能满足未来高速信息传输的、灵活的、易扩充的智能化建筑。

　　根据本项目的需求分析和布线工程各子系统的设计要求,需要选择合适的布线材料和器材,按照综合布线系统验收规范要求完成图书馆综合布线工程的实施。

　　本章主要介绍综合布线工程中主要的布线材料与布线工具、综合布线工程实施技术规范和基本要求、施工准备、管槽系统安装技术与要求、双绞线敷设技术与要求、信息模块的端接技术、光缆敷设技术与要求、光纤连接器安装和光纤熔接技术等内容。

6.1 知识引入

6.1.1 布线材料与布线工具

1. 网络传输介质及连接器

　　传输介质是通信网络中发送方和接收方之间的物理通路。计算机网络中采用的传输介质可以分为有线、无线两大类。

　　① 有线传输介质是指在两个通信设备之间实现的物理连接部分,它能将信号从一方传输到另一方,有线传输介质主要有双绞线、同轴电缆和光纤。双绞线和同轴电缆传输电信号,光纤传输光信号。

　　② 无线传输介质指我们周围的自由空间,利用无线电波在自由空间的传播可以实现多种无线通信。在自由空间传输的电磁波根据频谱可将其分为无线电波、微波、红外线、激光等,信息被加载在电磁波上进行传输。

　　不同的传输介质,其特性也各不相同。它们不同的特性对网络中数据通信质量和通信速度有较大影响。

1）双绞线

双绞线是综合布线工程中最常用的有线传输介质,被广泛应用于综合布线系统的水平布线子系统。双绞线布线成本低廉、连接可靠、维护简单,可用于数据传输,还可以用于语音和多媒体传输。

（1）双绞线的结构

双绞线由两根绝缘铜导线相互缠绕而成,把两根绝缘的铜导线按一定密度互相绞在一起,可降低信号干扰的程度,每一根导线在传输中辐射的电波会被另一根线上发出的电波抵消。双绞线一般由两根 22～26 号绝缘铜导线相互缠绕而成,双绞线的名称由此而来。

如果把一对或多对双绞线放在一个绝缘套管中便构成了双绞线电缆（简称双绞线）。在双绞线电缆内,不同线对具有不同的扭绞长度。一般来说,扭绞长度在 38.1cm 至 14cm 内,按逆时针方向扭绞,相邻线对的扭绞长度在 12.7cm 以上。

电缆护套外皮有非阻燃（CMR）、阻燃（CMP）和低烟无卤（Low Smoke Zero Halogen,LSZH）3 种材料。电缆的护套若含卤素,则不易燃烧（阻燃）,但在燃烧过程中,释放的毒性大。电缆的护套若不含卤素,则易燃烧（非阻燃）,但在燃烧过程中所释放的毒性小。

按美国线缆标准（American Wire Gauge,AWG）,双绞线的绝缘铜导线线芯大小有 AWG-22、AWG-23、AWG-24 和 AWG-26 等规格,规格数字越大,导线越细。常用 5e 类非屏蔽双绞线规格是 AWG-24,铜导线线芯直径约为 0.51mm,加上绝缘层的铜导线直径约为 0.92mm,其中绝缘材料是 PE（高密度聚乙烯）。典型的加上塑料外部护套的 5e 类非屏蔽双绞线电缆直径约为 5.3mm。常用 6 类非屏蔽双绞线规格是 AWG-23,铜导线线芯直径约为 0.58mm,6 类非屏蔽双绞线普遍比 5e 类粗,由于 6 类线缆结构较多,因此粗细不一,如直径有 5.8mm、5.9mm、6.5mm 等多种。

为了便于安装与管理,每对双绞线有颜色标记,4 对非屏蔽双绞线（UTP）电缆的线对颜色分别为蓝色、橙色、绿色和棕色。每对线中,其中一根的颜色为线对颜色加上白色条纹,另一根的颜色为白底色加线对颜色的条纹。具体的颜色编码如表 6-1 所示。

表 6-1　4 对非屏蔽双绞线电缆的颜色编码

线　对	线 对 颜 色	缩写
线对 1	白—蓝 蓝	W—BL BL
线对 2	白—橙 橙	W—O O
线对 3	白—绿 绿	W—G G
线对 4	白—棕 棕	W—BR BR

通常我们使用的双绞线在外部护套上每隔两英尺会印刷上一些标识。不同生产商的产品标识可能不同,但一般包括以下一些信息。

① 双绞线类型。

② NEC/UL 防火测试和级别。

③ CSA 防火测试。

④ 长度标识。

⑤ 生产日期。

⑥ 双绞线的生产商和产品号码。

由于双绞线标识没有统一标准,因此并不是所有的双绞线都会有相同的标识。以下是一条双绞线的标识,以此为例说明不同标识的含义。

VCOM V2-073725-1 CABLE UTP ANSI TIA/EIA 568A AWG-24(4PR) OR ISO/IEC 11801 VERIFIED CAT 5e 187711FT 20040821,这些记号提供了这条双绞线的以下信息。

① VCOM 指的是该双绞线的生产商。

② V2-073725-1 指的是该双绞线的产品号。

③ CABLE UTP 表示双绞线为非屏蔽双绞线。

④ ANSI TIA/EIA 568A AWG-24(4PR) OR ISO/IEC 11801 VERIFIED CAT 5e 表示该双绞线是 4 对 AWG-24 的超 5 类产品,且符合 ANSI TIA/EIA 568A 和 ISO/IEC 11801 线缆标准。

⑤ 187711FT 表示这条双绞线的长度点。双绞线的长度通常使用 ft(英尺)标记,有的使用 m 标记的。这个标记对于我们购买双绞线时非常实用,方便计算双绞线使用长度和剩余长度。例如,如果你想知道一箱双绞线的长度,可以找到双绞线的头部和尾部的长度标记相减后得出(1ft≈0.3048m)。

⑥ 20040821 表示该双绞线生产日期。

(2) 双绞线的分类

双绞线是通信系统和综合布线系统中最通用的传输介质,它价格便宜,易于安装,适用于多种网络拓扑结构等优点。

双绞线按照不同的分类方法,有以下几种。

- 按结构分类,双绞线电缆可分为非屏蔽双绞线电缆和屏蔽双绞线电缆两类。
- 按电气性能指标分类,双绞线电缆可分为 1 类、2 类、3 类、4 类、5 类、5e 类、6 类、6A 类、7 类双绞线电缆,或 A、B、C、D、E、EA、F 级双绞线电缆。
- 按特性阻抗划分,双绞线电缆则有 100Ω、120Ω 及 150Ω 等几种。常用的是 100Ω 的双绞线电缆。
- 按双绞线对数多少进行分类,有 1 对、2 对、4 对双绞线电缆和 25 对、50 对、100 对的大对数双绞线。

① 非屏蔽双绞线和屏蔽双绞线

按照双绞线绝缘层外部是否有金属屏蔽层,可以把双绞线分为屏蔽双绞线和非屏蔽双绞线两种。在区分的时候可以直观地通过绝缘套管内是否有锡铝箔包裹来判断。

a. 非屏蔽双绞线

非屏蔽双绞线(Unshielded Twisted Pair,UTP),顾名思义,就是在双绞线绝缘层外部没有金属屏蔽层,由多对双绞线和绝缘材料护套等构成。5e 类 4 对 AWG-24 UTP 双绞线电缆外观和横截面如图 6-1 所示。

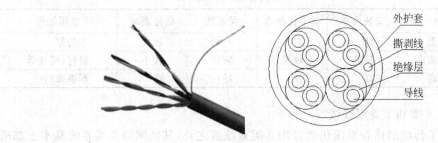

外护套
撕剥线
绝缘层
导线

图 6-1　5e 类 4 对 AWG-24 UTP

非屏蔽双绞线具有以下优点。

- 无屏蔽外套,直径小,节省所占用的空间。
- 重量轻,易弯曲,易安装。
- 将串扰减至最小或加以消除。
- 具有阻燃性。
- 具有独立性和灵活性,适用于结构化综合布线。

b. 屏蔽双绞线

屏蔽双绞线是在双绞线绝缘层外部增加一层金属屏蔽层,以提高线缆抗电磁干扰的能力。屏蔽双绞线根据屏蔽方式的不同又分为 FTP、STP 和 S/STP 三类。

- FTP(Foil Twisted Pair):采用整体屏蔽结构,如图 6-2 所示,在多对双绞线外包裹铝箔金属屏蔽层,在屏蔽层之外是电缆绝缘套管。FTP 双绞线通常应用于电磁干扰较为严重或对数据传输安全性要求较高的布线区域。
- STP(Shielded Twisted Pair):每个线对都是用铝箔金属屏蔽层包裹,有效防止线缆内部串扰,且在 4 对线外再加铝箔金属进行屏蔽,提供附加电磁干扰防护,如图 6-3 所示。该结构布局可以减少外界的电磁干扰,而且可以有效控制线对之间的串扰。STP 双绞线通常应用于电磁干扰非常严重、对数据传输安全性要求非常高的布线区域。

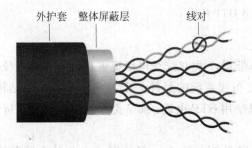

外护套　整体屏蔽层　　　　线对

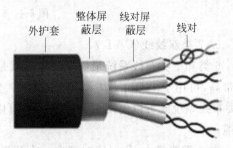

整体屏蔽层　线对屏蔽层　　线对
外护套

图 6-2　FTP 双绞线电缆结构　　　　图 6-3　STP 双绞线电缆结构

不同类型双绞线的特点和使用环境的对比情况如表 6-2 所示。

表 6-2　不同类型的双绞线比较

类型	价　格	安装成本	抗干扰能力	保密性	信号衰减	适用场所
UTP	低	低	弱	一般	较大	办公室
FTP	较高	较高	较强	较好	较小	银行、机场等
STP	高	高	强	好	小	军事通信

② 5e 类、6 类和 7 类双绞线

目前，除了传统的语音系统仍然采用 3 类双绞线之外，其他网络布线系统基本上都采用 5e 类或 6 类非屏蔽双绞线。

a. 5e 类双绞线(CAT 5e)

5e 类双绞线称为超 5 类双绞线，是目前市场的主流布线产品。5e 类双绞线是对 5 类双绞线的部分性能加以改善，与 5 类线缆相比，超 5 类双绞线的信噪比更高。超 5 类双绞线可以提供 100Mbps 的通信带宽，并拥有升级至千兆的能力，能更好地支持 1000Mbps 网络，主要应用于 100Base-T 和 1000Base-T 网络。

b. 6 类双绞线(CAT 6)

6 类双绞线的通信带宽为 1000Mbps，是千兆通信网络的最佳选择。相比超 5 类双绞线，6 类双绞线具有更高的信噪比和通信带宽。6 类双绞线在外形和结构上与 CAT 5 或 CAT 5e 都有一定的差别，CAT 6 电缆的线径比 CAT 5e 电缆要大，其结构有两种，一种和 CAT 5e 类似，采用紧凑的圆形设计方式及中心平行隔离带技术，它可以获得较好的电气性能，其结构如图 6-4(a)所示。另一种结构采用中心扭十字技术，4 对线对采用十字分离器，线对之间的分割可阻止线对间串扰，其物理结构如图 6-4(b)所示。

图 6-4　6 类 UTP 结构

c. 7 类双绞线(CAT 7)

6 类和 7 类布线系统最明显的差别就是带宽，7 类双绞线可以提供双倍于 6 类双绞线的带高，可用于 10Gbps 以太网。6 类和 7 类布线系统的另外一个差别在于它们的结构。6 类布线系统既可以使用 UTP 电缆，也可以使用 STP 电缆；而 7 类布线系统只基于屏蔽电缆。

在 7 类线缆中，每一线对都有一个屏蔽层，4 对线合在一起还有一个公共大屏蔽层。从物理结构上来看，额外的屏蔽层使得 7 类线有一个较大的线径，通常采用 AWG-23 裸铜线，如图 6-5 所示。

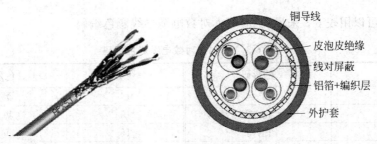

铜导线
皮泡皮绝缘
线对屏蔽
铝箔+编织层
外护套

图 6-5　7 类 STP 结构

在网络接口上,7 类电缆也有较大变化,ISO 组织确认 7 类标准分为 RJ 型接口及非 RJ 型接口两种模式。非 RJ 型 7 类布线技术完全打破了传统的 8 芯模块化 RJ 型接口设计,从 RJ 型接口的限制中解脱出来,开创了全新的 1、2、4 对的模块化形式。这是一种新型的满足线对和线对隔离、紧凑、高可靠、安装便捷的接口形式。

非 RJ 型 7 类布线可以达到光纤的传输性能。与光纤局域网的全部造价相比,非 RJ 型 7 类布线具有明显优势,光纤局域网设备的成本大约是双绞线布线设备的 6 倍。另外,非 RJ 型 7 类具有光纤所不具备的功能。由于非 RJ 型 7 类的每对线均单独屏蔽,极大地减少了线对之间的串扰,这样允许同一根电缆内支持语音、数据、视频多媒体 3 种应用。

③ 大对数双绞线

大对数电缆,即大对数干线电缆。大对数电缆为 25 线对、50 线对、100 线对等成束的电缆结构,从外观上看,为直径更大的单根电缆,如图 6-6 所示。为方便安装和管理,大对数电缆采用 25 对国际工业标准彩色编码进行管理,每个线对束都有不同的颜色编码,同一束内的每个线对又有不同的颜色编码。

图 6-6　5 类 25 对 AWG-24 非屏蔽大对数线缆

大对数电缆颜色编码由 10 种颜色组成,有 5 种主色和 5 种辅色(主色为白、红、黑、黄、紫;辅色为蓝、橙、绿、棕、灰),5 种主色和 5 种辅色又组成 25 种颜色。不管大对数电缆对数多大,通常大对数通信电缆都是按 25 对色为一小把标识组成。其颜色顺序如图 6-7 所示。

01	02	03	04	05	06	07	08	09	10	11	12	13	14	15	16	17	18	19	20	21	22	23	24	25
白					红					黑					黄					紫				
蓝	橙	绿	棕	灰	蓝	橙	绿	棕	灰	蓝	橙	绿	棕	灰	蓝	橙	绿	棕	灰	蓝	橙	绿	棕	灰

图 6-7　颜色编码顺序

同样也可以用表 6-3 来说明 25 对大对数电缆导线彩色编码。

表 6-3　25 对大对数电缆彩色编码

线对	色彩码	线对	色彩码
1	白/蓝	14	黑/棕
2	白/橙	15	黑/灰
3	白/绿	16	黄/蓝
4	白/棕	17	黄/橙
5	白/灰	18	黄/绿
6	红/蓝	19	黄/棕
7	红/橙	20	黄/灰
8	红/绿	21	紫/蓝
9	红/棕	22	紫/橙
10	红/灰	23	紫/绿
11	黑/蓝	24	紫/棕
12	黑/橙	25	紫/灰
13	黑/绿		

（3）双绞线连接器

双绞线连接器是用来将双绞线与适当的配对元件连接，控制电路接通和断开的机电元件，是一种信息通信网络传输介质。双绞线连接器有 RJ-11、RJ-45 以及各类面板上采用的信息模块。

① RJ-45 连接头

RJ-45 连接头俗称水晶头，是连接网卡、信息插座、配线架或其他网络设备的透明插头，用来连接双绞线的两端。如图 6-8 所示为非屏蔽双绞线的 RJ-45 连接头。屏蔽布线系统的 RJ-45 连接头必须拥有相应的屏蔽结构，如图 6-9 所示为屏蔽双绞线的 RJ-45 连接头。

图 6-8　非屏蔽双绞线 RJ-45 连接头　　　图 6-9　屏蔽双绞线 RJ-45 连接头

② RJ-11 连接头

RJ-11 连接头和 RJ-45 连接头很类似，如图 6-10 所示。RJ-11 与 RJ-45 连接头的尺寸不同，RJ-11 插头比 RJ-45 信息模块的插孔小，RJ-45 插头不能插入 RJ-11 信息模块的插孔，但反过来在物理上是可行的。而我们在实际应用中不建议将 RJ-11 插头用于 RJ-45 信息模块的插孔。

在综合布线系统中，电话信息插座要求安装为8P8C结构的数据信息模块，用该信息模块适配RJ-11连接器的跳线连接到电话机，用于语音通信。

③ RJ-45 信息模块

RJ-45 信息模块是布线系统中连接器的一种，连接器由插头（水晶头）和插座组成。这两种元件组成的连接器连接于导线之间，以实现导线的电气连续性。RJ-45 模块是连接器中最重要的一种插座。

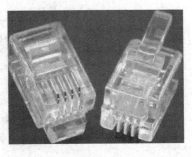

图 6-10　4P4C 类型的 RJ-11 连接器

RJ-45 信息模块的核心是模块化插孔。镀金的导线或插座孔可维持与模块化插头弹片间稳定而可靠的电连接。RJ-45 信息模块中有 8 个与双绞线线缆连接的接线。信息模块与插头的 8 根针状金属片，具有弹性连接，且有锁定装置，一旦插入连接，很难直接拔出，必须解锁后才能顺利拔出。由于弹簧片的摩擦作用，电接触随插头的插入而得到进一步加强。最新国际标准提出信息模块应具有 45°斜面，并具有防尘、防潮护板功能。

信息模块用绝缘位移式连接（IDC）技术设计而成。连接器上有与单根电缆导线相连的接线块（狭槽），通过打线工具或者特殊的连接器帽盖将双绞线导线压到接线块里。卡接端子可以穿过导线的绝缘层直接与连接器物理接触。

图 6-11 所示为 RJ-45 模块的正视图、侧视图、立体图。

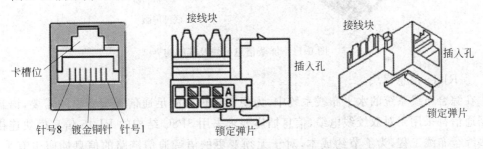

图 6-11　RJ-45 信息模块的正视图、侧视图、立体图

综合布线所用的信息模块多种多样，不同厂商的信息模块的接线结构和外观也不一致。RJ-45 信息模块按照不同的分类方法有如下几大类。

信息模块和双绞线的端接位置一般有两种：一种是在信息模块的上部端接；另一种是在信息模块的尾部端接，如图 6-12 所示。目前市场上大多数产品采用上部端接方式。

根据端接双绞线的方式，信息模块分为打线式信息模块和免打线式信息模块两类。

图 6-12　上部端接和尾部端接的信息模块

打线式信息模块需要专门的打线工具将双绞线导线压到信息模块的连接块里；而免打线式信息模块只需要用信息模块的帽盖将双绞线导线压到信息模块的接线块里。图 6-13(a) 所示为打线式信息模块，图 6-13(b) 所示为免打线式信息模块。目前市场上流行的是免打线式信息模块。

(a)

(b)

图 6-13   打线式信息模块和免打线式信息模块

为了保证屏蔽布线系统中屏蔽的完整性,信息模块也有屏蔽型号。如图 6-14 所示为屏蔽信息模块及其结构。

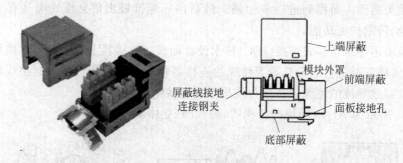

上端屏蔽

模块外罩
前端屏蔽

屏蔽线接地
连接钢夹

面板接地孔

底部屏蔽

图 6-14   屏蔽信息模块及其结构

④ RJ-11 信息模块

在综合布线系统的水平布线系统中,为便于管理和满足通信类型变更的需要,语音、数据通信都采用 4 对双绞线电缆,信息插座要求采用 8P8C 结构的 RJ-45 信息模块连接。有些综合布线工程,为了节约成本,对于无须变更的语音通信链路的信息插座也有采用 RJ-11 信息模块连接(4P4C 结构)的。图 6-15 所示为 RJ-11 信息模块。

图 6-15   RJ-11 信息模块

2) 光纤

光纤作为高带宽、高安全的数据传输介质被广泛应用于各种大、中型网络之中。由于光纤和光纤设备造价昂贵,光纤大多只被用于网络主干,即应用于垂直主干子系统和建筑群子系统的系统布线,实现楼宇之间以及楼层之间的连接,目前也应用于对传输速率和安全性有较高要求的水平布线子系统。随着综合布线的进一步发展,以及网络应用需求的增多,光纤布线的应用越来越多。

光纤是光导纤维的简称,英文名是 Optical Fiber,光纤是一种利用光在纤维(通常由玻璃或塑料制成)中的全反射原理而制成的光传导介质。

(1) 光纤结构

光纤的典型结构是一种细长多层同轴圆柱形实体复合纤维。自内向外为纤芯(芯径一般为 $50\mu m$ 或 $62.5\mu m$)、包层(外径一般为 $125\mu m$)、涂覆层(被覆层),如图 6-16 所示。

核心部分为纤芯和包层,二者共同构成介质光波导,形成对光信号的传导和约束,实现光

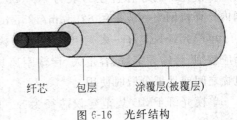

纤芯　　包层　　涂覆层(被覆层)

图 6-16　光纤结构

的传输,所以又将二者构成的光纤称为裸光纤。其中涂覆层又称被覆层,是一层高分子涂层,主要对裸光纤提供机械保护。

常用的 $62.5\mu m/125\mu m$ 多模光纤指的是纤芯外径是 $62.5\mu m$,加上包层后外径是 $125\mu m$;而单模光纤的纤芯是 $4\sim10\mu m$,外径也是 $125\mu m$。要注意的是,纤芯和包层是不可分离的,光纤的光学及传输特性主要由纤芯和包层决定。

随着光纤和光网络设备价格的不断下降,以及对网络带宽需求的不断增长,光纤被越来越多地应用于综合布线系统。光纤作为传输介质,有以下几个优点。

- 光纤通信的频带很宽,理论可达 30 亿兆赫兹。
- 电磁绝缘性能好。
- 衰减较小。
- 需要增设光中继器的间隔距离较大,因此整个通道当中中继器的数目可以减少,降低成本。
- 重量轻,体积小,适用的环境温度范围宽,使用寿命长。
- 光纤通信不带电,使用安全,可用于易燃,易爆场所。
- 抗化学腐蚀能力强,适用于一些特殊环境下的布线。

(2) 光纤分类

光纤的种类很多,可从不同的角度对光纤进行分类,比如从构成光纤的原材料成分、光纤的传输点模数、光纤工作波长、光纤横截面上的折射率分布、光纤的制造方法等方面来分类。

① 按构成光纤的原材料一般分为以下三类。

- 石英光纤。纤芯与包层都是玻璃,损耗小,传输距离长,成本高。光纤通信中主要用石英光纤,以后所说的光纤也主要是指石英光纤。
- 塑料包层石英光纤。纤芯是玻璃,包层为塑料,特性同玻璃光纤差不多,成本较低。
- 全塑料光纤。纤芯与包层都是塑料,损耗大,传输距离很短,价格很低。多用于家电、音响,以及短距的图像传输。

② 按光在光纤中的传输模式不同,光纤分为单模光纤和多模光纤两种。

所谓"模",是指以一定角速度进入光纤的一束光。单模光纤采用固体激光器作为光源,多模光纤则采用发光二极管作为光源。

多模光纤允许多束光在光纤中同时传播,从而形成模分散。模分散技术限制了多模光纤的带宽和距离,因此,多模光纤的芯线粗、传输速度低、距离短、整体的传输性能差;但其成本比较低,一般用于建筑物内或地理位置相邻的环境。

多模光纤的纤芯直径一般为 $50\sim200\mu m$,而包层直径的变化范围为 $125\sim230\mu m$。国内计算机网络一般采用 $62.5\mu m/125\mu m$ 光纤。

单模光纤只允许一束光传播,所以单模光纤没有模分散特性,因此,单模光纤的纤芯相应较细、传输频带宽、容量大、传输距离长;但因其需要激光源,故成本较高,通常在建筑物之间或地域分散时使用。

单模光纤 PMD 规范建议芯径为 $8\sim10\mu m$,包层直径为 $125\mu m$,也就是通常所说的 $9\mu m/125\mu m$ 光纤。

单模光纤与多模光纤的特性比较如表 6-4 所示。

表 6-4　单模光纤与多模光纤的特性比较

比较项目	单 模 光 纤	多 模 光 纤
速度	高速度	低速度
距离	长距离	短距离
成本	成本高	成本低
其他性能	窄芯线,需要激光源,聚光好,耗散极小,高效	宽芯线,耗散大,低效
应用范围	建筑群子系统	垂直干线子系统

③ 根据工作波长的不同,可将光纤分为短波长($0.8\sim0.9\mu m$)光纤、长波长($1.0\sim1.7\mu m$)光纤、超长波长($>2\mu m$)光纤。波长越长,光纤支持的传输也就越长。因此,长距离传输时,应当选择长波长或超长波长光纤。多模光纤的工作波长为短波长 850nm 和长波长 1300nm;单模光纤的工作波长为长波长 1310nm 和 1550nm。

(3) 光缆

由于光纤在生产过程中可能产生微裂纹,而且光纤的几何尺寸微小、机械性能较为敏感,因此不能直接应用在常规的光纤通信系统中。为了保护光纤不受外界环境的影响,满足通信系统的需求,需要将光纤包在各类附加材料组成的光缆中,才可以进行系统应用。

一根光缆由一根直至多根光纤组成,外面再加上保护层,如图 6-17 所示。光缆中有 1 根光纤(单芯)、2 根光纤(双芯)、4 根光纤、6 根光纤,甚至更多光纤的(48 根光纤、1000 根光纤)。一般单芯光缆和双芯光缆用于光纤跳线,多芯光缆用于室内室外的综合布线系统。

① 光缆的结构

光缆的基本结构一般包括缆芯、加强元件、光缆护层等几部分;另外,根据需要还有防水层、缓冲层、绝缘金属导线等构件。图 6-18 为光缆结构示意图。

其中,缆芯由单根或多根光纤芯线组成,有紧套和松套两种结构。加强元件用于增强光缆敷设时可承受的负荷,一般是金属丝或非金属纤维,通常处在缆芯的中心位置。护层具有阻燃、防潮、耐压、耐腐蚀等特性,主要对已成缆的光纤芯线进行保护。根据敷设条件

图 6-17　光缆

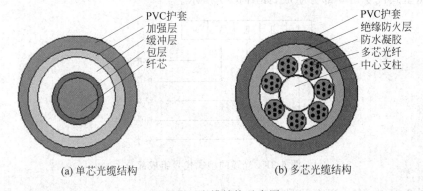

(a) 单芯光缆结构　　　　　(b) 多芯光缆结构

图 6-18　光缆结构示意图

可由铝带或聚乙烯综合纵包带粘界外护层、钢带(或钢丝)铠装和聚乙烯护层等组成。

　　② 光缆分类
　　• 按敷设方式分为架空光缆、管道光缆、铠装地埋光缆、水底光缆和海底光缆等。
　　• 按光缆结构分为束管式光缆、层绞式光缆、紧抱式光缆、带式光缆、非金属光缆和可分支光缆等。
　　• 按用途分为长途通信用光缆、短途室外光缆、室内光缆和混合光缆等。
　　③ 网络布线工程中常用的光缆
　　在网络布线工程中,常用的光缆有多模光纤和单模光纤两种。多模光纤由于存在模间色散和模内色散,相对单模光纤来说,其传输距离较短,一般在 2km 之内,带宽较窄。单模光纤不存在模间色散,模内色散也很小,故传输距离长,一般可以达到 3km 甚至几十千米,带宽大,但其端接设备比多模光纤的端接设备贵得多。在对距离和带宽要求不特别高的布线工程中,选用多模光纤比较合适。国内常见的光缆有 4 芯、6 芯、8 芯和 12 芯等不同规格,且分为室内光缆和室外光缆两种。
　　室内光缆(见图 6-19)的抗拉强度较小,保护层较差,但相对更轻便、更经济。室内光缆主要适用于水平布线子系统和垂直主干子系统。
　　室外光缆(见图 6-20)的抗拉强度较大,保护层较厚重,并且通常为铠装(即金属皮包裹)。室外光缆多用于建筑群子系统,可用于室外直埋、管道、架空及水底敷设等场合。

图 6-19　室内光缆　　　　　　　　　图 6-20　室外光缆

④ 光缆型号

光缆型号由它的型式代号和规格代号构成,中间用一短横线分开,如 GYGZL03-12T50/125A。

光缆型式代号由 5 部分组成,如图 6-21 所示。

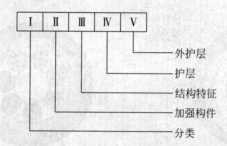

图 6-21　光缆的型式代号组成部分

在图 6-21 中,各个部分代号及意义如表 6-5 所示。

表 6-5　光缆型式代号及其含义

位 置	代 号	含 义	位 置	代 号		含 义
I (分类)	GY	通信用室(野)外光缆	IV (护层)	V		聚氯乙烯护层
	GJ	通信用室(局)内光缆		U		聚氨酯护层
	GH	通信用海底光缆		L		铝护套
	GR	通信用软光缆		Q		铅护套
	GS	通信用设备内光缆		Y		聚乙烯护层
	GT	通信用特殊光缆		A		铝-聚乙烯黏结层
II (加强构件)	无	金属加强构件		G		钢护套
	G	金属重型加强构件		S		钢-铝-聚乙烯综合护套
	F	非金属加强构件	V (外护层)	铠装层 (方式)	0	铠装
	H	非金属重型加强构件			1	—
III (结构特征)	D	光纤带状结构			2	双钢带
	B	扁平式结构			3	细圆钢丝
	T	填充式结构			4	粗圆钢丝
	G	骨架槽结构			5	单钢带皱纹纵包
	Z	自承式结构		外护层 (材料)	0	无护套
	无	层绞式结构			1	纤维护套
					2	聚氯乙烯护套
					3	聚乙烯护套
					4	聚乙烯护套加敷尼龙护套
					5	聚氯乙烯管

注:外护层是指铠装层及其铠装外边的外护套。

光缆规格由 5 部分 7 项内容组成,如图 6-22 所示。

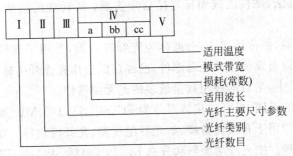

图 6-22 光缆的规格组成部分

在图 6-22 中,各个部分代号及意义如表 6-6 所示。

表 6-6 光缆规格代号及其含义

Ⅰ(光纤数目)	用 1,2,…,表示光缆内光纤的实际数目	
	代号	含义
	J	二氧化硅系多模渐变型光纤
	T	二氧化硅系多模突变型光纤
Ⅱ(光纤类别)	Z	二氧化硅系多模准突变型光纤
	D	二氧化硅系单模光纤
	X	二氧化硅纤芯塑料包层光纤
	S	塑料光纤
Ⅲ(光纤主要尺寸参数)	用阿拉伯数(含小数点数)及以 μm 为单位表示多模光纤的芯径及包层直径,单模光纤的模场直径及包层直径	

Ⅳ(带宽、损耗、波长)		代号	含义
	a	1	波长在 0.85μm 区域
		2	波长在 1.31μm 区域
		3	波长在 1.55μm 区域
	bb	两位数字依次为光缆中光纤损耗常数值(dB/km)的个位和十位数字	
	cc	两位数字依次为光缆中光纤模式带宽分类数值(MHz·km)的千位和百位数字,单模光纤无此项	

Ⅴ(温度)	代号	含义
	A	适用于－40～＋40℃
	B	适用于－30～＋50℃
	C	适用于－20～＋60℃
	D	适用于－5～＋60℃

(4) 光纤连接器

在安装任何光纤系统时,都必须考虑以低损耗的方法把光纤或光缆相互连接起来,以实现光链路的安装。光纤链路的接续,又可以分为永久性的和活动性的两种。永久性的接续,大多采用熔接法、粘接法或固定连接器来实现;活动性的接续,一般采用活动连接器来实现。

光纤活动连接器,俗称活接头,一般称为光纤连接器,是用于连接两根光纤或光缆形成连续光通路的可以重复使用的无源器件,已经广泛应用在光纤传输线路、光纤配线架和光纤测试仪器、仪表中,是目前使用数量最多的光无源器件。

按连接头结构的不同,光纤连接器可分为 FC、SC、ST、LC、MU、MT-RJ 等多种类型。其中,ST 连接器通常用于布线设备端,如光纤配线架、光纤模块等。而 SC 和 MT 连接器通常用于网络设备端。按光纤端面形状分有 FC、PC(包括 SPC 或 UPC)和 APC;按光纤芯数划分还有单芯和多芯(如 MT-RJ)之分。光纤连接器应用广泛,品种繁多。在实际应用过程中,我们一般按照光纤连接器结构的不同来加以区分,以下是一些现在常见的光纤连接器。

① FC 型光纤连接器

FC 型光纤连接器的外部加强方式是采用金属套,紧固方式为螺丝扣。此类连接器结构简单,操作方便,制作容易,多应用于电信光纤网络。图 6-23 所示为 FC 型光纤连接器。

② SC 型光纤连接器

SC 型光纤连接器外壳呈矩形,连接方式是采用插拔式,不需要旋转。此类连接器价格低廉,插拔操作方便,介入损耗波动小,抗压强度较高,安装密度高。图 6-24 所示为 SC 型光纤连接器。

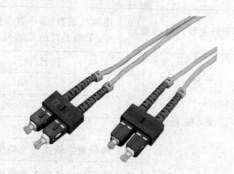

图 6-23   FC 型光纤连接器   图 6-24   SC 型光纤连接器

③ ST 型光纤连接器

ST 型光纤连接器外壳呈圆形,采用卡口紧固的连接方式。ST 型光纤连接器很少用于网络设备,而是经常被用于实现与光纤配线架的连接。图 6-25 所示为 ST 型光纤连接器。

④ LC 型光纤连接器

LC 型连接器是著名 Bell(贝尔)研究所研究开发出来的,采用操作方便的模块化插孔(RJ)闪锁机理制成。它采用的插针和套筒的尺寸是普通 SC、FC 等所用尺寸的一半(1.25mm),提高了光纤配线架中光纤连接器的密度。目前,在单模 SFF 方面,LC 类型的连接器实际已经占据了主导地位，在多模方面的应用也增长迅速。图 6-26 所示为 LC 型光纤连接器。

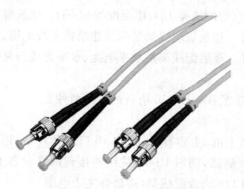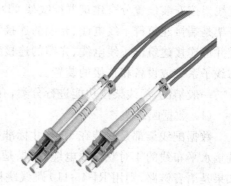

图 6-25　ST 型光纤连接器　　　　　　图 6-26　LC 型光纤连接器

⑤ MT-RJ 型光纤连接器

MT-RJ 型光纤连接器与 RJ-45 型局域网电缆连接器相同的闩锁机构，通过安装于小型套管两侧的导向销对准光纤。为便于与光收发信机相连，连接器端面光纤为双芯排列设计（间隔 0.75mm），主要用于数据传输的高密度光纤连接器。图 6-27 所示为 MT-RJ 型光纤连接器。

⑥ MU 型光纤连接器

MU 型光纤连接器（不常用）是以目前使用最多的 SC 型连接器为基础研制的、世界上最小的单芯光纤连接器。该连接器采用 1.25mm 直径的套管和自保持机构，其优势在于能实现高密度安装。MU 型光纤连接器系列包括用于光缆连接的插座型连接器（MU-A 系列）、具有自保持机构的底板连接器（MU-B 系列）以及用于连接 LD/PD 模块与插头的简化插座（MU-SR 系列）等。图 6-28 所示为 MU 型光纤连接器。

2. 常见布线材料

在前面的内容中学习了网络传输介质及相关的知识，除了传输介质和连接器，综合布线工程中还需要管材系统的材料、设备间和管理间的机柜与配线架、工作区的面板与底盒和线缆的整理材料等其他布线材料。

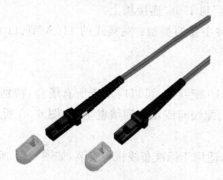

图 6-27　MT-RJ 型光纤连接器　　　　图 6-28　MU 型光纤连接器

1）配线架

配线架是电缆或光缆进行端接和连接的装置。在配线架上可进行互连或交接操作。配线架按安装位置分有建筑群配线架 CD、建筑物配线架 BD、楼层配线架 FD。建筑群配线架是端接建筑群干线电缆、光缆的连接装置。建筑物配线架是端接建筑物干线电缆、光缆并可连接建筑群干线电缆、光缆的连接装置。楼层配线架是水平电缆、水平光缆与其他布线子系统或设备相连接的装置。

一般情况，配线架按功能进行分类，有数据配线架和 110 语音配线架两种。

（1）数据配线架

数据配线架都是安装在 19 英寸标准机柜上的，主要有 24 口和 48 口两种规格，用于端接水平布线的 4 对双绞线电缆，如果是数据链路，则用 RJ-45 跳线连接到网络设备上；如果是语音链路，则用 RJ-45-110 跳线跳接到 110 语音配线架（连语音主干电缆）上。

配线架从结构上来看，有固定端口配线架和模块化配线架两种结构。固定端口配线架的信息插座与配线架架身是一体化结构的，有横式打线和竖式打线两种。模块化配线架的信息模块与配线架架身采用可分离的结构，这样便于安装，另外还可以根据需要配置信息模块的数量。这两种数据配线架的外观如图 6-29 所示。

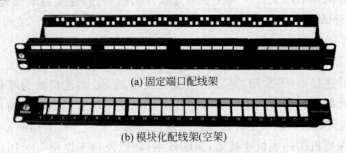

(a) 固定端口配线架

(b) 模块化配线架(空架)

图 6-29　数据配线架

（2）110 语音配线架

110 型连接管理系统的基本部件是 110 配线架、连接块、跳线和标签。这种配线架有 25 对、50 对、100 对、300 对多种规格。110 配线架其上装有若干齿形条，沿配线架正面从左到右均有色标，以区别各条输入线。这些线放入齿形条的槽缝里，再与连接块接合，利用 788J1 打线工具，就可将配线环的连线"冲压"到 110C 连接块上。

110 系列配线架有多种结构，下面介绍两种主要的类型：夹接式的 110A 型、110D 型和接插式的 110P 型。

① 110A 型配线架

110A 型配线架有若干引脚，俗称带腿的 110 配线架，可以应用于所有场合，特别是大型电话应用场合，通常直接安装在二级交接间、配线间或设备间墙壁上，如图 6-30 所示。

② 110D 型配线架

110D 型配线架，俗称不带引脚 110 配线架，适用于标准布线机柜安装，如图 6-31 所示。

③ 110P 型配线架

110P 型配线架由 100 对 110D 配线架及相应的水平过线槽组成，安装在一个背板支

图 6-30　110A 型配线架

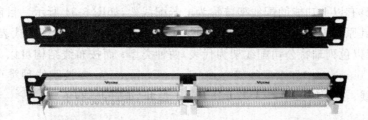

图 6-31　110D 型配线架

架上,底部有一个半密闭的过线槽,110P 型配线架有 300 对和 900 对两种。110P 型配线架外观简洁,简单易用的插拔快接跳线代替了跨接线,为管理带来了方便,如图 6-32所示。

④ 110C 连接块

110 配线系统中都用到了连接块(Connection Block),称为 110C 连接块。有 3 对线(110C-3)、4 对线(110C-4)和 5 对线(110C-5)三种规格的连接块,如图 6-33 所示。

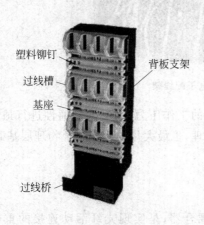

塑料铆钉
过线槽
基座
背板支架
过线桥

图 6-32　110P 型配线架

图 6-33　110C 连接块

连接块上彩色标识顺序为蓝、橙、绿、棕、灰。3 对连接块为蓝、橙、绿；4 对连接块为蓝、橙、绿、棕；5 对连接块为蓝、橙、绿、棕、灰。在 25 对的 110 配线架基座上安装时，应选择 5 个 4 对连接块和 1 个 5 对连接块，或 7 个 3 对连接块和 1 个 4 对连接块。从左到右完成白区、红区、黑区、黄区和紫区的安装，这与 25 对大对数电缆的安装色序一致。

(3) 电子配线架

电子配线架，英文为 E-Panel 或者 Patch Panel，又称"综合布线管理系统"或者"智能布线管理系统"等，其基本功能如下。

① 引导跳线，其中包括用 LED 灯引导的，显示屏文字引导以及声音和机柜顶灯引导等方式。

② 实时记录跳线操作，形成日志文档。

③ 以数据库方式保存所有链路信息。

④ 以 Web 方式远程登录系统。

我们把具有以上功能的配线架统称为电子配线架，如图 6-34 所示。目前市面上电子配线架按照其原理可分为端口探测型配线架（以美国康普公司配线架为代表）和链路探测型配线架（以以色列瑞特公司配线架为代表）两种类型；而按布线结构可以分为单配线架方式（Inter Connection）和双配线架方式（Cross Connection）；按跳线种类可分为普通跳线和 9 针跳线；按配线架生产工艺可分为原产型和后贴传感器条型。

图 6-34　电子配线架

电子配线架的使用大大减少了工作人员的工作压力，网络的连通性进行最大限度的控制，简化网络的规划和运行，方便维护和管理，也最大化利用了整个物理层基础设施，从而增加企业的投资回报率。

2) 光纤连接器件

(1) 光纤适配器（耦合器）

光纤适配器（Fiber Adapter）又称光纤耦合器，是实现光纤活动连接的重要器件之一，它通过尺寸精密的开口套管在适配器内部实现了光纤连接器的精密对准连接，保证两个连接器之间有一个低的连接损耗。

根据光纤适配器应用的范围和需求不同,为了固定在各种面板上,适配器还设计了多种精致的固定法兰,变换型适配器可以连接不同类型的光纤跳线接口,并提供了不同断面之间的连接,双连或多连可提高安装密度。

根据外形结构和对接断面的不同,光纤适配器大体可以分为 FC、SC、ST、LC 等类型,如图 6-35 所示。

图 6-35　各种类型的光纤适配器

(2) 光纤配线架(光纤终端盒)

光纤配线架 ODF(Fiber Optic Distribution Frame)用于光纤通信系统中局端主干光缆的成端和分配,可方便地实现光纤线路的连接、分配和调度。随着网络集成程度越来越高,出现了集 ODF、DDF、电源分配单元于一体的光数混合配线架,适用于光纤到小区、光纤到大楼、远端模块局及无线基站的中小型配线系统。

光纤配线架是光传输系统中一个重要的配套设备,它主要用于光缆终端的光纤熔接、光连接器安装、光路的调接、多余尾纤的存储及光缆的保护等,它对于光纤通信网络安全运行和灵活使用有着重要的作用。

光纤配线架结构分为 3 种类型,即壁挂式、机柜式和机架式。壁挂式一般为箱体结构,适用于光缆条数和光纤芯数都较小的局所;机柜式是采用封闭式结构,纤芯容量比较固定,外形比较美观;机架式一般是采用模块化设计,用户可根据光缆的数量和规格选择相对应的模块,灵活地组装在机架上,它是一种面向未来的结构,可以为以后光纤配线架向多功能发展提供便利条件。光纤配线架应尽量选用铝型材机架,其结构较牢固,外形也美观。如图 6-36 所示为光纤配线架。

光纤配线架作为光缆线路的终端设备应具有 4 项基本功能。

① 固定功能。光缆进入机架后,对其外护套和加强芯要进行机械固定,加装地线保护部件,进行端头保护处理,并对光纤进行分组和保护。

② 熔接功能。光缆中引出的光纤与尾缆熔接后,将多余的光纤进行盘绕储存,并对熔接接头进行保护。

③ 调配功能。将尾缆上连带的连接器插接到适配器上,与适配器另一侧的光连接器实现光路对接。适配器与连接器应能够灵活插、拔;光路可进行自由调配和测试。

④ 存储功能。为机架之间各种交叉连接的光连接线提供存储,使它们能够规则整齐地放置。配线架内应有适当的空间和方式,使这部分光连接线走线清晰,调整方便,并能

(a) 机架式光纤配线架

(b) 机柜式光纤配线架

(c) 壁挂式光纤配线架

图 6-36　光纤配线架

满足最小弯曲半径的要求。

　　随着光纤网络的发展,光纤配线架现有的功能已不能满足许多新的要求。有些厂家将一些光纤网络部件如分光器、波分复用器和光开关等直接加装到光纤配线架上。这样,既使这些部件方便地应用到网络中,又给光纤配线架增加了功能和灵活性。

　　3)光缆接续盒

　　光缆接续盒又叫光缆接头盒,在光通信网络中,由于光缆长度有限以及光缆在传输线路上需要分支,因此而产生光缆接头。光缆接续盒为光缆接续、分支提供条件并对接头进行保护。通常有卧式和帽式两种,可以悬空挂装,也可以埋到地下,如图 6-37 所示。

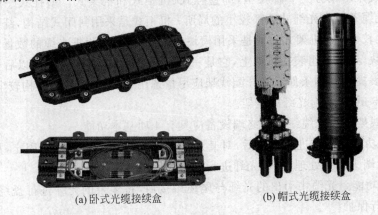
(a) 卧式光缆接续盒　　　　　　　　　(b) 帽式光缆接续盒

图 6-37　光缆接续盒

　　4)线管

　　在综合布线工程中,水平子系统、垂直干线子系统和建筑群干线子系统的施工材料除线缆材料外,最重要的就是管槽和桥架了。

线管有钢管、塑料管和室外用的混凝土管以及高密度乙烯材料制成的双壁波纹管等。

（1）钢管

钢管按照制造方法的不同可分为无缝钢管和焊接钢管两大类。无缝钢管在综合布线系统中使用较少，只有在诸如管路引入屋内承受极大压力时的一些特殊场合，在短距离使用。暗敷设的路由中常用的钢管为焊接钢管。

钢管的规格有多种，以外径的毫米数为单位。工程施工中常用的钢管有 D16、D20、D25、D32、D40、D50 和 D63 等规格。在钢管内穿线比线槽布线难度更大一些，在选择钢管时要注意选择稍大管径的钢管，一般管内填充物占 30% 左右，以便于穿线。在钢管中还有一种是软管（俗称蛇皮管），在弯曲的地方使用。

钢管具有屏蔽电磁干扰能力强，机械强度高，密封性能好以及抗弯、抗压和抗拉性能好等特点。在机房的综合布线系统中，常常在同一金属线槽中安装双绞线和电源线，这时将电源线安装在钢管中，再与双绞线一起敷设在线槽中，起到良好的电磁屏蔽作用。

（2）聚氯乙烯管材（PVC-U 管）

综合布线工程中使用最多的一种塑料管，管长通常为 4m、5.5m 或 6m，PVC 管具有优异的耐酸、耐碱、耐腐蚀性，耐外压强度、耐冲击强度等都非常高，具有优异的电气绝缘性能，适用于各种条件下的电线、电缆的保护套管配管工程。图 6-38 所示为 PVC 管及管件。

图 6-38　PVC 管及管件

（3）高密度聚乙烯（HDPE）管材

HDPE 管一般不用作室内布线的管道，光缆外护套是 HDPE 管材。图 6-39 所示为 HDPE 单管和多管。

(a) HDPE 单管　　　　　　　(b) HDPE 多管

图 6-39　HDPE 单管和多管

（4）双壁波纹管

塑料双壁波纹管结构先进，除具有普通塑料管的耐腐性、绝缘性好、内壁光滑、使用寿命长等优点外，还具有以下独特的技术性能。

① 刚性大，耐压强度高于同等规格之普通光身塑料管。

② 重量是同规格普通塑料管的一半，从而方便施工，减轻工人劳动强度。

③ 密封好，在地下水位高的地方使用更能显示其优越性。

④ 纹结构能加强管道对土壤负荷抵抗力，便于连续敷设在凹凸不平的地面上。

图 6-40　双壁波纹电缆套管

⑤ 使用双壁波纹管工程造价比普通塑料管降低 1/3。

图 6-40 所示为双壁波纹电缆套管。图 6-41 为双壁波纹电缆套管在实际工程中的应用场景。

5）线槽

线槽也是综合布线系统中不可或缺的材料之一,线槽分为金属线槽和 PVC 塑料线槽两种,金属线槽又称为槽式桥架。将凌乱的线缆置于线槽内,既可以起到美化布线环境的作用,又可以应用于某些特殊场合,起到阻燃、抗冲击、抗老化、防锈等作用。

图 6-41　双壁波纹电缆套管在实际工程中的应用

PVC 塑料线槽是综合布线工程明敷管槽时广泛使用的一种材料,它是一种带盖板封闭式的管槽材料,盖板和槽体通过卡槽合紧。它的品种众多,从型号上分有: PVC-20 系列、PVC-25 系列、PVC-30 系列、PVC-40 系列、PVC-60 系列等。从规格上分有 20mm × 12mm、24mm×14mm、25mm×12.5mm、39mm×19mm、59mm×22mm 和 100mm×30mm 等。与 PVC 线槽配套的连接件有阳角、阴角、直转角、平三通、左三通、右三通、连接头和终端头等。PVC 线槽和辅助连接配件分别如图 6-42 和图 6-43 所示。

图 6-42　不同规格的 PVC 线槽

阴角　　　　平三通　　　大小转换头　　　直转角　　　　阳角　　　　终端头

图 6-43　PVC 线槽连接配件

6）桥架

综合布线工程中,线缆桥架因其具有结构简洁、造价低、施工方便、配线灵活、安全可靠、安装标准、整齐美观、防尘防火、延长线缆使用寿命、方便扩充电缆和维护检修等特点,且同时能克服埋地静电爆炸、介质腐蚀等问题,而广泛应用于建筑群主干管线和建筑物内主干管线的安装施工。

桥架按结构可分为槽式、托盘式和梯级式三种类型。三种类型因为各自的特点不同使得应用范围也相应地有所区别。

（1）槽式桥架

槽式桥架是全封闭电缆桥架，它适用于敷设计算机线缆、通信线缆、热电偶电缆及其他高灵敏系统的控制电缆等，它对屏蔽干扰重腐蚀环境中电缆防护都有较好的效果。适用于室外和需要屏蔽的场所，但系统扩充、修改和维护检修较为困难。图 6-44 所示为槽式桥架空间布置示意图。图 6-45 所示为某仓库槽式桥架安装效果。

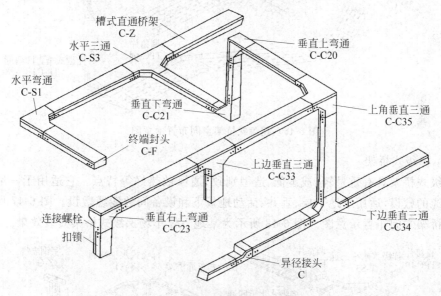

图 6-44 槽式桥架空间布置示意图

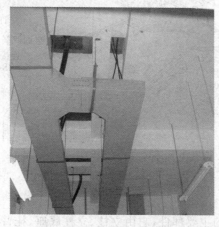

图 6-45 槽式桥架

（2）托盘式桥架

托盘式桥架具有重量轻、载荷大、造型美观、结构简单、安装方便、散热透气性好等优点,适用于地下层、吊顶内等场所。图 6-46 所示为托盘式桥架空间布置示意图。

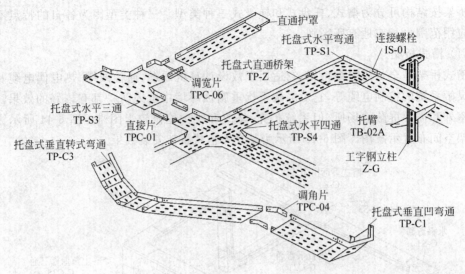

图 6-46　托盘式桥架空间布置示意图

（3）梯级式桥架

梯级式桥架具有重量轻、成本低、造型别致、通风散热好等特点。它适用于一般直径较大电缆的敷设,适用于地下层、垂井、活动地板下和设备间的线缆敷设。图 6-47 所示为梯级式桥架空间布置示意图。图 6-48 所示为某地下停车场梯级式桥架安装效果。

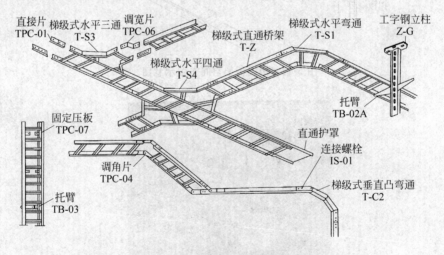

图 6-47　梯级式桥架空间布置示意图

（4）桥架（支架）

支架是支撑电缆桥架的主要部件,它由立柱、立柱底座、托臂等组成,可满足不同环境条件（工艺管道架、楼板下、墙壁上、电缆沟内）安装不同形式（悬吊式、直立式、单边、双边和多层等）的桥架,安装时还需连接螺栓和安装螺栓（膨胀螺栓）。图 6-49 所示为三种配线桥架吊装示意图。

图 6-48　梯级式桥架

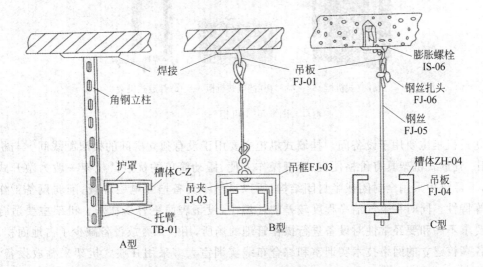

图 6-49　三种配线桥架吊装示意图

7）机柜

标准机柜广泛应用于综合布线配线产品、计算机网络设备、通信器材、电子设备的叠放。机柜具有增强电磁屏蔽、削弱设备工作噪音、减少设备地面面积占用的优点。对于一些高档机柜,还具备空气过滤功能,提高精密设备工作环境质量。很多工程级设备的面板宽度为 19in,所以 19in 的机柜是最常见的一种标准机柜。19in 标准机柜的种类和样式非常多,也有进口和国产之分,价格和性能差距也非常明显。同样尺寸不同档次的机柜价格可能相差数倍之多。用户选购机柜要根据安装堆放器材的具体情况和预算综合选择合适的产品。

标准机柜的结构比较简单,主要包括基本框架、内部支撑系统、布线系统和通风系统。19in 标准机柜外形有宽度、高度、深度 3 个常规指标。虽然对于 19in 面板设备安装宽度为 465.1mm,但机柜的物理宽度常见的产品为 600mm 和 800mm 两种。高度一般为 0.7～2.4m,根据柜内设备的多少和统一格调而定。常见的成品 19in 机柜高度为 1.0m、

1.2m、1.6m、1.8m、2.0m 和 2.2m。机柜的深度一般为 400～800mm。根据柜内设备的尺寸而定,常见的成品 19in 机柜深度为 500mm、600mm 和 800mm。通常厂商也可以根据用户的需求定制特殊宽度、深度和高度的产品。

从不同的角度可以将机柜进行不同的分类。

(1) 根据外形可将机柜分为立式机柜、挂墙式机柜和开放式机架三种,如图 6-50 所示。

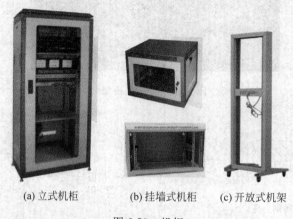

(a) 立式机柜　　　　　(b) 挂墙式机柜　　　　(c) 开放式机架

图 6-50　机柜

立式机柜主要用于设备间。挂墙式机柜主要用于没有独立房间的楼层配线间。与机柜相比,开放式机架具有价格便宜、管理操作方便、搬动简单的优点。机架一般为敞开式结构,不像机柜采用全封闭或半封闭结构,所以自然不具备增强电磁屏蔽、削弱设备工作噪音等特性。同时在空气洁净程度较差的环境中,设备表面更容易积灰。机架主要适合一些要求不高和要经常性对设备进行操作管理的场所,用它来叠放设备减少了占地面积。目前各高校建立的网络技术实训室和综合布线实训室大多采用开放式机架来叠放设备。这样既方便了学生实验操作又减少了空间占用。

(2) 从应用对象来看,除可分为布线型机柜(又称为网络型机柜)、服务器型机柜两种类型。

布线型机柜就是 19in 的标准机柜,它是宽度为 600mm,深度为 600mm。服务器型机柜由于要摆放服务器主机、显示器、存储设备等,和布线型机柜相比要求空间要大,通风散热性能更好。所以它的前门门条和后门一般都带透气孔,风扇也较多。根据设备大小和数量多少,宽度和深度一般要选择 600mm×800mm、800mm×600mm、800mm×800mm 机柜,甚至要选购更大尺寸的产品。

(3) 19in 标准机柜从组装方式来看,大致有一体化焊接型和组装型两种。

一体化焊接型价格相对便宜,焊接工艺和产品材料是这类机柜的关键,一些劣质产品遇到较重的负荷容易产生变形。组装型是目前比较流行的形式,包装中都是散件,需要时可以迅速组装起来,而且调整方便灵活性强。

19in 标准机柜内设备安装所占高度用一个特殊单位 U 表示,1U=44.45mm。使用 19in 标准机柜的设备面板一般都是按多少个 U 的规格制造。多少个 U 的机柜表示能容纳多少个 U 的配线设备和网络设备。普通型 24 口的交换机的高度通常为 1U 单位,思科 Cisco Catalyst 2950C-24 交换机和锐捷 RG-S2126S 千兆智能交换机高度也为 1U 单位。对于一些非标准设备,大多可以通过附加适配挡板装入 19in 机箱并固定。

8) 面板与底盒

信息插座面板用于在信息出口位置安装固定信息模块,插座面板有是英式、美式和欧式三种。国内普遍采用的是英式面板,为正方形 86mm×86mm 规格,常见有单口、双口型号,也有三口和四口的型号。另外面板一般为平面插口,也有设计成斜口插口的。如图 6-51 所示为各种式样的信息插座面板。

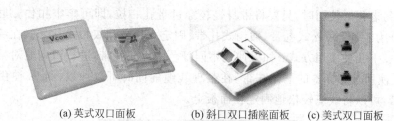

(a) 英式双口面板   (b) 斜口双口插座面板   (c) 美式双口面板

图 6-51   信息插座面板

英式信息插座面板分扣式防尘盖和弹簧防尘盖两大系列,1 位、2 位、4 位、斜口等品种。工作区信息插座面板有 3 种安装方式。

(1) 安装于地面上。要求安装于地面的金属底盒应当是密封的、防水、防尘并可带有升降的功能。此方法对于设计安装造价较高。并且由于事先无法预知工作人员的办公位置,也不知分隔板的确切位置,因此灵活性不是很好。

(2) 安装于分隔板上。此方法适于分隔板位置确定以后,安装造价较为便宜。

(3) 安装在墙上。当信息插座安装在墙上时,面板安装在接线底盒上,接线底盒有明装和暗装两种,明装盒安装在墙面上,用于对旧楼改造时很难或不能在墙壁内布线,只能用 PVC 线槽明铺在墙壁上,这种方式安装灵活但不美观。暗装盒预埋在墙体内,布线也是走预埋的线管。底盒一般是塑料材质,预埋在墙体里的底盒也有金属材料的。底盒一般有单底盒和双底盒两种,一个底盒安装一个面板,且底盒大小必须与面板制式匹配。接线底盒内有供固定面板用的螺孔,随面板配有将面板固定在接线底盒上的螺丝。底盒都预留了穿线孔,有的底盒穿线孔是通的,有的底盒多个方向预留有穿线位,安装时凿穿与线管对接的穿线位即可。如图 6-52 所示为单接线底盒及底盒与信息插座面板的安装方法。

9) 辅助材料(扎带、理线架)

当大量线缆进入机柜,端接到配线架上后,如果对线缆不加整理,至少会存在以下问题:双绞线本身具有一定的重量,几十根甚至上百根数米长的线缆给连接器施加拉力,有些连接点会因受力时间过长而造成接触不良;不便于管理;影响美观。因此采用理线架和扎带捆扎的方式来管理机柜内的线缆。

(1) 扎带。扎带分尼龙扎带与金属扎带,综合布线工程中使用的是尼龙扎带。尼龙扎带(见图 6-53)采用 UL 认可的尼龙 66 材料制成,防火等级为 94V-2,耐酸,耐蚀,绝缘

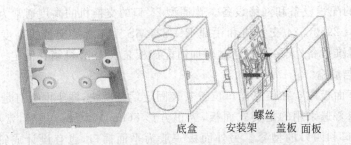

图 6-52　单接线底盒及底盒与信息插座面板的安装方法

性良好,不易老化。使用时,只要将带身轻轻穿过带孔一拉,即可牢牢扣住。尼龙扎带按坚固方式分为 4 种:可松式扎带、插销式扎带、固定式扎带和双扣式扎带。在综合布线系统中,它有以下几种使用方式:如果使用不同颜色的尼龙扎带,进行识别时对繁多的线路加以区分;使用带有标签的尼龙扎带,在整理线缆的同时可以加以标记;使用带有卡头的尼龙扎带,可以将线缆轻松地固定在面板上。

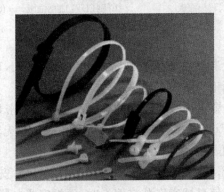

图 6-53　尼龙扎带

　　扎带使用时也可用专门工具,可以使扎带的安装使用极为简单省力;还可使用线扣将扎带和线缆等进行固定,它分粘贴型和非粘贴型两种。

　　(2)理线架。理线架的作用是为电缆提供平行进入 RJ-45 模块的通路,使电缆在压入模块之前不再多次直角转弯,减少了电缆自身的信号辐射损耗,同时也减少了对周围电缆的辐射干扰。由于理线架使水平双绞线有规律地、平行地进入模块,因此在今后线路扩充时,将不会因改变了一根电缆而引起大量电缆的更动,使整体可靠性得到保证,也提高了系统的可扩充性。图 6-54 所示为理线架产品。

图 6-54　理线架

在机柜中理线架能安装在三种位置。

① 垂直理线架（环）可安装于机架的上下两端或中部，完成线缆的前后双向垂直管理。

② 水平理线架（见图 6-55）安装于机柜或机架的前面，与机架式配线架搭配使用，提供配线架或设备跳线的水平方向的线缆管理。

图 6-55　机柜中使用水平理线架的效果

③ 机架顶部理线架（槽）可安装在机架顶部，线缆走机柜顶部进入机柜，为进出的线缆提供一个安全可靠的路径，包括 9 个管理环和 18in 的线缆管理带。

3. 常见布线工具

1）管槽与设备安装工具

从事综合布线的项目经理、网络工程师和布线工程师们在工程中往往存在这样的现象：重视线缆系统的安装而看轻、忽视管槽系统的安装，认为它技术含量低，是一种粗活、重活。在工程实际中，系统集成商往往将管槽系统设计好后，将管槽系统安装转包给其他工程队做，从而给工程质量带来隐患。管槽系统是综合布线的"面子"，起到保护线缆的作用，管槽系统的质量直接关系到整个布线工程的质量，很多工程质量问题往往出在管槽系统的安装上。在《GB 50312—2007　建筑与建筑群综合布线系统工程验收规范》中，管槽系统的安装质量标验占了相当的比重。

要提高管槽系统的安装质量，首先要熟悉安装施工工具，并掌握这些工具的使用。

综合布线管槽系统的施工工具很多，下面介绍一些常用的电动工具和设备，对简单电工和五金工具只列出名称。

电工工具箱是布线施工中必备的工具，它一般应包括有以下工具：钢丝钳、尖嘴钳、斜口钳、剥线钳、一字螺丝批、十字螺丝批、测电笔、电工刀、电工胶带、活扳手、呆扳手、卷尺、铁锤、凿子、斜口凿、钢锉、钢锯、电工皮带、工作手套等。工具箱中还应常备诸如水泥钉、木螺丝、自攻螺丝、塑料膨胀管、金属膨胀栓等小材料。图 6-56 所示为常见电工工具。

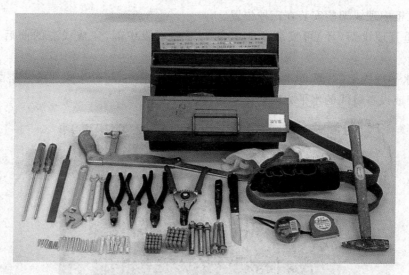

图 6-56 常见电工工具

常用管槽安装工具如表 6-7 所示。

表 6-7 管槽安装工具

图片		
名称	PVC 塑料裁管刀	线槽剪刀
图片		
名称	锯子	弯管弹簧
图片		
名称	金属管子切割器	管子台虎钳

2）线缆布线工具

（1）敷设工具

线缆在建设物垂井或室内外管道中敷设时,需要借助一些工具来完成,下面主要介绍穿线用的穿线器,牵引、垂放线缆用的线轴支架、牵引机和滑车等。

　　① 穿线器

　　当在建筑物室内外的管道中布线时,如果管道较长、弯头较多和空间较少,则要使用穿线器牵引线、绳。图 6-57(a)是一种室内小型穿线器,适用管道较短的情况。图 6-57(b)是一种玻璃钢穿线器,适用于管道较长的线缆敷设,主要用于在管道中牵引引导绳,高强度的玻璃钢杆具有非常高的拉伸强度,同时保持了灵活的弯曲性能。

(a) 室内穿线器　　　　　　　　　　(b) 玻璃钢穿线器

图 6-57　穿线器

　　② 线轴支架

　　大对数电缆和光缆一般都是包装在线缆卷轴上,放线时必须将线缆卷轴架设在线轴支架上,并从顶部放线。如图 6-58 所示为液压线轴支架。

　　③ 滑车

　　当线缆从上而下垂放电缆时,为了保护线缆,需要一个滑车,保障线缆从线缆卷轴拉出后经滑车平滑地往下放线。如图 6-59(a)所示为朝天钩式滑车,它安装在垂井的上方;如图 6-59(b)所示为三联井口滑车,它安装在垂井的井口。

(a) 朝天钩式滑车　　　　(b) 三联井口滑车

图 6-58　液压线轴支架　　　　　　　　　　图 6-59　滑车

④ 牵引机

当大楼主干布线采用由下往上敷设时,就需要用牵引机向上牵引线缆。牵引机有手摇式牵引机和电动牵引机两种,当大楼楼层较高和线缆数量较多时使用电动牵引机,当楼层较低且线缆数量少而轻时可用手摇牵引机。如图 6-60(a)所示为一款电动牵引机,电动牵引机能根据线缆情况通过控制牵引绳的松紧随意调整牵引力和速度,牵引机的拉力计可随时读出拉力值,并有重负荷警报及过载保护功能。如图 6-60(b)所示为手摇式牵引机,它是两级变速棘轮机构,安全省力,是最经济的选择。

(a)电动牵引机　　　　　(b) 手摇式牵引机

图 6-60　牵引机

(2).端接工具

① 双绞线端接工具

常用的双绞线端接工具主要有以下几种。

a. 剥线钳

工程技术人员往往直接用压线工具上的刀片来剥除双绞线的外套,他们凭经验来控制切割深度,这就留下了隐患,一不小心切割线缆外套时就会伤及导线的绝缘层。由于双绞线的表面是不规则的,而且线径存在差别,所以采用剥线器剥去双绞线的外护套更安全可靠。剥线钳使用高度可调的刀片或利用弹簧张力来控制合适的切割深度,保障切割时不会伤及导线的绝缘层。剥线钳有多种外观,如图 6-61 所示。

图 6-61　剥线钳

b. 压线工具

用来压接 8 位的 RJ-45 插头和 4 位、6 位的 RJ-11、RJ-12 插头。它可同时提供切和剥的功效。其设计可保证模具齿和插头的角点精确地对齐,通常的压线工具都是固定插头的,有 RJ-45 或 RJ-11 单用的也有双用的,图 6-62(a)所示为 RJ-45 单用压线工具,图 6-62(b)所示为 RJ-45/RJ-11 双用压线工具。市场上还有手持式模块化插头压接工具,它有可替换的 8 位 RJ-45 和 4 位、6 位的 RJ-11、RJ-12 压模。除手持式压线工具外,还有工业应用级的模式化插头自动压接仪。

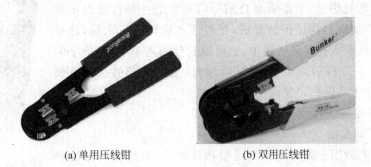

(a) 单用压线钳　　　　　　　　(b) 双用压线钳

图 6-62　压线钳

c. 110 打线工具

打线工具用于将双绞线压接到信息模块和配线架上,信息模块配线架是采用绝缘置换连接器(IDC)与双绞线连接的,IDC 实际上具有 V 形豁口的小刀片,当把导线压入豁口时,刀片割开导线的绝缘层,与其中的导体形成接触。打线工具由手柄和刀具组成,它是两端式的,一端具有打接及裁线的功能,裁剪掉多余的线头,另一端不具有裁线的功能,工具的一面显示清晰的 CUT 字样,使用户可以在安装的过程中容易识别正确的打线方向。手柄握把具有压力旋转钮,可进行压力大小的选择。如图 6-63 所示为 110 单对打线工具。

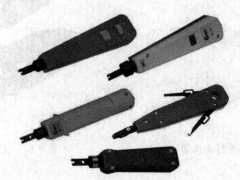

图 6-63　110 单对打线工具

除了 110 单对打线工具,还有一款 5 对 110 打线工具,如图 6-64 所示。它是一种多功能端接工具,适用于线缆、跳接块及跳线架的连接作业,端接工具和体座均可替换,打线头通过翻转可以选择切割或不切割线缆。工具的腔体由高强度的铝涂以黑色保护漆构成,手柄为防滑橡胶,并符合人体工程学设计,工具的一面显示清晰的 CUT 字样,使用户可以在安装的过程中容易识别正确的打线方向。

图 6-64　5 对 110 打线工具

d. 手掌保护器

把网线的 4 对芯线卡入信息模块的过程比较费劲，并且由于信息模块容易划伤手，于是就有公司专门开发的一种打线保护装置，将信息模块嵌套在保护装置后，在对信息模块进行压接，这样既方便把网线卡入到信息模块中，也可以起到隔离手掌，保护手的作用。如图 6-65 所示为手掌保护器（注意，上面嵌套的是信息模块，下面部分才是保护装置）。

图 6-65　手掌保护器

② 光纤端接工具

a. 光纤剥离钳

光纤剥离钳用于剥离光纤涂覆层和外护层，光纤剥离钳的种类很多，如图 6-66 所示为双口光纤剥离钳，它具有双开口、多功能的特点。钳刃上的 V 形口用于精确剥离 $250\mu m$、$500\mu m$ 涂敷层以及 $900\mu m$ 缓冲层。第二开孔用于剥离 3mm 尾纤外护层。所有的切端面都有精密的机械公差以保证干净、平滑地操作。不使用时可使刀口锁在关闭状态。

b. 光纤连接器压接钳

光纤连接器压接钳用于压接 FC、SC 和 ST 连接器，如图 6-67 所示。

图 6-66　双口光纤剥离钳

图 6-67　光纤连接器压接钳

c. 光纤切割工具

用于单模和多模光纤的切割，包括通用光纤切割刀和光纤切割笔。其中，通用光纤切割刀用于光纤的精密切割，如图 6-68 所示。光纤切割笔用于光纤的简易切割，如图 6-69 所示。

d. 单芯光纤熔接机

熔接机采用芯对芯标准系统进行快速、全自动熔接，如图 6-70 所示为单芯光纤熔接机。它配备有双摄像头和 5in 高清晰度彩显，能进行 X、Y 轴同步观察。深凹式防风盖，在 15m/s 的强风下能进行接续工作，可以自动检测放电强度，放电稳定可靠，能够进行自动光纤类型识别，自动校准熔接位置自动选择最佳熔接程序，自动推算接续损耗。其选件及必备件有：主机、AC 转换器/充电器、AC 电源线、监视器罩、电极棒、便携箱、操作手册、精密光纤切割刀、充电/直流电源和涂覆层剥皮钳。

图 6-68 通用光纤切割刀

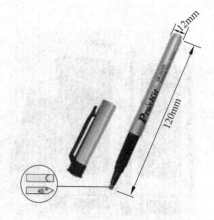

图 6-69 光纤切割笔

其他光纤工具还有：光纤固化加热炉、手动光纤研磨工具、光纤头清洗工具、FT300 光纤探测器、常用光纤工具包等，在此不逐一介绍。

3）验收测试工具

布线系统的现场测试包括验证测试和认证测试。验证测试是测试所安装的双绞线的通断和长度测试，认证测试除了验证测试的全部内容外还包括对线缆电气性能如衰减、近端串扰等指标的测试。因此布线测试仪也就分为两种类型：验证测试仪和认证测试仪。

图 6-70 单芯光纤熔接机

验证测试仪用于施工的过程中，由施工人员边施工边测试，以保证所完成的每一个连接的正确性。此时只测试电缆的通断、电缆的打线方法、电缆的长度以及电缆的走向。下面介绍 3 种典型的验证测试仪表。

（1）简易布线通断测试仪

简易布线通断测试仪是最简单的电缆通断测试仪，包括主机和远端机，如图 6-71 所示。测试时，线缆两端分别连接上主机和远端机，就能判断双绞线 8 芯线的通断情况，但不能定位故障点的位置。

（2）MicroMapper 电缆线序检测仪

MicroMapper 电缆线序检测仪如图 6-72 所示。它是一款小型手持式验证测试仪，可以方便地验证双绞线电缆的连通性，包括检测开路、短路、跨接、反接以及串绕等问题。只须按动测试（TEST）按键，线序仪就可以自动地扫描所有线对并发现所有存在的线缆问题。当与音频探头（MicroProbe）配合使用时，MicroMapper 内置的音频发生器可追踪到穿过墙壁、地板、天花板的电缆。线序仪还有一个远端，因此一个人就可以方便地完成电缆和用户跳线的测试。

图 6-71　简易布线通断测试仪

图 6-72　FLUKE 公司的 MicroMapper
电缆线序检测仪

（3）MicroScanner Pro 电缆验证仪

MicroScanner Pro 电缆验证仪如图 6-73 所示。它是一种功能强大、专为防止以及解决电缆安装问题而设计的工具，它可以检测电缆的通断、电缆的连接线序、电缆故障的位置，从而节省了安装的时间和金钱。MicroScanner Pro 可以测试同轴线（RG6、RG59 等 CATV/CCTV 电缆）以及双绞线（UTP/STP/SSTP），并可诊断其他类型的电缆，如语音传输电缆、网络安全电缆或电话线。它产生4 种音调来确定墙壁中、天花板上或配线间中电缆的位置。

图 6-73　FLUKE 公司的 MicroScanner
Pro 电缆验证仪

6.1.2　施工前的准备工作

在综合布线系统安装施工前，必须做好各项准备工作，做到有计划、有步骤地进行施工，这对于确保工程的施工进度和工程质量是非常重要的。主要应做好以下几项准备工作。

1. 熟悉掌握和全面了解设计文件和图纸

施工单位接受综合布线系统工程安装施工项目后，首先要做好以下两点。

（1）对工程设计文件和施工图纸详细阅览。对其中的主要内容，如设计说明、施工图纸和工程概算等部分要认真核对，尤其是在技术上有无问题、安装施工中有无困难、与其他工程有无矛盾等，必要时可以会同设计人员到现场，以求解决安装施工的难题。

（2）会同设计单位现场核对施工图纸进行安装施工技术交底。设计单位有责任向施工单位对设计文件和施工图纸的主要设计意向和各种因素考虑进行介绍。经过现场技术交底，施工单位应全面了解工程全部施工的基本内容。

2. 现场调查工程环境的施工条件

现场调查工程环境的施工条件可以与设计单位一起进行，也可以由施工单位自己单独调查。在现场调查中必须注意以下几点。

(1) 由于综合布线系统的线缆大部分是采用隐蔽的敷设方式，在设计中一般不可能全部做到具体和细致。因此，应对建筑结构，例如吊顶、地板、电缆竖井和技术夹层等建筑结构、空间尺寸等进行调查了解，以便真正全面掌握各个安装场合敷设线缆的可能性和难易程度，这对决定选择线缆路由和敷设位置有极大的帮助。

(2) 在现场调查中要查看布线是否符合设计的线缆敷设路由，设备安装位置是否正确适宜，有无安装施工的足够空间或需要采取补救措施或变更设计方案。预留的暗管、地槽、孔洞的数量位置、规格尺寸是否符合设计中的规定要求。

(3) 对于设备间和干线交换间等专用房间，必须对其环境条件和建筑工艺进行调查和检验，只有具备条件时，才能安装施工。

3. 编制安装施工进度顺序和施工组织计划

根据综合布线系统工程设计文件和施工图纸的要求，结合施工现场的客观条件、设备器材的供应和施工人员的数量等情况，安排施工进度计划和编制施工组织设计，力求做到合理有序地进行安装施工。

4. 施工工具的准备

在综合布线系统工程中所用的施工工具是进行安装施工的必要条件，随着施工环境和安装工序的不同，有不同类型和品种的工具。例如，建筑群子系统的线缆敷设是室外施工，主要用到挖掘沟槽的工具，如铁锹、十字镐、电镐等；室内施工主要用到登高工具，如梯子、高凳等；牵引线缆的工具有牵引绳索、牵引缆套、拉线转环，滑车轮和防磨装置、人工牵引器和电动牵引绞车等；安装工具有射钉枪、切割机、电钻和人工活动扳手等。在安装施工前应对上述各种工具进行清点和检验。

5. 对工程所需的设备、器料进行检验

1) 设备、器料的检验

对工程中所用的设备、缆线等主要器材的规格、型号和数量进行检验，看是否符合设计文件固定的要求，不符合规定的设备和缆线不得在工程中使用。缆线的外护层必须检查有无破损，对缆线的各项技术性能和参数必须经检查合格后才允许使用。配线设备和其他插接件都必须符合我国现行标准规定的要求。

2) 双绞线线缆的质量优劣的辨别方法

目前是市场上的布线产品良莠不齐，甚至还有许多假冒伪劣产品，把好线缆的进货质量关，是保障综合布线系统质量的关键。可以用"摸、看、烧、测"的方法对线缆质量的优劣进行辨别，具体为下面几个方面。

(1) "摸"：用手感觉双绞线线缆

双绞线电缆使用铜线作为导线芯，电缆质地比较软，在施工中小角度弯曲方便，而一些不法厂商在生产时为了降低成本，在铜中添加了其他金属元素，做出来的导线比较硬，不易弯曲，使用时容易产生断线。

（2）"看"：查看双绞线线缆的标识文字、线对色标、绕线密度

① 查看标识文字

电缆的塑料包皮上都印有生产厂商、产品型号、产品规格、认证、长度、生产日期等文字，正品印刷的字符非常清晰、圆滑，基本上没有锯齿。假货的字迹印刷质量较差，有的字体不清晰，有的呈严重锯齿状。

② 查看线对色标

线对中白色线不应是纯白的，而是带有与之成对的那条芯线颜色的花白，这主要是为了方便用户使用时区别线对，而假货通常是纯白色或者花色不明显。

③ 查看线对绕线密度

双绞线的每对线都绞合在一起，正品电缆绕线密度适中均匀，方向是逆时针，且各线对绕线密度不一。次品和假货通常绕线密度很小且 4 对线的绕线密度可能一样，方向也可能会是顺时针，这样，制作工艺容易且节省材料，减少了生产成本，所以次品和假货价格非常便宜。

（3）"烧"：用火烧

将双绞线放在高温环境中测试一下，看看在 35～40℃时，双绞线塑料外护套会不会变软，正品双绞线是不会变软的，假的就不一定了。如果订购的是 LSOH（低烟无卤型）材料和 LSHF-FR（低烟无卤阻燃型）材料的双绞线，在燃烧过程中，正品双绞线释放的烟雾低，并且有毒卤素也低，LSHF-FR 型还会阻燃；而次品和假货可能就烟雾大，不具有阻燃性，不符合安全标准。

（4）"测"：抽测线缆的性能指标

双绞线一般以 305m（1000ft）为单位包装成箱。最好的性能抽测方法是使用 FLUKE 认证测试仪配上整轴线缆测试适配器。整轴线缆测试适配器是 FLUKE 公司推出的线轴电缆测试解决方案，可以让用户在线轴中的电缆被截断和端接之前对它的质量进行评估测试。找到露在线轴外边的电缆头，剥去电缆的外皮 3～5cm，剥去每条导线的绝缘层约 3mm，然后将其一个个地插入到特殊测试适配器的插孔中，启动测试。只需数秒钟，测试仪就可以给出线轴电缆关键参数的详细评估结果。如果没有以上条件，也可随机抽出几箱电缆，从每箱中截出 90m 长的电缆，测试其电气性能指标，从而比较准确地测试双绞线的质量。

6.1.3　管槽系统施工

管槽系统是综合布线系统工程中必不可少的辅助设施，它为敷设线缆服务。管槽系统的安装方式已在综合布线各子系统设计时作过讲述，不管采用前面讲过的何种敷设线管线槽的方式，都必须按照技术规范进行施工。

1. 管槽安装基本要求

（1）走最短距离的路径。管槽是敷设线缆的通道，它决定了线缆的布线路径。走距离最短的路径，不仅节约了管槽和线缆的成本，更重要的是链路越短，衰减等电气性能指标越好。

（2）管槽路由与建筑物基线保持一致。设计布线路由时同时也要考虑便于施工和便

于操作,但综合布线中很可能无法使用直线管路。在直线路径中可能会有许多障碍物,比较合适的走线方式是与建筑物基线保持一致,以保持建筑物的整体美观度。

（3）横平竖直,弹线定位。为使安装的管槽系统横平竖直,施工中可考虑弹线定位。根据施工图确定的安装位置,从始端到终端(先垂直干线定位再水平干线定位)找好水平或垂直线,用墨线袋沿线路中心位置弹线。

2. 金属管的安装

（1）金属管的加工要求

金属管应符合设计文件的规定,表面不应有穿孔,裂缝和明显的凹凸不平,内壁应光滑,不允许有锈蚀。

现场加工应符合下列要求。

① 为了防止在穿电缆时划伤电缆,管口应无刺和锐棱角。

② 为了减少直埋管在沉陷时管口处对电缆的剪切力,金属管口宜做成喇叭形。

③ 金属管在弯制后,不应有裂缝和明显的凹瘪现象。若弯曲程度过大,将减少线管的有效直径,造成穿线困难。

④ 金属管的弯曲半径不应小于所穿入电缆的最小允许弯曲半径。

⑤ 镀锌管锌层剥落处应涂防腐漆,以增加使用寿命。

（2）金属管的切割套丝

在配管时,应根据实际需要长度对管子进行切割。可使用钢锯、管子切割刀或电动切管机,严禁使用气割。管子和管子连接,管子和接线盒、配线箱连接,都需要在管子端部套丝。套丝可用管子丝板或电动套丝机。套完丝后,应随即清扫管口,将管口端面和内壁的毛刺用锉刀锉光,使管口保持光滑,避免破线缆护套。

（3）金属管的弯曲

在敷设金属线管时应尽量减少弯头,每根金属管的弯头不宜超过 3 个,直角弯头不应超过 2 个,并不应有 S 弯出现,对于截面较大的电缆不允许有弯头,可采用内径较大的管子或增设拉线盒。

（4）金属管的连接

金属管连接应牢固,密封良好,两管口应对准。套接的短套管或带螺纹的管接头的长度,不应小于金属管外径的 2.2 倍。管接头处应以铜线作可靠连接,以保证电器接地的连续。金属管连接不宜采取直接对焊的方式。金属管进入接线盒后,可用缩紧螺母或带丝扣管帽固定,露出缩紧螺母的丝扣为 2～4 扣,或者采用铜杯臣与梳结来连接金属管与接线盒,但都应保证接线盒内露出的长度要小于 5mm。

（5）金属管的敷设保护要求

金属管暗敷设时应符合下列要求。

① 预埋在墙体中间的金属管内径不宜超过 50mm,楼板中的管径宜为 15～20mm,直线布管每 30m 处应设暗线盒。

② 暗管的转弯角度应大于 90°,在路径上每根暗管的转弯角不得多于 2 个,并不应有 S 弯出现,有转弯的管段长度超过 20m 时,应设置管线过线盒装置;有 2 个弯时,不超过 15m,应设置过线盒。

③ 暗管管口应光滑,并加有护口保护,管口伸出部位宜为 25～50mm。

④ 至楼层电信间暗管的管口应排列有序,便于识别与布放线缆。

⑤ 暗管内应安置牵引线或拉线。

⑥ 金属管明敷时,在距接线盒 300mm 处,弯头处的两端,每隔 3m 处应采用管卡固定。

⑦ 管路转弯的曲半径不应小于所穿入线缆的最小允许弯曲半径,并且不应小于该管外径的 6 倍,如暗管外径大于 50mm 时,不应小于 10 倍。

⑧ 光缆与电缆同管敷设时,应在暗管内预置塑料子管。将光缆敷设在子管内,使光缆和电缆分开布放。子管的内径应为光缆外径的 2.5 倍。

3. 金属线槽的安装

(1) 金属线槽的安装要求

① 线槽的规格尺寸、组装方式和安装位置均应按设计规定和施工图的要求。线缆桥架底部应高于地面 2.2m 及以上,顶部距建筑物楼板不宜小于 300mm,与梁及其他障碍物交叉处间的距离不宜小于 50mm。

② 线缆桥架水平敷设时,支撑间距宜为 1.5～3m。垂直敷设时固定在建筑物结构体上的间距宜小于 2m,距地 1.8m 以下部分应加金属盖板保护,或采用金属走线柜包封,门应可开启。

③ 直线段线缆桥架每超过 15～30m 或跨越建筑物变形缝时,应设置伸缩补偿装置。

④ 金属线槽敷设时,在下列情况下应设置支架或吊架:线槽接头处;每间距 3m 处;离开线槽两端出口 0.5m 处;转弯处。吊架和支架安装应保持垂直,整齐牢固,无歪斜现象。

⑤ 线缆桥架和线缆线槽转弯半径不应小于槽内线缆的最小允许弯曲半径,线槽直角弯处最小弯曲半径不应小于槽内最粗线缆外径的 10 倍。

⑥ 桥架和线槽穿过防火墙体或楼板时,线缆布放完成后应采取防火封堵措施。

⑦ 线槽安装位置应符合施工图规定,左右偏差不应超过 50mm,线槽水平度每米偏差不应超过 2mm,垂直线槽应与地面保持垂直,应无倾斜现象,垂直度偏差不应超过 3mm。

⑧ 线槽之间用接头连接板拼接,螺钉应拧紧。两线槽拼接处水平偏差不应超过 2mm。

⑨ 盖板应紧固,并且要错位盖槽板。

⑩ 线槽截断处及两线槽拼接处应平滑、无毛刺。

⑪ 金属桥架、线槽及金属管各段之间应保持连接良好,安装牢固。

⑫ 采用吊顶支撑柱布放线缆时,支撑点宜避开地面沟槽和线槽位置,支撑应牢固。

⑬ 为了防止电磁干扰,宜用辫式铜带把线槽连接到其经过的设备间或楼层配线间的接地装置上,并保持良好的电气连接。

⑭ 吊顶支撑柱中电力线和综合布线线缆合一布放时,中间应有金属板隔开,间距应符合设计要求。

⑮ 当综合布线线缆与大楼弱电系统线缆采用同一线槽或桥架敷设时,子系统之间应采用金属板隔开,间距应符合设计要求。

（2）预埋金属线槽安装要求

① 在建筑物中预埋线槽,宜按单层设置,每一路由进出同一过路盒的预埋线槽均不应超过 3 根,线槽截面高度不宜超过 25mm,总宽度不宜超过 300mm。线槽路由中若包括过线盒和出线盒,截面高度宜在 70～100mm 范围内。

② 线槽直埋长度超过 30m 或在线槽路由交叉、转弯时,宜设置过线盒,以便于布放线缆和维修。

③ 过线盒盖能开启,并与地面齐平,盒盖处应具有防灰与防水功能。

④ 过线盒和接线盒盒盖应能抗压。

⑤ 从金属线槽至信息插座模块接线盒间或金属线槽与金属钢管之间相连接时的线缆宜采用金属软管敷设。

4. PVC 线槽的安装

PVC 线槽安装具体表现为 4 种方式:在天花板吊顶采用吊杆或托式桥架、在天花板吊顶外采用托架桥架敷设、在天花板吊顶外采用托架加配固定槽敷设和在墙面上明装。

采用托架时一般在 1m 左右安装一个托架,采用固定槽时一般 1m 左右安装固定点。固定点是指把槽固定的地方,根据槽的大小来设置间隔。

（1）对于 25mm×20mm、25mm×30mm 规格的槽,一个固定点应有 2～3 个固定螺钉并水平排列。

（2）对于 25mm×30mm 以上的规格槽,一个固定点应有 3～4 固定螺钉,呈梯形状,使槽受力点分散分布。

（3）除了固定点外应每隔 1m 左右钻 2 个孔,用双绞线穿入,待布线结束后,把所布的双绞线捆扎起来。

在墙面明装 PVC 线槽,线槽固定点间距一般为 1m,有直接向水泥中钉螺钉和先打塑料膨胀管再钉螺钉两种固定方式。

水平干线、垂直干线布槽的方法是一样的,差别在一个是横布槽一个是竖布槽。在水平干线与工作区交接处不易施工时,可采用金属软管(蛇皮管)或塑料软管连接。

6.1.4 机柜、机架及内部设备的安装

1. 机柜(架)的安装

目前,国内外所有配线设备的外形尺寸基本相同,其宽度均采用 19in 标准机柜或机架,尺寸通常为 600mm(宽)×900mm(深)×2000mm(高),共有 42U 的安装空间。这样有利于设备统一布置和安装施工。

机柜、机架安装应符合下列要求。

（1）机柜与设备的排列布置、安装位置和设备朝向都应符合设计要求,并符合实际测定后的机房平面布置图中的要求。

（2）机柜、机架安装位置应符合设计要求,安装应竖直,柜面水平,垂直偏差不大于 0.1%,水平偏差度不应大于 3mm。

（3）机柜、机架上的各种零件不得脱落或碰坏,漆面不应有脱落及划痕,各种标志应完整、清晰。

（4）机柜、机架的安装应牢固，如有抗震要求，应按抗震设计进行加固。各种螺钉必须拧紧，无松动、缺少、损坏或锈蚀等缺陷，机柜更不应有摇晃现象。

（5）为便于施工和维护人员操作，机柜和设备前应预留 1500mm 的空间，其背面距离墙面应大于 800mm，以便人员施工、维护和通行。相邻机柜设备应靠近，同列机柜和设备的机面应排列平齐，如图 6-74 所示。

图 6-74　机房机柜安装效果图

（6）建筑群配线架或建筑物配线架如采用单面配线架的墙上安装方式时，要求墙壁必须坚固牢靠，能承受机柜重量，其机柜柜底距地面宜为 300～800mm，或视具体情况而定。其接线端子应按电缆用途划分连接区域以方便连接，并设置标志以示区别。

2．机柜（架）内设备的安装

（1）合理安排网络设备和配线设备的摆放位置，主要考虑网络设备的散热和配线设备的缆线接入，一般采用上层网络设备、下层配线设备的安装方式。

（2）各部件应完整，安装就位，标志齐全。

（3）安装螺丝必须拧紧，面板应保持在一个平面上。

（4）入机柜的缆线须用扎带和专用固定环固定，确保整齐美观和管理方便。

（5）柜中的所有设备都须与机柜金属框架有效连接，设备可通过机柜与接地线连接地，最好每台设备直接与接地排连接。

6.1.5　双绞线施工

在综合布线工程中，双绞线主要安装在建筑物内，双绞线安装质量的好坏，直接关系到综合布线系统能否通过系统的性能测试，达到设计要求。双绞线的施工包括双绞线的敷设和双绞线的端接。

1．双绞线敷设

1）双绞线敷设的基本要求

（1）槽道检查

在布放双绞线线缆之前，对线缆经过的所有路由进行检查，清除槽道连接处的毛刺和突出尖锐物,清理掉槽道里的铁屑、小石块、水泥碴等杂物,保障一条平滑畅通的槽道。

(2) 文明施工

在槽道中敷设线缆应采用人工牵引,牵引速度要慢,不宜猛拉紧拽,以防止线缆外护套发生被磨、刮、蹭、拖等损伤。不要在布满杂物的地面大力抛摔和拖放电缆。禁止踩踏电缆。布线路由较长时,要多人配合平缓地移动,特别在转角处安排人值守理线。线缆的布放应自然平直,不得产生扭绞、打圈、接头等现象,不应受外力的挤压和损伤。

(3) 放线记录

为了准确核算线缆用量,充分利用线缆,对每箱线从第一次放线起,做一个放线记录表。线缆上每隔两英尺有一个长度记录,一箱线长 1000in(约 305m)。每个信息点放线时记录开始处和结束处的长度,这样对本次放线的长度和线箱中剩余线缆的长度一目了然,并将线箱中剩余线缆布放至合适的信息点。放线记录表如表 6-8 所示。放线记录表规范的做法是采用专用的记录纸张,简单的做法是写在包装箱上。

表 6-8　放线记录表

线箱编号		起始长度		电缆总长度	
序号	信息点名称	起始长度	结束长度	使用长度	剩余长度

(4) 线缆应有余量以适应终接、检测和变更

绞电缆预留长度在工作区宜为 3~6cm,在电信间宜为 0.5~2m,在设备间宜为 3~5m;有特殊要求的应按设计要求预留长度。

(5) 桥架及线槽内线缆绑扎要求

① 槽内电缆布放应平齐顺直、排列有序、尽量不交叉,在电缆进出线槽部位、转弯处应绑扎固定。

② 电缆桥架内点看垂直敷设时,在电缆上端和每间隔 1.5m 处固定在桥架的支架上;水平敷设时,在电缆的首、尾、转弯及每间隔 5~10m 处进行固定。

③ 在水平、垂直桥架中敷设电缆时,应对电缆进行绑扎。对双绞电缆、光缆及其他信号点看应根据线缆的类别、数量、缆径、线缆芯数分束绑扎。绑扎间距不宜大于 1.5m,间距应均匀,不宜绑扎过紧和使线缆挤压。

(6) 电缆转弯时弯度半径应符合下列规定

① 非屏蔽 4 对双绞线电缆的弯曲半径应至少为电缆外径的 4 倍。

② 屏蔽 4 对双绞线电缆的弯曲半径应至少为电缆外径的 8 倍。

③ 主干双绞线电缆的弯曲半径应至少为电缆外径的 10 倍。

(7) 双绞线线缆和其他管线的距离

电缆尽量远离其他管线,与电力电缆及其他管线的距离要符合表 3-17~表 3-19 的规定。

(8) 预埋线槽和暗管敷设电缆应符合下列规定

① 敷设线槽和暗管的两端宜用标志表示出标号等内容。

② 预埋线槽宜采用金属线槽,预埋或密封线槽的截面利用率应为 30%~50%。

③ 敷设暗管宜采用钢管或阻燃聚氯乙烯硬质管。布放大对数主干电缆及 4 芯以上双绞线时,直线管道的管径利用率应为 50%～60%,弯管道应为 40%～50%。暗管布放 4 对双绞线电缆的 4 芯及以下光缆时,管道的截面利用率应为 25%～30%。

（9）拉绳缆速度和拉力

拉绳缆的速度从理论上讲,线的直径越小,拉的速度越快。快速拉绳会造成电缆的缠绕和被绊住,拉力过大,电缆变形,会引起电缆传输性能下降。电缆最大允许拉力如下。

① 一根 4 对双绞线电缆,拉力为 100N。

② 两根 4 对双绞线电缆,拉力为 150N。

③ 三根 4 对双绞线电缆,拉力为 200N。

④ 多根 4 对双绞线电缆,拉力为 $(n \times 50 + 50)$N。

⑤ 不管多少根双绞线线缆,最大拉力不能超过 400N。

（10）双绞线牵引

当同时布放的电缆数量较多时,就要采用电缆牵引。电缆牵引就是用一条拉绳或一条软钢丝绳将电缆牵引穿过墙壁管路、天花板和地板管路。牵引时拉绳与电缆的连接点应尽量平滑,所以要采用电工胶带紧紧地缠绕在连接点外面,以保证平滑和牢固。

拉绳在电缆上固定的方法有拉环、牵引夹和直接将拉绳系在电缆上三种方式。

尽可能保持电缆的结构是敷设双绞线时的基本原则,如果是少量电缆,可以在很长的距离上保持线对的几何结构,如果是大量的捆扎在一起的电缆,可能会产生挤压变形。

2）双绞线的敷设

（1）水平双绞线敷设

① 暗道布线

暗道布线是在浇筑混凝土时已把管道预埋好地板管道,管道内有牵引电缆的钢丝或铁丝,安装人员只需索取图纸来了解地板的布线管道系统,确定"路径在何处",就可以做出施工方案了。

② 吊顶内布线

水平布线最常用的方法是在吊顶内布线,具体施工步骤如下:确定布线路由,沿着所设计的路由打开天花板,用双手推开每块镶板,多条 4 对双绞线电缆很重,为了减轻压在吊顶上的压力,可使用 J 形钩、吊索及其他物来支撑。然后加标注,在箱上写标注,在电缆的末端注上标号,从离管理间最远的一端开始一直拉到管理间。最后,将线缆整理进机柜。

③ 墙壁线槽布线

墙壁线槽布线是一种短距离明敷方式。当已建成的建筑物中没有暗敷管槽时,只能采用明敷线槽或将电缆直接敷设,在施工中应尽量把电缆固定在隐蔽的装饰线下或不易碰触的地方,以保证电缆安全。步骤如下:确定布线路由,沿着路由方向放线(讲究直线美观),线槽每隔 1m 要安装固定螺钉,然后开始布线(布线时线槽容量为 70%),最后盖塑料盖,注意应错位盖。

（2）垂直主干双绞线敷设

建筑物垂直主干线缆布线的路由在建筑物设备间到各楼层管理间之间。在新的建筑物中,通常在每一层同一位置都有封闭型的小房间,称为弱电井(弱电间),如图 6-75 所示。在弱电间有一些方形的槽孔和较小套筒圆孔,这些孔从建筑物最高层直通地下室,用来敷设主干线缆,需要注意的是,若利用这样的弱电竖井敷设线缆时,必须对线缆进行固定保护,楼层之间要采取防火措施。对没有竖井的旧式大楼进行综合布线一般是重新铺设金属线槽作为竖井。

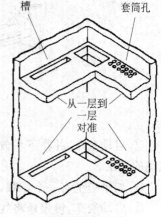

图 6-75 弱电井

在竖井中敷设干线电缆一般有两种方法。

① 向下垂放电缆。

② 向上牵引电缆。

相比较而言,向下垂放比向上牵引容易。当电缆盘比较容易搬运上楼时,采用向下垂放电缆;当电缆盘过大、电梯装不进去或大楼走廊过窄等情况导致电缆不可能搬运至较高楼层时,只能采用向上牵引电缆。

向下垂放线缆的一般步骤如下。

① 把线缆卷轴放到最顶层。

② 在离房子的开口(孔洞处)3～4m 处安装线缆卷轴,并从卷轴顶部馈线,如图 6-76 所示。

③ 在线缆卷轴处安排所需的布线施工人员(人数视卷轴尺寸及线缆质量而定);另外,每层楼上要有一个工人,以便引寻下垂的线缆。

④ 旋转卷轴,将线缆从卷轴上拉出。

⑤ 将拉出的线缆引导进竖井中的孔洞。在此之前,先在孔洞中安放一个塑料的套状保护物,以防止孔洞不光滑的边缘擦破线缆的外皮,如图 6-77 所示。

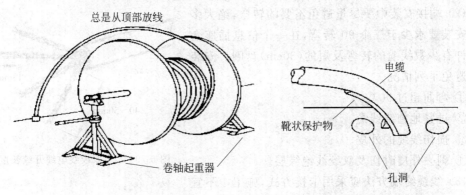

图 6-76 安装电缆卷轴   图 6-77 电缆保护装置

⑥ 慢慢地从卷轴上放缆并进入孔洞向下垂放,注意速度不要过快。

⑦ 继续放线,直到下一层布线人员将线缆引到下一个孔洞。

⑧ 按前面的步骤继续慢慢地放线,并将线缆引入各层的孔洞,直至线缆到达指定楼层进入横向通道。

向上牵引线缆需要使用电动牵引绞车,如图 6-78 所示。一般步骤如下。

① 按照线缆的质量,选定绞车型号,并按绞车制造厂家的说明书往绞车中穿一条绳子。

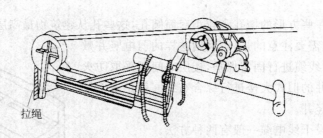

拉绳

图 6-78　电动牵引绞车

② 启动绞车,并往下垂放一条拉绳(确认此拉绳的强度能保护牵引线缆),直到安放线缆的底层。

③ 如果缆上有一个拉眼,则将绳子连接到此拉眼上。

④ 启动绞车,慢慢地将线缆通过各层的孔向上牵引。

⑤ 缆的末端到达顶层时,停止绞车。

⑥ 在地板孔边沿上用夹具将线缆固定。

⑦ 当所有连接制作好之后,从绞车上释放线缆的末端。

2. 双绞线端接

1) 双绞线连接基本要求

(1) 终端和连接顺序的施工要规范操作,线缆剥除外护套长度够端接用即可,最大暴露双绞线长度为 40~50mm;终接在连接硬件上的线对应尽量保持扭绞状态,非扭绞长度,3 类线必须小于 25mm,5 类线必须小于 13mm。图 6-79 所示为 5 类双绞线电缆的开绞长度。

(2) 端接安装中要尽量避免不要的转弯,绝大多数的安装要求少于三个 90°转弯,在一个信息插座盒中允许有少数线缆的转弯及短的(30cm)盘圈。安装时要避免下列情况。

① 弯曲超过 90℃。

② 过紧地缠绕线缆。

③ 损伤线缆的外皮。

④ 剥去外皮时伤及双绞线绝缘层。

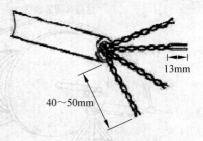

13mm

40~50mm

图 6-79　5 类双绞线电缆开绞长度

(3) 线缆终端方法应采用卡接方式,施工中不宜用力过猛,以免造成接续模块受损。连接顺序应按线缆的统一色标排列,在模块中连接后的多余线头必须清除干净,以免留有后患。

(4) 对通信引出端内部连接件进行检查,做好固定线的连接,以保证电气连接的完整牢靠。如连接不当,有可能增加链路衰减和近端串扰。

(5) 线对屏蔽和电缆护套屏蔽层在和模块的屏蔽罩进行连接时,应保证 360°的接触,而且接触长度不应小于 10mm,以保证屏蔽层的导通性能。电缆连接以后应将电缆进行整理,并核对接线是否正确。

(6) 信息模块/RJ 连接头与双绞线端接有 T568A 或 T568B 两种结构,但在同一个综合布线工程中,两者不应混合使用。

（7）各种线缆（包括跳线）和接插件间必须接触良好、连接正确、标志清楚。跳线选用的类型和品种均应符合系统设计要求。跳线可以分为以下几种：①两端为110插头（4对或5对）电缆跳线；②两端为RJ-45插头电缆跳线；③一端为RJ-45，一端为110插头电缆跳线。

　2）双绞线的端接

（1）信息插座模块的端接

信息模块分打线式模块（又称冲压型模块）和免打线式模块（又称扣锁端接帽模块）两种。打线模块需要用打线工具将每个电缆线对的线芯端接在插座上，免打线式模块使用一个塑料端接帽把每根导线端接在模块上，也有一些类型的模块既可用打线工具也可用塑料端接帽压接线芯。所有模块的每个端接槽都有 T568A 和 T568B 接线标准的颜色编码，通过这些编码可以确定双绞线电缆每根芯线的确切位置。目前，工程中使用的比较多的是免打信息模块。下面以免打信息模块和打线信息模块为例，介绍信息模块的端接。

Vcom 公司打线信息模块 MOU456-WH 端接步骤如表 6-9 所示。

表 6-9　端接步骤

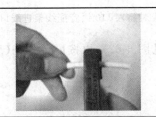	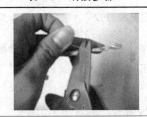	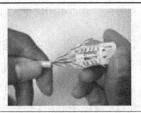
第 1 步：把线的外皮用剥线器	第 2 步：用剪刀把线封撕裂绳剪掉	第 3 步：按照模块上的 B 标分好剥去 2～3cm，线对并放入相应的位置
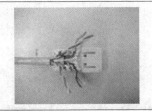	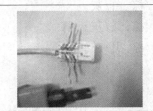	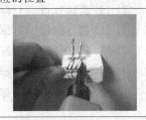
第 4 步：各个线对不用打开直接，接入相应位置	第 5 步：当线对都放入相应的位置后，对各线对的进行检查是否正确	第 6 步：用准备好的单用打线刀（刀要与模块垂直，刀口向外）逐条压入并打断多余的线

第 7 步：把各线压入模块后再检查一次	第 8 步：无误后给模块安装保护帽	第 9 步：一个模块安装完毕

（2）110 语音配线架端接（以安装 25 对大对数为例）

第 1 步：将配线架固定到机柜合适位置。

第 2 步：从机柜进线处开始整理电缆，电缆沿机柜两侧整理至配线架处，并留出大约
25cm 的大对数电缆，用电工刀或剪刀把大对数电缆的外皮剥去（见图 6-80）。使用扎带固
定好电缆，将电缆穿过 110 语音配线架一侧的进线孔，摆放至配线架打线处（见图 6-81）。

图 6-80　在机柜中固定大对数电缆并剥外皮　　　图 6-81　所有线对插入 110 语音配线架进线口

第 3 步：25 对线缆进行线序排线，首先进行主色分配（见图 6-82），再按配色分配（见
图 6-83），标准物分配原则如下所述。

通信电缆色谱排列如下。

① 线缆主色：白、红、黑、黄、紫。

② 线缆配色：蓝、橙、绿、棕、灰。

一组线缆为 25 对，以色带来分组，一共有 25 组，分别如下。

① 白/蓝、白/橙、白/绿、白/棕、白/灰。

② 红/蓝、红/橙、红/绿、红/棕、红/灰。

③ 黑/蓝、黑/橙、黑/绿、黑/棕、黑/灰。

④ 黄/蓝、黄/橙、黄/绿、黄/棕、黄/灰。

⑤ 紫/蓝、紫/橙、紫/绿、紫/棕、紫/灰。

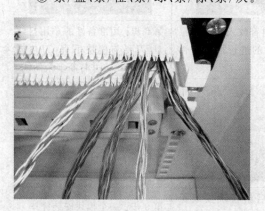 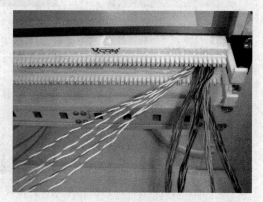

图 6-82　按主色排列　　　　　　　　　　图 6-83　按主色里的配色排列

对于其他大对数电缆来说,1～25 对线为第一小组,用白蓝相间的色带缠绕。26～50 对线为第二小组,用白橙相间的色带缠绕。51～75 对线为第三小组,用白绿相间的色带缠绕。76～100 对线为第四小组,用白棕相间的色带缠绕。这 100 对线为 1 大组,用白蓝相间的色带把 4 小组缠绕在一起。

第 4 步:根据电缆色谱排列顺序,将对应颜色的线对逐一压入槽内(见图 6-84);然后使用 110 打线工具固定线对连接,同时将伸出槽位外多余的导线截断。

注意:刀要与配线架垂直,刀口向外,如图 6-85 所示。

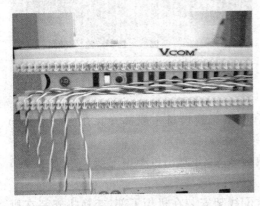

图 6-84　把线卡入相应位置

图 6-85　打线刀逐条压入并打断多余线

第 5 步:准备 5 对打线工具和 110 连接块(见图 6-86),接连接块放入 5 对打线工具中(见图 6-87),把连接块垂直压入槽内(见图 6-88),并贴上编号标签。注意连接端子的组合是:在 25 对的 110 配线架基座上安装时,应选择 5 个 4 对连接块和 1 个 5 对连接块,或 7 个 3 对连接块和 1 个 4 对连接块。从左到右完成白区、红区、黑区、黄区和紫区的安装。这与 25 对大对数电缆的安装色序一致。完成后的效果图如图 6-89 所示。

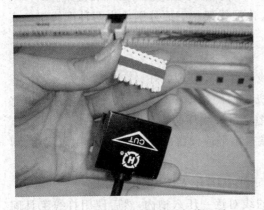

图 6-86　110 连接块和 5 对打线工具

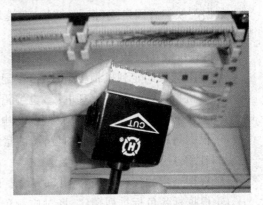

图 6-87　连接块放入打线工具里

(3) 数据配线架端接

配线架是配线子系统关键的配线接续设备,它安装在配线间的机柜(机架)中,配线架在机柜中的安装位置要综合考虑机柜线缆的进线方式、有源交换设备散热、美观、便于管理等要素。

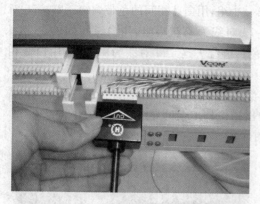

图 6-88   连接块垂直压入槽内

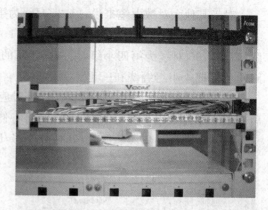

图 6-89   110 配线架端接完成效果

数据配线架安装基本要求如下。

① 为了管理方便,配线间的数据配线架和网络交换设备一般都安装在同一个 19in 的机柜中。

② 根据楼层信息点标识编号,按顺序安放配线架,并画出机柜中配线架信息点分布图,便于安装和管理。

③ 线缆一般从机柜的底部进入,所以通常配线架安装在机柜下部,交换机安装在机柜上部,也可根据进线方式作出调整。

④ 为美观和管理方便,机柜正面配线架之间和交换机之间要安装理线架,跳线从配线架面板的 RJ-45 端口接出后通过理线架从机柜两侧进入交换机间的理线架,然后再接入交换机端口。

⑤ 对于要端接的线缆,先以配线架为单位,在机柜内部进行整理、用扎带绑扎、将冗余的线缆盘放在机柜的底部后再进行端接,使机柜内整齐美观、便于管理和使用。

数据配线架有固定式(横、竖结构)和模块化配线架。下面分别给出两种配线架的安装步骤,同类配线架的安装步骤大体相同。

固定式配线架安装步骤如下。

① 将配线架固定到机柜合适位置,在配线架背面安装理线环。

② 从机柜进线处开始整理电缆,电缆沿机柜两侧整理至理线环处,使用扎带固定好电缆,一般 6 根电缆作为一组进行绑扎,将电缆穿过理线环摆放至配线架处。

③ 根据每根电缆连接接口的位置,测量端接电缆应预留的长度,然后使用压线钳、剪刀、斜口钳等工具剪断电缆。

④ 根据选定的接线标准,将 T568A 或 T568B 标签压入模块组插槽内。

⑤ 根据标签色标排列顺序,将对应颜色的线对逐一压入槽内,然后使用打线工具固定线对连接,同时将伸出槽位外多余的导线截断。

⑥ 将每组线缆压入槽位内,然后整理并绑扎固定线缆,固定式配线架安装完毕。

模块化配线架的安装步骤如下。

①～③同固定式配线架安装第①～③步。

④ 按照上述信息模块的安装过程端接配线架的各信息模块。

⑤ 将端接好的信息模块插入到配线架中。

⑥ 模块式配线架安装完毕。

6.1.6　光缆施工

1. 光缆敷设

1) 光缆敷设前的检查与准备工作

(1) 工程所用的光缆规格、型号、数量应符合设计的规定和合同要求。

(2) 光纤所附标记、标签内容应齐全和清晰。

(3) 光缆外护套需完整无损,光缆应有出厂质量检验合格证。

(4) 光缆开盘后应先检查光缆端头封装是否良好。光缆外包装或光缆护套如有损伤,应对该盘光缆进行光纤性能指标测试,如有断纤,应进行处理,待检查合格才允许使用。光纤检测完毕,光缆端头应密封固定,恢复外包装。

(5) 光纤跳线检验应符合下列规定:两端的光纤连接器端面应装配有合适的保护盖帽;每根光纤接插线的光纤类型应有明显的标记,应符合设计要求。

(6) 进行光纤衰减常数和光纤长度检验。衰减测试时可先用光时域反射仪进行测试,测试结果若超出标准或与出厂测试数据相差较大,再用光功率计测试,并将两种测试结果加以比较,排除测试误差对实际测试结果的影响。要求对每根光纤进行长度测试,测试结果应与盘标长度一致,如果差别较大,则应从另一端进行测试或做通光检查,以判定是否有断纤现象。

2) 光缆敷设的基本要求

(1) 由于光纤的纤芯是石英玻璃,光纤是由光传输的,因此光缆比双绞线有更高的弯曲半径要求,2 芯或 4 芯水平光缆的弯曲半径应大于 25mm;其他芯数的水平光缆、主干光缆和室外光缆的弯曲半径应至少为光缆外径的 10 倍。

(2) 光纤的抗拉强度比电缆小,因此在操作光缆时,不允许超过各种类型光缆的抗拉强度。敷设光缆的牵引力一般应小于光缆允许张力的 80%,对光缆瞬间最大牵引力不能超过允许张力。为了满足对弯曲半径和抗拉强度的要求,在施工中应使光缆卷轴转动,以便拉出光缆。放线总是从卷轴的顶部去牵引光缆,而且是缓慢而平稳地牵引,而不是急促地抽拉光缆。

(3) 涂有塑料涂覆层的光纤细如毛发,而且光纤表面的微小伤痕都将使耐张力显著地恶化。另外,当光纤受到不均匀侧面压力时,光纤损耗将明显增大,因此,敷设时应控制光缆的敷设张力,避免使光纤受到过度的外力(弯曲、侧压、牵拉、冲击等)。在光缆敷设施工中,严禁光缆打小圈及弯折、扭曲,光缆施工宜采用"前走后跟,光缆上肩"的放缆方法,能够有效地防止打背扣的发生。

(4) 光缆布放应有冗余,光缆布放路由宜盘留(过线井处),预留长度宜为 3~5m;在设备间和电信间,多余光缆盘成圆来存放,光缆盘曲的弯曲半径也应至少为光缆外径的10 倍,预留长度宜为 3~5m,有特殊要求的应按设计要求预留长度。

(5) 敷设光缆的两端应贴上标签,以表明起始位置和终端位置。

(6) 光缆与建筑物内其他管线应保持一定间距,最小净距符合表 3-18 的规定。

(7) 必须在施工前对光缆的端别予以判定并确定 A、B 端,A 端应是网络枢纽的方向，B端是用户一侧，敷设光缆的端别应方向一致，不得使端别排列混乱。

（8）光缆不论在建筑物内或建筑群间敷设，应单独占用管道管孔，如利用原有管道和铜芯导线电缆共管时，应在管孔中穿放塑料子管，塑料子管的内径应为光缆外径的1.5倍以上。在建筑物内光缆与其他弱电系统平行敷设时，应有间距分开敷设，并固定绑扎。当4芯光缆在建筑物内采用暗管敷设时，管道的截面利用率应为25%～30%。

3）光缆敷设施工

在建筑物内光缆主要应用于垂直（干线）子系统和水平子系统的敷设。

（1）垂直（干线）子系统光缆的敷设

建筑物内的垂直干线光缆主要通过弱电井垂直敷设。在弱电井中敷设光缆有两种方式，即建筑的底层向上牵引和建筑的顶层向下垂直布放。

通常，建筑的顶层向下垂直布放比从底层向上牵引容易些，但如果光缆卷轴机搬到建筑物高层上去很困难，则只能采用建筑的底层向上牵引的布线方式。向上牵引和向下垂放敷设光缆的方法和电缆敷设方法类似，只是在敷设的过程中特别注意光缆的最小弯曲半径，控制光缆的敷设应力，避免使光纤收到过度的外力而损坏光纤。

① 光缆最小安装弯曲半径。在静态负荷下，光缆的最小弯曲半径是光缆直径的10倍；在布线操作期间的负荷条件下，例如把光缆从管道中拉出来，最小弯曲半径为光缆直径的20倍。对于4芯光缆其最小安装弯曲半径必须大于2in（约5.08cm）。

② 光缆安装应力。施加于4芯/6芯光缆最大的安装应力不得超过445N（约100lbf）。在同时安装多条4芯/6芯光缆时，每根光缆承受的最大安装应力应降低20%，例如对于4×4芯光缆，其最大安装应力为1424N（约320lbf）。

下面介绍向下垂直布放的具体步骤与注意事项。

① 在离建筑顶层设备间的槽孔1～1.5m处安放光缆卷轴，使卷筒在转动时能控制光缆。

② 转动光缆卷轴，并将光缆从其顶部牵出。牵引光缆时，要保持不超过最小弯曲半径和最大张力的规定。

③ 引导光缆进入敷设好的电缆桥架中。

④ 慢慢地从光缆卷轴上牵引光缆，直到下一层的施工人员可以接到光缆并引入下一层。

⑤ 在每一层楼均重复以上步骤，当光缆达到最底层时，要使光缆松弛地盘在地上。

⑥ 在弱电间敷设光缆时，为了减少光缆上的负荷，应在一定的间隔上（如1.5m）用缆带将光缆扣牢在墙壁上。

固定光缆的注意事项如下。

用向下垂放敷设光缆方法，光缆不需要中间支持，捆扎光缆要小心，避免力量太大损伤光纤或产生附加的传输损耗。

固定光缆的步骤如下。

① 使用塑料扎带，由光缆的顶部开始，将干线光缆扣牢在电缆桥架上。

② 由上往下，在指定的间隔（5.5m）安装扎带，直到干线光缆被牢固地扣好。

③ 检查光缆外套有无破损，盖上桥架的外盖。

（2）水平子系统光缆的敷设

略。

（3）建筑群光缆敷设

光缆的敷设主要有架空、管道和直埋等方式，采用哪种敷设方式应根据设计路由的环境条件来选择。

下面介绍管道敷设方法。

① 敷设光缆前，应逐段将管孔清刷干净和试通。

② 当穿放塑料子管时，其敷设方法与光缆敷设基本相同。如果采用多孔塑料管，可免去对子管的敷设要求。

③ 光缆采用人工牵引布放时，每个人孔或手孔应有人值守帮助牵引，人工牵引可采用前面介绍的玻璃纤维穿线器；机械布放光缆时，不需每个孔均有人，但在拐弯处应有专人照看。

④ 光缆一次牵引长度一般不应大于 1000m。距离超长时，应将光缆采取盘成倒"8"字形分段牵引或在中间适当地点增加辅助牵引，以减少光缆张力和提高施工效率。

⑤ 为了在牵引过程中保护光缆外护套等不受损伤，在光缆穿入管孔或管道拐弯处与其他障碍物有交叉时，应采用导引装置或喇叭口保护管等保护。此外，根据需要可在光缆四周加涂中性润滑剂等材料，以减少牵引光缆时的摩擦阻力。

⑥ 光缆敷设后，应逐个在人孔或手孔中将光缆放置在规定的托板上，并应留有适当余量，避免光缆过于绷紧。人孔或手孔中光缆需要接续时，其预留长度应符合表 6-10 的规定。在设计中如有要求做特殊预留的长度，应按规定位置妥善放置（例如预留光缆是为将来引入新建的建筑）。

表 6-10　光缆敷设预留长度

敷设方式	直埋	管道	架空
自然弯曲增加长度/(m/km)	7	5	7～10
人孔内弯曲增加长度/(m/人孔)		0.5～1	
杆上预留长度/m			0.2
接头每侧预留长度/m		6～8	
设备每侧预留长度/m		10～12	

⑦ 光缆管道中间的管孔不得有接头。当光缆在人孔中没有接头时，要求光缆弯曲放置在电缆托板上固定绑扎，不得在人孔中间直接通过；否则既影响今后施工和维护，又增加对光缆损害的机会。

⑧ 光缆与其接头在人孔或手孔中，均应放在人孔或手孔铁架的电缆托板上予以固定绑扎，并应按设计要求采取保护措施。保护材料可以采用蛇形软管或软塑料管等管材。

⑨ 光缆在人孔或手孔中应注意以下几点：光缆穿放的管孔出口端应封堵严密，以防水分或杂物进入管内；光缆及其接续应有识别标志，标志内容有编号、光缆型号和规格等；在严寒地区应按设计要求采取防冻措施，以防光缆受冻损伤；如光缆有可能被碰损伤时，可在其上面或周围采取保护措施。

2. 光纤连接

光缆敷设完成后,必须通过光纤连接器才能形成一条完整的光纤传输链路。光纤连接的方式有如下三种方式。

(1) 光纤接续

光纤接续是指两段光纤之间的永久连接。光纤接续分为机械接续和熔接两种方法。

机械接续是把两根切割清洗后的光纤通过机械连接部件结合在一起,机械接续部件是一个把两根光纤集中在一起并把它们接续在一起的设备,机械接续可以进行调谐以减少两条光纤间的连接损耗。

光纤熔接是在高压电弧下把两根切割清洗后的光纤连接在一起,熔接时要把两光纤的接头熔化后接为一体。光纤熔接机是专门用于光纤熔接的工具。目前工程中主要采用操作方便、接续损耗低的熔接连接方式。

(2) 光纤端接

光纤端接是把光纤连接器与一根光纤接续然后磨光的过程。光纤端接时要求连接器接续和对光纤连接器的端头磨光操作正确,以减少连接损耗。光纤端接主要用于制作光纤跳线和光纤尾纤,目前市场上端接各型连接器的光纤跳线和尾纤的成品繁多,所以现在综合布线工程中普通选用现成的光纤跳线和尾纤,而很少进行现场光纤端接连接器。

(3) 光纤连接器互连

光纤连接器互连是将两条半固定的光纤(尾纤)通过其上的连接器与此模块嵌板(光纤配线架、光纤插座)上的耦合器互连起来。做法是将两条半固定光纤上的连接器从嵌板的两边插入其耦合器中。对于互连结构来说,光纤连接器的互连是将一条半固定光纤上的连接器插入嵌板上耦合器的一端中;此耦合器的另一端中插入光纤跳线的连接器;然后,将光纤跳线另一端的连接器插入网络设备中。

例如,楼层配线间光纤互连结构如下:进入的垂直主干光缆与光纤尾纤熔接于光纤配线架内→光纤尾纤连接器插入光纤配线架面板上耦合器的里面一端→光纤跳线插入光纤配线架面板上耦合器的外面一端→光纤跳线另一端插入网络交换设备的光纤接口。也可将连接器互连称为光纤端接。

6.2 项目任务

6.2.1 任务 1: PVC 线槽、线管明安装

1. 任务目的

(1) 了解常用的 PVC 线槽规格。

(2) 了解常用的 PVC 线槽连接件形状及用途。

(3) 掌握 PVC 线槽水平直转角、内弯角、外弯角成形的剪切。

(4) 掌握 PVC 线槽的安装方法。

2. 任务要求

在综合布线钢结构模拟楼的墙上安装一段带水平直转角、内弯角、外弯角的 PVC

线槽。

（1）切割长 0.5m PVC 线槽。

（2）制备 PVC 线槽水平直角（直转角）。

（3）制备 PVC 线槽内弯直角（阴角）。

（4）制备 PVC 线槽外弯直角（阳角）。

3. 设备、材料、工具

直角直尺、线槽剪刀、锯、十字螺丝刀、笔、PVC 线槽、综合布线钢结构模拟楼。

4. 任务实施

（1）PVC 线槽水平直角成形步骤如表 6-11 所示。

表 6-11　PVC 线槽水平直角成形步骤

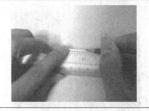第 1 步：对线槽的长度进行定点	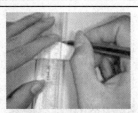第 2 步：以该点为顶点画一直线
第 3 步：以此直线为直角线画一个等腰直角三角形	第 4 步：画好的等腰直角三角形
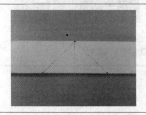第 5 步：以线为边进行裁剪	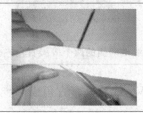第 6 步：把这个三角形和侧面剪去
第 7 步：等腰直角三角形剪切后的效果	第 8 步：弯折成形

（2）PVC 线槽内弯直角成形步骤如表 6-12 所示。

表 6-12　PVC 线槽内弯直角成形步骤

第 1 步：对线槽的长度进行定点，并在线槽侧面、正面画一直线	第 2 步：以侧面直线为直角线在线槽侧面画一个等腰直角三角形

第 3 步：侧面的等腰直角三角形	第 4 步：在线槽另一侧画上线，再画一个等腰直角三角形

第 5 步：把线槽两侧的两个等腰直角三角形剪去	第 6 步：向内弯折成形

（3）PVC 线槽外弯直角成形步骤如表 6-13 所示。

表 6-13　PVC 线槽外弯直角成形步骤

第 1 步：对线槽的长度进行定点	第 2 步：以该点为准在另一侧定点

续表

	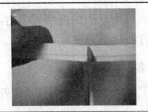
第 3 步：在线槽的两侧画直线	第 4 步：用剪刀剪线槽两侧

第 5 步：把线槽弯曲	第 6 步：向外弯折成形

（4）在综合布线钢结构模拟楼的墙上安装成型的线槽如图 6-90 所示。

图 6-90 综合布线钢结构模拟楼

6.2.2 任务 2：跳线的制作和信息模块的安装

1. 任务目的

（1）掌握 RJ-45 水晶头、网络跳线的制作方法和技巧。

（2）掌握信息模块端接。

（3）掌握剥线/压线钳和简单网线测试仪的使用方法。

（4）了解双绞线和水晶头的组成结构。

2. 任务要求

根据项目场景中的网络设备连接需求，分别制作 1 根 0.5m 长的直通线和交叉线，完成一个免打线式信息模块的端接。

3. 设备、材料、工具

若干个 RJ-45 水晶头、2m 超 5 类双绞线、免打线式信息模块 2 个、压线钳、网线测试仪、剥线器。

4. 任务实施

（1）跳线的制作（RJ-45 水晶头的端接）

制作 RJ-45 网线插头是组建局域网的基础技能，制作方法并不复杂。究其实质就是把双绞线的 4 对 8 芯网线按一定的规则制作到 RJ-45 插头中。所需材料为双绞线和 RJ-45 插头，使用的工具为一把专用的网线钳。下面以制作最常用的遵循 T568B 标准的直通线为例介绍制作过程。

RJ-45 水晶头由金属触片和塑料外壳构成，其前端有 8 个凹槽，简称 8P（Position，位置），凹槽内有 8 个金属触点，简称 8C（Contact，触点），因此 RJ-45 水晶头又称为 8P8C 接头。端接水晶头时，要注意它的引脚次序，当金属片朝上时，1～8 的引脚次序应从左往右数。

连接水晶头虽然简单，但它是影响通信质量的非常重要的因素。开绞过长会影响近端串扰指标；压接不稳会引起通信的时断时续；剥皮时损伤线对线芯会引起短路、断路等故障等。

RJ-45 水晶头连接有两种标准 T568A 和 T568B 排序。

T568A 的线序：白/绿→绿→白/橙→蓝→白/蓝→橙→白/棕→棕。

T568B 的线序：白/橙→橙→白/绿→蓝→白/蓝→绿→白/棕→棕。

下面以 T568B 标准为例，介绍 RJ-45 水晶头连接步骤，见表 6-14。

第 1 步：剥线。用双绞线剥线器将双绞线塑料外皮剥去 2～3cm。

第 2 步：排线。将绿色线对与蓝色线对放在中间位置，而橙色线对与棕色线对放在靠外的位置，形成左一橙、左二蓝、左三绿、左四棕的线对次序。

第 3 步：理线。小心地剥开每一线对（开绞），并将线芯按 T568B 标准排序，特别是要将白绿线芯从蓝和白蓝线对上交叉至 3 号位置，将线芯拉直压平、挤紧理顺（朝一个方向紧靠）。

第 4 步：剪切。将裸露出的双绞线芯用压线钳、剪刀、斜口钳等工具整齐地剪切，只剩下约 13mm 的长度。

第 5 步：插入。一手以拇指和中指捏住水晶头，并用食指抵住，水晶头的方向是金属引脚朝上、弹片朝下。另一只手捏住双绞线，用力缓缓将双绞线 8 条导线依序插入水晶头，并一直插到 8 个凹槽顶端。

第 6 步：检查。检查水晶头正面，查看线序是否正确；检查水晶头顶部，查看 8 根线芯是否都顶到顶部。

第 7 步：压接。确认无误后，将 RJ-45 水晶头推入压线钳夹槽后，用力握紧压线钳，将突出在外面的针脚全部压入 RJ-45 水晶头内。

第 8 步：完成。一个 RJ-45 水晶头连接完成。

第 9 步：测试。用简单线序测试仪对跳线进行测试，会有直通网线通过、交叉网线通过、开路、短路、反接、跨接等显示结果。

表 6-14　RJ-45 水晶头连接步骤

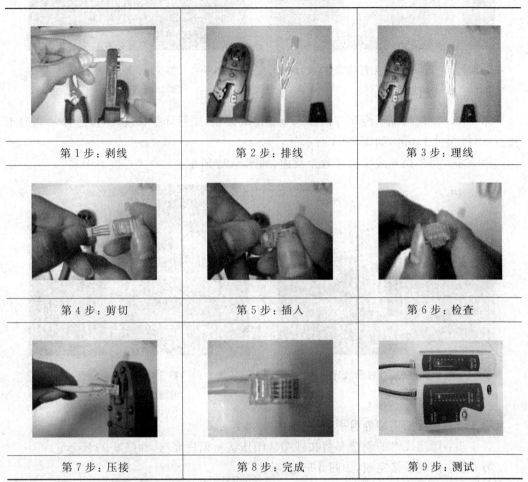

第 1 步：剥线	第 2 步：排线	第 3 步：理线
第 4 步：剪切	第 5 步：插入	第 6 步：检查
第 7 步：压接	第 8 步：完成	第 9 步：测试

最后，按照相同的方法，将双绞线的另一个水晶头压制好，一根网线（或跳线）的制作即告完成。需要注意的是，另一端的线序根据所连接设备的不同而有所不同，常用的跳线有两种，即直通线和交叉线。

（2）信息模块的端接

如图 6-91 所示为 Vcom 公司免打线式信息模块 MOU45E-WH。端接步骤如下。

第 1 步：用双绞线剥线器将双绞线塑料外皮剥去 2～3cm。

第 2 步：按信息模块扣锁端接帽上标定的 B 标（或 A 标）线序打开双绞线。

第 3 步：理平、理直线缆，斜口剪齐导线（便于插入），如图 6-92 所示。

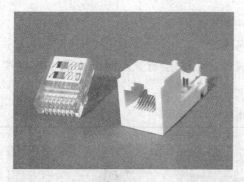

图 6-91　Vcom 公司免打线式信息模块
　　　　　MOU45E-WH

图 6-92　第 3 步：理平、理直线缆，
　　　　　斜口剪齐导线

　　第 4 步：线缆按标示线序方向插入至扣锁端接帽，注意开绞长度（至信息模块底座卡接点）不能超过 13mm，如图 6-93 所示。

　　第 5 步：将多余导线拉直并弯至反面，如图 6-94 所示。

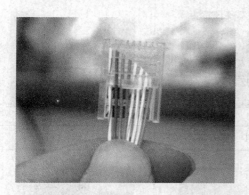

图 6-93　第 4 步：线缆按标示线序方向插入至
　　　　　扣锁端接帽

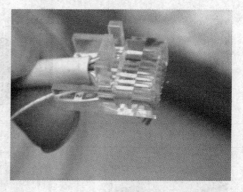

图 6-94　第 5 步：将多余导线拉直
　　　　　并弯至反面

　　第 6 步：从反面顶端处剪平导线，如图 6-95 所示。

　　第 7 步：用压线钳的硬塑套将扣锁端接帽压接至模块底座，如图 6-96 所示。

　　第 8 步：模块端接完成，如图 6-97 所示。

图 6-95　第 6 步：从反面顶端处剪平导线

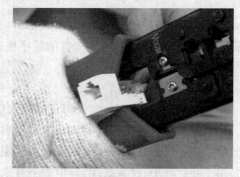

图 6-96　第 7 步：用压线钳的硬塑套将扣锁端
　　　　　接帽压接至模块底座

图 6-97 免打线式信息模块端接完成

6.2.3 任务 3：光纤熔接

1. 任务目的

(1) 熟悉光纤熔接工具的功能和使用方法。

(2) 熟悉光纤配线架结构并掌握其安装方法。

(3) 熟悉光缆的开剥及光纤端面制作。

(4) 掌握光纤熔接技术。

(5) 学会使用光纤熔接机熔接光纤。

2. 任务要求

在机柜中安装光纤配线架，并且在光纤配线架中熔接一条光缆。

(1) 完成光缆的两端剥线，不允许损伤光缆光芯，而且长度合适。

(2) 完成光缆的熔接，要求熔接方法正确，并且熔接成功。

(3) 完成光缆在光纤熔接盒的固定。

(4) 完成光纤配线架的安装。

3. 设备、材料、工具

光纤工具箱(开缆工具、光纤切割刀、光纤剥离钳、凯弗拉线剪刀、斜口剪、螺丝刀、酒精棉等)、光纤熔接机、光纤配线架、光纤尾纤、耦合器、多模光缆、热缩套管、机柜等。

4. 任务实施

光纤熔接是目前普遍采用的光纤接续方法，光纤熔接机通过高压放电将接续光纤端面熔融后，将两根光纤连接到一起成为一段完整的光纤。这种方法接续损耗小(一般小于0.1dB)，而且可靠性高。熔接连接光纤不会产生缝隙，因而不会引入反射损耗，入射损耗也很小，在 0.01~0.15dB 之间。在光纤进行熔接前要把涂敷层剥离。机械接头本身是保护连接的光纤的护套，但熔接在连接处却没有任何的保护。因此，光纤熔接机采用重新涂敷器来涂敷熔接区域和使用熔接保护套管 2 种方式来保护光纤。现在普遍采用熔接保护套管的方式，它将保护套管套在接合处，然后对它们进行加热，套管内管是由热材料制成的，因此这些套管就可以牢牢地固定在需要保护的地方，加固件可避免光纤在这一区域弯曲。

光纤熔接步骤如下。

第1步：开启光纤熔接机，确定要熔接的光纤是多模光纤还是单模光纤。

第2步：测量光纤熔接距离。

第3步：用开缆工具去除光纤外部护套及中心束管、剪除凯弗拉线，除去光纤上的油膏，如图 6-98 所示。

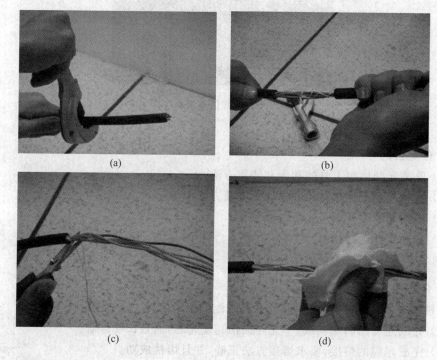

图 6-98　开缆

第4步：用光纤剥离钳剥去光纤涂覆层，其长度由熔接机决定，大多数熔接机规定剥离的长度为 2～5cm，如图 6-99 所示。

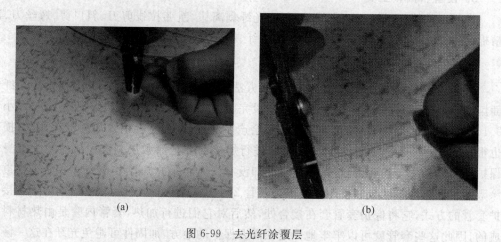

图 6-99　去光纤涂覆层

第 5 步：光纤一端套上热缩套管，如图 6-100 所示。

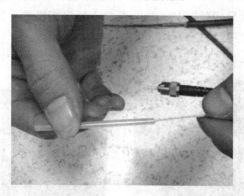

图 6-100　套上热缩套管

第 6 步：用酒精擦拭光纤，用切割刀将光纤切到规范距离，制备光纤端面，将光纤断头扔在指定的容器内，如图 6-101 所示。

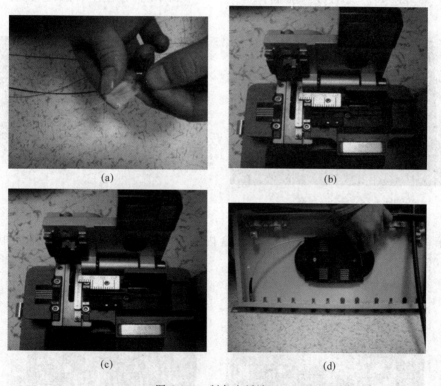

(a)

(b)

(c)

(d)

图 6-101　制备光纤端面

第 7 步：打开电极上的护罩，将光纤放入 V 形槽，在 V 形槽内滑动光纤，在光纤端头达到两电极之间时停下来，如图 6-102 所示。

第 8 步：两根光纤放入 V 形槽后，合上 V 形槽和电极护罩，自动或手动对准光纤，如图 6-103 所示。

第 9 步：开始光纤的预熔。

第 10 步：通过高压电弧放电把两光纤的端头熔接在一起。

第 11 步：光纤熔接后，测试接头损耗，通过光纤熔接机的高清晰度彩显屏的数据，作出质量判断，如图 6-104 所示。

第 12 步：符合要求后，将套管置于加热器中加热收缩，保护接头，如图 6-105 所示。

图 6-102　光纤放入 V 形槽

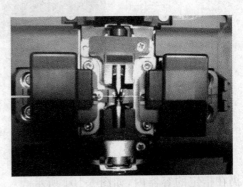

图 6-103　合上 V 形槽和电极护罩

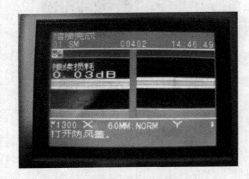

图 6-104　显屏的数据

图 6-105　套管加热

第 13 步：光纤熔接完后放于接续盒内固定，将光纤配线架安装到机柜上，如图 6-106 所示。

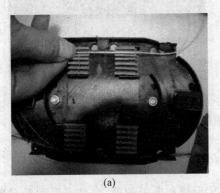

(a)

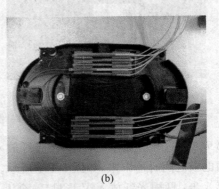

(b)

图 6-106　固定光纤、安装光纤配线架

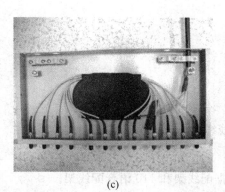
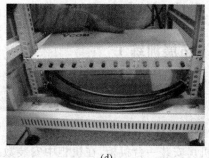

(c)   (d)

图 6-106(续)

光纤熔接过程中由于熔接机的设置不当,熔接机会出现异常情况,对光纤操作时,光纤不洁、切割或放置不当等因素,会引起熔接失败。具体情况如表 6-15 所示。

表 6-15   光纤熔接时熔接机的异常信息和不良接续结果

信 息	原 因	提 示
设定异常	光纤在 V 形槽中伸出太长	参照防风罩内侧的标记,重新放置光纤在合适的位置
	切割长度太长	重新剥除、清洁、切割和放置光纤
	镜头或反光镜脏	清洁镜头、升降镜和防风罩反光镜
光纤不清洁或者镜不清洁	光纤表面、镜头或反光镜脏	重新剥除、清洁、切割和放置光纤清洁镜头、升降镜和风罩反光镜
	清洁放电功能关闭时间太短	如必要时增加清洁放电时间
光纤端面质量差	切割角度大于门限值	重新剥除、清洁、切割和放置光纤,如仍发生切割不良、确认切割刀的状态
超出行程	切割长度太短	重新剥除、清洁、切割和放置光纤
	切割放置位置错误	重新放置光纤在合适的位置
	V 形槽脏	清洁 V 形槽
气泡	光纤断面切割不良	重新制备光纤或检查光纤切割刀
	光纤断面脏	重新制备光纤断面
	光纤断面边缘破裂	重新制备光纤断面或检查光纤切割刀
	预熔时间短	调整预熔时间
太细	"锥形"熔接功能打开	确保"锥形熔接"功能关闭
	光纤送入量不足	执行"光纤送入量检查"指令
	放电强度太强	如不用自动模式时,减小放电强度
太粗	光纤送入量过大	执行光纤送入量检查指令

6.3 知识能力拓展

6.3.1 拓展训练 1

1. 任务

数据配线架、110 语音配线架的安装与线缆的端接。

2. 目的与要求

在机房安装一台机柜,在机柜中安装数据配线架和 110 语音配线架。

熟悉机柜的种类与结构,熟悉配线架和理线架的种类和结构,掌握机柜的安装方法,掌握数据配线架和 110 语音配线架端接方法,掌握机柜内线缆的理线和盘线方法。

3. 工具

剥线钳、压线钳、打线工具、螺丝刀。

4. 设备与材料

数据配线架、110 语音配线架、理线架、机柜、双绞线、25 对大对数电缆、扎带、单对和 5 对打线刀工具。

6.3.2 拓展训练 2

1. 任务

安装槽式桥架。

2. 目的与要求

以小组为单位安装一段带多连接方式的槽式桥架。

熟悉槽式桥架及连接件产品,掌握槽式桥架两种吊装方法和托臂水平安装方法。

3. 工具

电工工具箱、人字梯、安全带、安全帽、冲击电钻等。

4. 材料

100mm×50mm 桥架及连接件、角钢立柱、吊杆、托臂、膨胀螺丝、六角螺栓等。

网络布线工程测试与验收

7.1 知识引入

7.1.1 布线工程测试的类型

网络布线工程是计算机网络系统的中枢神经,实践表明,网络系统发生故障时,约70%是布线工程的质量问题。因此,网络布线工程的质量,必须通过科学合理的设计、布线材料的优选和施工质量的保证三个环节来得到保障。在整个布线过程中,适时地安排对施工器材和布线链路的测试,也是确保工程质量的重要环节。

网络布线工程测试是为了保证布线产品的质量或系统安装的质量,布线测试可以分为三类:验证测试、鉴定测试和认证测试。对于测试仪器的选用基本上也是这三类,它们之间在功能上虽会有些重叠,但每类测试所使用的测试仪器各有其特定目的。

1. 验证测试

验证测试又称随工测试,是边施工边测试,主要检测线缆的质量和安装工艺,及时发现并纠正问题,避免返工。验证测试是在施工过程中及验收之前,由施工者对所铺设的传输链路进行施工连通测试,测试重点检验传输链路连通性,发现问题及时处理和对施工后的链路参数进行预测,做到工程质量心中有数,以便验收顺利通过。例如每完成一个楼层后,对该水平线及信息插座进行测试。

验证测试仪器具有最基本的连通测试功能(如接线图测试),可检测缆线连接是否正确,测试缆线及连接部件性能,包括开路、短路。有些测试仪器还有附加功能,测试缆线长度或对故障定位。验证测试仪器应在现场环境中随工使用,操作简便。

根据所使用的电缆测试仪(例如 DSP40000)或用单端电缆测试仪(例如 F620)进行随工测试及阶段施工情况测试,国家标准《GB 50312—2007 综合布线系统工程验收规范》中指明了有基本链路和信道两种测试连接方法。

连接图测试可按基本链路测试连接方法连接,单端测试只连接测试仪主机,不需要接测试仪远端单元。

基本链路是指布线工程中固定链路部分,包括最长的 90m 水平电缆和在两端分别接有一个连接点。信道测试连接方式,用来测试端到端的链路,包括用户终端连接线在内的整体信道性能。

2. 鉴定测试

鉴定测试是在验证测试的基础上,增加了故障诊断测试和多种类别的电缆测试。

鉴定测试仪最主要的一个能力就是判定被测试链路所能承载的网络信息量的大小。TIA 570B 标准中规定,链路鉴定通过测试链路来判定布线系统所能够支持的网络应用技术(例如 100Base-TX 等)。

3. 认证测试

认证测试又称为竣工测试、验收测试,是所有测试工作中最重要的环节,是在工程验收时对网络布线系统的安装、电气特性、传输性能、设计、选材和施工质量的全面检验。网络布线系统的性能不仅取决于综合布线系统方案设计、施工工艺,同时取决于在工程中所选的器材的质量。认证测试是检验工程设计水平和工程质量的总体水平,所以对于网络布线系统必须要求进行认证测试。

认证测试通常分为自我认证测试和第三方认证测试。

(1)自我认证测试

自我认证测试由施工方自己组织进行,按照设计施工方案对工程每一条链路进行测试,确保每一条链路都符合标准要求。如果发现未达标链路,应进行修改,直至复测合格;同时需要编制确切的测试技术档案,写出测试报告,交建设方存档。测试记录应准确、完整、规范,方便查阅。

(2)第三方认证测试

布线系统是网络系统的基础工程,在工程的实施过程中既要求布线施工方提供布线工程的自我认证测试,同时委托第三方对系统进行验收测试,以确保布线施工的质量。这是对综合布线系统验收质量管理的规范化做法。

第三方认证测试目前主要采用以下两种做法。

① 对工程要求高,使用器材类别高,投资较大的工程,建设方除要求施工方要做自我认证测试外,还要邀请第三方对工程做全面验收测试。

② 建设方在施工方做自我认证测试的同时,请第三方对综合布线系统链路做抽样测试。按工程规模确定抽样样本数量,一般 1000 个信息点以上的工程抽样 30%,1000 个信息点以下的工程抽样 50%。

7.1.2　布线工程测试的标准

测试和验收网络布线工程,须有公认的标准。国际上制订布线测试标准的组织主要有国际标准化委员会 ISO/IEC,欧洲标准化委员会 CENELEC 和北美的 EIA/TIA。国内的标准是原建设部颁布的《GB 50312—2007　综合布线系统工程验收规范》。

1. 测试内容与相关参数

表 7-1 是不同的测试标准中对应的测试内容和测试的相关参数。

表 7-1　各测试标准中对应的测试内容和测试的相关参数

测试标准	测试内容	测试参数
EIA/TIA 568A TSB-67	5 类电缆系统	接线图 长度
EIA/TIA 568A TSB-95	5 类电缆系统	近端串扰 衰减
EIA/TIA 568A-5-2000	5e 类电缆系统	接线图 长度 近端串扰 衰减 回波损耗 衰减串扰比 综合近端串扰 等效远端串扰 综合远端串扰 传输延迟 直流环路电阻
ISO/IEC 11801	5 类电缆系统	接线图 长度 近端串扰 衰减 衰减串扰比 回波损耗
EIA/TIA 568B	6 类电缆系统	接线图 长度
ISO/IEC 11801-2002	6 类电缆系统	衰减 近端串扰 传输延迟 延迟偏离 直流环路电阻 综合近端串扰 回波损耗 等效远端串扰 综合等效远端串扰 综合衰减串扰比
《GB 50312—2007　综合布线系统工程验收规范》	5 类电缆系统	基本测试项目有接线图、长度、衰减和近端串扰；任选测试项目有衰减串扰比、环境噪声干扰强度、传输延迟、回波损耗、特性阻抗和直流环路电阻等内容
	光缆系统	连通性 插入损耗 长度 衰减

2. 测试参数说明

(1) 接线图

接线图测试是测试布线链路有无端接错误的一项基本检查,测试接线图可显示所测的每条 8 芯电缆与配线模块接线端子的连接实际状态。正确的线对组合为:1/2、3/6、4/5、7/8,分为非屏蔽和屏蔽两类,对于非 RJ-45 的连接方式按相关规定要求列出结果。

(2) 长度

布线链路及信道缆线长度应在测试连接图所要求的极限长度范围之内。

(3) 插入损耗

插入损耗是指发射机与接收机之间,插入电缆或元件产生的信号损耗,通常指衰减。插入损耗以接收信号电平的对应分贝(dB)来表示。对于光纤来说,插入损耗是指光纤中的光信号通过活动连接器之后,其输出光功率相对输入光功率的比率的分贝数。

(4) NEXT(近端串扰)

近端串扰是指在与发送端处于同一边的接收端处所感应到的从发送线对感应过来的串扰信号。在串扰信号过大时,接收器将无法判别信号是远端传送来的微弱信号还是串扰杂讯。

(5) PSNEXT(综合近端串扰)

综合近端串扰实际上是一个计算值,而不是直接的测量结果。PSNEXT 是在每对线受到的单独来自其他三对线的 NEXT 影响的基础上通过公式计算出来的。PSNEXT 和 FEXT(随后介绍)是非常重要的参数,用于确保布线系统的性能能够支持千兆以太网那样四对线同时传输的应用。

(6) ACR(衰减串扰比)

通信链路在信号传输时,衰减和串扰都会存在,串扰反映电缆系统内的噪声,衰减反映线对本身的传输质量,这两种性能参数的混合效应(信噪比)可以反映出电缆链路的实际传输质量,用衰减与串扰比来表示这种混合效应,衰减与串扰比定义为:被测线对受相邻发送线对串扰的近端串扰损耗值与本线对传输信号衰减值的差值(单位为 dB),即:

$$ACR(dB) = NEXT(dB) - Attenuation(dB)$$

(7) PSACR(综合衰减串扰比)

综合衰减串扰比反映了三对线同时进行信号传输时对另一对线所造成的综合影响。它只要用于保证布线系统的高速数据传输,即多线对传输协议。

(8) ELFEXT(等效远端串扰)

等效远端串扰是远端串扰损耗与线路传输衰减的差值,以 dB 为单位,是信噪比的另一种方式,即两个以上的信号朝同一方向传输时的情况。

(9) PSELFEXT(综合平衡等级远端串扰)

综合平衡等级远端串扰表明三对线缆处于通信状态时,对另一对线缆在远端所造成的干扰。

（10）RL（回波损耗）

回波损耗电信号在遇到端接点阻抗不匹配时，部分能量会反射回传送端。回波损耗表征了因阻抗不匹配反射回来的能量的大小，回波损耗对于全双工传输的应用非常重要。

3. 测试类型和适宜的施工环节

布线测试类型和适宜的施工环节关系如表 7-2 所示。

表 7-2　布线测试类型和适宜的施工环节

（A：元件级，B：链路级，C：应用级，D：兼容性）

测试类型	设计/规划	选型/采购	安装/调试	验收/认证	维护/管理
验证测试		√	√		√
鉴定测试			√		√
认证测试	√ A/B/D(maybe)	√ A/B/D	√ A/B/D	√ B/D	√ A/B/C

注：数据来源于《GB 50312—2007　综合布线工程验收规范》。

7.1.3　电缆传输通道认证测试

1. 电缆的认证测试模型

（1）基本链路模型

EIA/TIA 568A TSB-67 中定义了基本链路和信道两种认证测试模型。

基本链路包括三部分：最长为 90m 的在建筑物中固定的水平布线电缆、水平电缆两端的接插件（一端为工作区信息插座，另一端为楼层配线架）和两条与现场测试仪相连的 2m 测试设备跳线。

基本链路模型如图 7-1 所示，图中 F 是信息插座至配线架之间的电缆，G、E 是测试设备跳线。F 是综合布线系统施工承包商负责安装的，链路质量由其负责，所以基本链路又称为承包商链路。

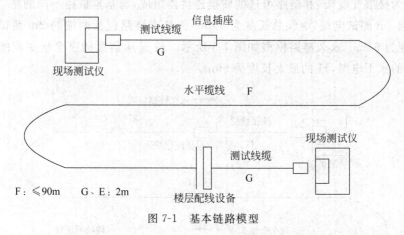

图 7-1　基本链路模型

（2）信道模型

信道是指从网络设备跳线到工作区跳线的端到端的连接，包括最长 90m 的水平线缆、水平电缆两端的接插件（一端为工作区信息插座，另一端为配线架）、一个靠近工作区的可选的附属转接连接器，最长 10m 的在楼层配线架和用户终端的连接跳线，信道最长为 100m。信道模型如图 7-2 所示。其中 A 是用户端连接跳线,B 是转接电缆,C 是水平电缆,D 是最大 2m 的跳线,E 是配线架到网络设备的连接跳线;B 和 C 总计最大长度为 90m,A、D 和 E 总计最大长度为 10m。

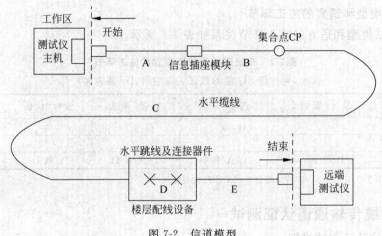

图 7-2 信道模型

信道测试的是网络设备到计算机间端到端的整体性能,是用户所关心的,所以信道也被称为用户链路。

(3) 永久链路模型

永久链路又称固定链路,在国际标准化组织 ISO/IEC 所制定的 5e 类、6 类标准草案及 EIA/TIA 568B 新的测试定义中,定义了永久链路模型,它将代替基本链路模型。永久链路方式供工程安装人员和用户用以测量安装的固定链路性能。

永久链路由最长为 90m 的水平电缆、水平电缆两端的接插件(一端为工作区信息插座,另一端为楼层配线架)和链路可选的转接连接器组成,与基本链路不同的是,永久链路不包括两端 2m 测试电缆,电缆总长度为 90m;而基本链路包括两端的 2m 测试电缆,电缆总计长度为 94m。永久链路模型如图 7-3 所示。H 是从信息插座至楼层配线设备(包括集合点)的水平电缆,H 的最大长度为 90m。

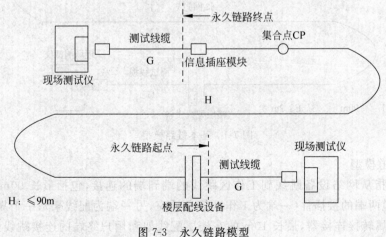

图 7-3 永久链路模型

2. 电缆验证测试仪器

网络布线测试仪主要采用模拟和数字两类测试技术,模拟技术是传统的测试技术,主要采用频率扫描来实现,即每个测试频点都要发送相同频率的测试信号进行测试。数字技术则是通过发送数字信号完成测试。

(1) 简易布线通断测试仪

如图 7-4 所示是最简单的电缆通断测试仪,包括主机和远端机,测试时,线缆两端分别连接到主机和远端机上,根据显示灯的闪烁次序就能判断双绞线 8 芯线的通断情况,但不能确定故障点的位置。这种仪器的功能相对简单,通常只用于测试网络的通断情况,可以完成双绞线和同轴电缆的测试。

(2) FLUKE MicroScanner Pro 2 电缆检测仪(MS2)

FLUKE MicroScanner Pro 2 是专为防止和解决电缆安装问题而设计的,如图 7-5 所示。使用线序适配器可以迅速检验 4 对线的连通性,以确认被测电缆的线序正确与否,并识别开路、短路、跨接、串扰或任何错误连线,迅速定位故障,从而确保基本的连通性和端接的正确性。

图 7-4　简易布线通断测试仪　　　图 7-5　FLUKE MicroScanner Pro 2 电缆检测仪

(3) FLUKE DTX 系列电缆认证分析仪

FLUKE 网络公司推出的 DTX 系列电缆认证分析仪全面支持国标 GB 50312—2007。FLUKE DTX 系列中文数字式线缆认证分析仪有 DTX-LT AP(标准型(350MHz 带宽))、DTX-1200 AP(增强型(350MHz 带宽))、DTX-1800 AP(超强型(900MHz 带宽),7 类)等几种类型可供选择。如图 7-6 所示为 FLUKE DTX-1800 AP 电缆认证分析仪。这种测试仪可以进行基本的连通性测试,也可以进行比较复杂的电缆性能测试,能够完成指定频率范围内衰减、近端串扰等各种参数的测试,从而确定其是否能够支持高速网络。

这种测试仪一般包括两部分:基座部分和远端部分。基座部分可以生成高频信号,这些信号可以模拟高速局域网设备发出的信号。

图 7-6　FLUKE DTX-1800 AP 电缆认证分析仪

3. 电缆的认证测试参数

对于不同等级的电缆,需要测试的参数并不相同,在我国国家标准《GB 50312—2007 综合布线系统工程验收规范》中,主要规定了以下测试内容:

(1) 接线图的测试。

(2) 布线链路及信道线缆长度应在测试连接图所要求的极限长度范围之内。

(3) 3 类和 5 类水平链路及信道测试项目及性能指标。

(4) 5e 类、6 类和 7 类永久链路或 CP 链路测试项目及性能指标。

7.1.4　光纤传输通道认证测试

在光纤工程项目中必须执行一系列的测试以便确保其完整性,一根光缆从出厂到工程安装完毕,需要进行机械测试、几何测试、光测以及传输测试。前 3 个测试一般都是在工厂进行,传输测试则是光缆布线系统工程验收的必要步骤。

国家标准《GB 50312—2007　综合布线工程验收规范(含条文说明)》中明确要求对综合布线工程进行验收测试。但在国标中对光纤链路测试方法的描述非常简单,未给出详细的测试方法,目前在工程中常用的是光时域反射损耗测试(OTDR)。

1. 光纤测试标准

光纤性能测试规范的标准主要来自 TIA/EIA 568B.3 标准,这个标准对光纤性能和光纤链路中的连接器和接续的损耗都有详细的规定。

光纤测试可以分为两类:一类测试和二类测试。

一类测试,将光纤链路两端分别连接光源与光功率计。测试的原理很简短,光源发送光信号,功率计用于接受光信号。两个信号功率值的差数即为光纤链路上发生的插入损耗(下文简称损耗)。这一类测试,可以准确的测试出光纤链路上的损耗量和链路长度,测量精度高。但是,这种方法的缺点是,使用者只可以得到最终的测试结果,但是对于不合格的链路无法进行故障点的分析和定位。

二类测试也称为 OTDR 测试。它采用一端连接 OTDR 测试仪、另一端开路的方式,利用光源发送的光信号在链路中产生的反射信号进行衰减量、长度的计算,并生成 OTDR 曲线。相比一类测试,这种方法对链路损耗量的测量精度低;但是它的优点是可以进行故障点位置的定位,从而便于施工人员对不合格被测链路进行修复。这种方法对于长途干线光缆链路或者园区主干光缆测试尤其有帮助。

2. 测试技术参数

光缆测试一般应执行以下几个重要参数。

(1) 端到端光纤链路损耗。

(2) 每单位长度的衰减速率。

(3) 熔接点、连接器与耦合器各个事件。

(4) 光缆长度或者事件的距离。

(5) 每单位长度光纤损耗的线性(衰减不连续性)。

(6) 反射或者光回损(ORL)。

(7) 色散(CD)。

(8) 极化模式色散(PMD)。

(9) 衰减特性(AP)。

3. 常用的测试设备

(1) 光源

一个光源可以是一台设备,或者是一个 LED,或者是一个激光器,常用的是激光笔。

(2) 功率计

功率计是典型的光纤技术人员的标准测试仪,是常用的工具,主要的功能是显示光电二极管上的入射功率,读取功率电平。

(3) 光回损测试仪

光回损最常用的方法是光时域反射计,即 OTDR。OTDR 向被测光缆内发射光脉冲,并且收集后向散射信息以及菲涅耳反射信息。图 7-7 所示为光时域反射计 OTDR。

4. 光纤测试的方法

通常在具体的工程中对光纤的测试方法有:连通性测试、端—端损耗测试、收发功率测试和反射损耗测试 4 种。

(1) 连通性测试

连通性测试是最简单的测试方法,只须在光纤一端导入光线(如手电光),在光纤的另外一端看看是否有光闪即可。连通性测试的目的是为了确定光纤中是否存在断点,通常在购买光缆时采用这种方法进行测试。

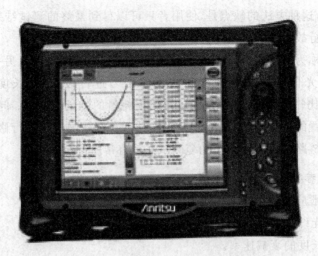

图 7-7   光时域反射计 OTDR

（2）端—端损耗测试

端—端损耗测试采取插入式测试方法，使用一台光功率计和一个光源，先在被测光纤的某个位置作为参考点，测试出参考功率值，然后再进行端—端测试并记录下信号增益值，两者之差即为实际端到端的损耗值。用该值与标准值相比就可确定这段光缆的连接是否有效。

（3）收发功率测试

收发功率测试是测定布线系统光纤链路的有效方法，使用的设备主要是光功率计和一段跳接线。在实际应用情况中，链路的两端可能相距很远，但只要测得发送端和接收端的光功率，即可判定光纤链路的状况。

（4）反射损耗测试

反射损耗测试是光纤线路检修非常有效的手段。它使用光纤时间区域反射仪（OTDR）来完成测试工作，基本原理就是利用导入光与反射光的时间差来测定距离，如此可以准确判定故障的位置。OTDR 将探测脉冲注入光纤，在反射光的基础上估计光纤长度。OTDR 测试适用于故障定位，特别是用于确定光缆断开或损坏的位置。OTDR 测试文档对网络诊断和网络扩展提供了重要数据。

7.1.5   布线工程验收

网络布线工程完工后，要由施工方和建设方会同第三方或者监理方对网络布线工程进行验收。

1. 网络布线工程验收的目的

网络布线工程验收的目的是根据网络工程的技术规范和验收依据对竣工工程是否达到设计功能指标进行测试和评判。

网络布线工程验收要考虑以下问题。

（1）网络布线工程验收的项目依网络工程规模来进行。

（2）验收项目要有可实施性。

（3）验收项目可多可少，可繁可简，但基本项目不可缺少。

（4）网络集成之前，应事先考虑验收测试问题。

（5）验收结果（特别是图表、清单）是日后网络管理维护、升级的基础。

（6）网络验收后，仍需定期进行网络测试和文档备案，不断更新验收数据。

（7）验收（日常维护）的工具必不可少。

2. 网络验收的前期准备

在进行网络验收之前，应做好前期准备，例如要确保综合布线（光缆和双绞线）通过了认证测试（有测试报告），确保布线进行了标识，确保设备的连接跳线合格（或经过了测试），同时不要忽视各种跳线的性能。

网络验收的前期准备具体如下。

（1）所有网络关键设备及其应用软件必须全部连接到网络上运行，包括路由器、交换机、服务器、软件等，以避免一些备份设备日后开通对网络的影响。

（2）尽可能将所有网络设备包括备份设备开通运行，确保各个站点对网络的影响（通断、性能等）。

（3）尽可能将所有主机连接上网，测试网络实际承载能力。

（4）准备网络设计的图纸，确认实际网络和设计的对比。

3. 网络规划设计的验收

网络规划设计验收的主要内容包括网络拓扑结构和网络的规划信息。

（1）网络拓扑结构

网络拓扑结构包括：广域网的连接拓扑，各个局域网之间通过 WAN 的连接拓扑，主干网的连接拓扑，主交换设备之间连接，交换机和交换机之间的连接，次交换机及集线器之间的连接，服务器、打印机以及其他网络服务设备的连接，网络站点的连接。

验收的相关文档包括拓扑结构图、布线逻辑图、布线工程图、设备配置图、配线架和信息插座对照表、配线架和交换机/集线器接口对照表等。

（2）网络的规划信息

网络的规划信息指的是 IP 地址规划、域的划分、VLAN 划分等网络设置信息。

验收的相关的文档包括 IP 地址分配表、VLAN 分配表、用户权限表等。

4. 综合布线系统的验收

（1）验收依据的原则

① 综合布线系统工程的验收首先必须以工程合同、设计方案、设计修改变更单为依据。

② 布线链路性能测试应符合《GB 50311—2007 综合布线系统工程设计规范》,并按该规范验收。由于 GB 50312—2007 电气性能指标来源于 EIA/TIA 568B 和 ISO/IEC 11801—2002,电气性能测试验收也可依照 EIA/TIA 568B 和 ISO/IEC 11801—2002 标准进行。

③ 工程竣工验收项目的内容和方法,应按《GB 50312—2007 综合布线工程验收规范》的规定执行。

④ 综合布线工程验收还需符合的其他技术规范参考项目一中的相关标准。

(2) 综合布线验收的项目

综合布线系统的验收项目经归纳汇总整理如表 7-3 所示。在验收中,如发现有些检验项目不合格时,应由主持工程验收的部门单位查明原因,分清责任,提出解决办法,迅速补正,以确保工程质量。

表 7-3 综合布线系统工程验收项目及其内容

序号	工程阶段	验收项目	验收目的	验收项目内容和要求	验收方式	备注
1	施工前准备工作	1. 施工环境条件要求	检查工程环境是否满足安装施工条件和要求	(1) 建筑施工情况,墙面、地面、门、窗、接地装置是否满足要求	施工前检查	不属于工程验收内容但与工程质量有关
				(2) 机房面积、预留孔洞、管槽、电缆竖井(包括交接间)是否齐全		
				(3) 电源是否满足施工要求,管线是否安装妥当		
				(4) 天花板、活动地板是否敷设		
		2. 设备器材质量检查	对设备器材的规格、数量、质量进行核对检测,以保证工程进度和质量			
		3. 防火安全措施和要求	保证施工人员安全和设备器材妥善存放			

续表

序号	工程阶段	验收项目	验收目的	验收项目内容和要求	验收方式	备注
2	设备安装	1. 设备机架的安装	设备机架的安装应符合施工标准规定,以确保工程质量	(1) 通信引出端的规格和位置均应符合用户使用要求,质量可靠	随工序进行检验	属于工程验收内容
				(2) 设备机架的外观整洁,油漆无脱落,标志完整齐全		
				(3) 设备机架安装正确,垂直和水平均符合标准规定		
		2. 通信引出端的安装	通信引出端的位置、数量以及安装质量均满足用户使用要求	(1) 各种附件安装齐全,所有螺丝紧固牢靠,无松动现象		
				(2) 有切实有效的防震加固措施,保证设备安全可靠		
				(3) 接地措施齐备良好		
3	建筑物内电缆光缆的敷设安装	1. 电缆槽道及其他的安装	保证各种线缆敷设安装	(1) 槽道(桥架)等安装位置正确无误,附件齐全配套	随工序进行检验	属于工程验收内容
				(2) 安装牢固可靠,保证质量,符合工艺要求		
				(3) 接地措施齐备良好		
		2. 线缆的敷设和安装	各种线缆敷设和安装均符合标准规定	(1) 各种线缆的规格、长度均符合设计要求		
				(2) 线缆的路由、位置正确,敷设安装操作均符合工艺要求		

序号	工程阶段	验收项目	验收目的	验收项目内容和要求	验收方式	备注
4	建筑物间电缆光缆的敷设安装	1. 架空线缆的安装施工（包括墙壁式敷设）	架空线缆的敷设安装符合标准规定	(1) 电缆、光缆及吊线的规格和质量均符合使用要求	随工序进行检验	属于工程验收内容
				(2) 吊线的装设位置、垂度以及工艺要求均符合标准规定		
				(3) 电缆和光缆挂设工艺要求均符合标准规定		
				(4) 各种线缆的引入安装方式均符合设计要求和标准规定		
				(5) 其他固定线缆的位置（包括墙壁式敷设）均满足工艺要求		
		2. 管道缆线的安装敷设	管道缆线的敷设安装符合标准规定	(1) 占用管道管孔位置合理，线缆走向和布置有序，不影响其他管孔的使用		
				(2) 管道缆线规格和质量符合设计规定		
				(3) 管道缆线的防护措施切实有效，施工质量有一定保证		
		3. 直埋缆线的安装敷设	直埋电缆光缆的敷设安装符合标准规定	(1) 直埋缆线的规格和质量均符合设计规定	隐蔽工程签证	
				(2) 敷设位置、深度和路由均符合设计规定		
				(3) 缆线的保护措施切实有效		
				(4) 回土夯实，无塌陷，不致发生后患，保证工程质量		
		4. 隧道缆线的安装敷设（包括缆沟、渠道）	隧道缆沟的缆线安装敷设符合标准规定	(1) 隧道缆沟所用的缆线规格和质量均符合设计规定		
				(2) 隧道管沟的规格和质量符合工艺要求		
				(3) 隧道管沟的规格和质量符合工艺要求		

续表

序号	工程阶段	验收项目	验收目的	验收项目内容和要求	验收方式	备注
4	建筑物间电缆光缆的敷设安装	5. 其他	符合相关标准规定	(1) 缆线与其他设施的间距或保护措施均符合标准规定		
				(2) 引入房屋部分的缆线安装敷设均符合标准规定		
5	缆线终端	1. 通信引出端 2. 配线模块 3. 光纤接插件 4. 各类跳线	符合相关标准规定	符合施工规范和有关工艺要求	随工序进行检验	属于工程验收内容
6	系统测试	1. 电气性能测试	系统和整体性能符合标准规定	(1) 连接图正确无误，符合标准规定	竣工检验	工程验收的重要内容
				(2) 布线长度满足布线链路性能要求		
				(3) 衰减、近端串音衰减等传输性能测试结果符合标准规定		
				(4) 特殊规定和要求需作检测的项目		
		2. 光纤特性测试	光纤布线链路性能符合标准规定	(1) 多模或单模光纤的类型规格满足设计要求		
				(2) 衰减、回波损耗等测试结果符合标准规定		
		3. 系统接地	符合标准规定	符合设计规定		
7	工程验收	1. 竣工后编制竣工技术文件	满足工程验收要求	(1) 清点、核对和交接设计文件和有关竣工技术资料	竣工检验	工程验收的重要内容
				(2) 查阅分析设计文件和竣工验收技术文件		
		2. 工程验收评价	具体考核和对工程评价	(1) 考核工程质量(包括设计和施工质量)		
				(2) 确认评价验收结果，正确评估工程质量等级		

注：① 在综合布线系统内的各种缆线敷设用的预埋槽道和暗管系统，其验收方式应为隐蔽工程签证。

② 系统测试中的具体内容和验收细节，也可随工序进行检验。

③ 随工序检验和隐蔽工程签证的详细记录，可作为工程验收时的原始资料，提供给确认和评价工程的质量等级时参考。

④ 在工程验收时，如对隐蔽工程有疑问，需要进行重复检查或测试的，应按规定进行。

5. 网络设备的验收

网络设备包括网络互联设备、服务器、UPS 等。

验收的相关的文档包括：设备分类清单、网络互联设备清单、所有设备的全部随机技术资料，使用、管理和诊断手册、产品许可证，所有软件、硬件系统的配置文件，所有设备、器材、软件的明细表。

6. 网络性能分析

网络性能分析主要查看网络性能测试的结果，包括正常运行时网络重点端口的流量测试表、路由器或交换机端口流量趋势图、正常运行时网络协议和繁忙用户的分布统计表、网络的吞吐能力或加载测试报告等。

7. 网络工程验收注意事项

（1）网络验收项目依网络规模来进行。

（2）验收项目要有可实施性。

（3）验收项目可多可少，可繁可简，但基本项目不可缺少。

（4）网络规划（集成）之前，应事先考虑验收测试问题。

（5）验收结果（特别是图表、清单）是日后网络管理、维护、升级的基础。

（6）网络验收后，仍需定期进行网络测试和文档备案，不断更新验收数据。

（7）验收（日常维护）的工具必不可少。

8. 竣工技术文档

为了便于工程验收和今后管理，施工单位应编制工程竣工技术文件，按协议或合同规定的要求，交付所需要的文档。竣工技术文件按下列内容进行编制。

（1）工程说明。

（2）安装工程量。

（3）设备、器材明细表。

（4）竣工图纸。在施工图有少量修改时，可利用原工程设计图更改补充，不需再重作竣工图纸，但在施工中改动较大时，则应另作竣工图纸。

（5）测试记录（宜采用中文表示）。

（6）工程变更、检查记录及施工过程中，需更改设计或采取相关措施，建设、设计、施工等单位之间的双方洽商记录。

（7）随工验收记录。

（8）隐蔽工程签证。

直埋电缆或地下电缆管道等隐蔽工程经工程监理人员认可的签证；设备安装和线缆敷设工序告一段落时，经常驻工地代表或工程监理人员随工检查后的证明等原始记录。

（9）工程决算。

竣工技术文档封面如图 7-8 所示。

工程编号：

竣 工 文 档

类　　别　　　竣工文档

案卷题名　　综合布线系统工程

编制单位

编制日期　　　年　月　日

保管期限

密　　级

图 7-8　竣工技术文档封面

7.2　项目任务

任务：使用 DTX 测试双绞线链路

1. 网络布线系统

根据测试要求,现已安装好的布线系统链路如图 7-9 所示。

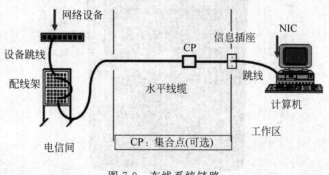

图 7-9　布线系统链路

2. 线缆类型及相关测试参数的设置

在用测试仪测试之前,需要选择测试依据的标准、选择测试链路类型(基本链路、永久链路、信道)、选择线缆类型(3 类、5 类、5e 类、6 类双绞线,还是多模光纤或单模光纤),还需要对测试时的相关参数(如测试极限、NVP、插座配置等)进行设置。

在本任务中,选择 EIA/TIA 标准,测试 UTP CAT 6 永久链路。

3. 测试过程

(1) 连接永久链路及信道适配器。将测试仪主机和远端机连上被测链路,因为永久链路测试,就必须用永久链路适配器连接,如图 7-10 所示为永久链路测试连接方式。

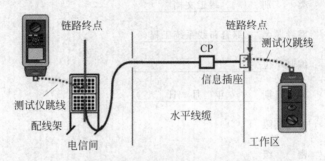

图 7-10　永久链路测试连接方式

(2) 启动 DTX 测试仪。按绿键启动 DTX 测试仪,如图 7-11 所示。

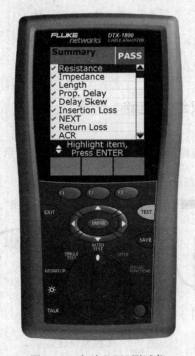

图 7-11　启动 DTX 测试仪

（3）设置双绞线、测试类型和标准，如图 7-12 所示。

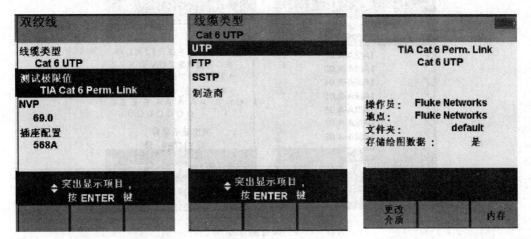

图 7-12   双绞线参数设置

（4）自动测试。将测试仪旋转开关转至 AUTOTEST（自动测试），开启智能远端功能。连接后，按测试仪或智能远端的 TEST 键。测试时，测试仪面板上会显示测试在进行中，若要停止测试，可按 EXIT 键，如图 7-13 所示。

（5）测试结果概要信息如图 7-14 所示。

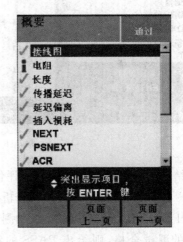

图 7-13   自动测试　　　　　　　　图 7-14   测试结果概要

（6）保存测试结果。测试通过后，按 SAVE 键保存测试结果，结果可保存在内部存储器和 MMC 多媒体卡中，如图 7-15 所示。

（7）故障诊断结果。若测试中出现"失败"时，要进行相应的故障诊断测试，如图 7-16 所示。按 F1 键（故障信息键）可直观显示故障信息并提示解决方法。再启动 HDTDR 和 HDTDX 功能，扫描定位故障。查找故障后，排除故障，重新进行自动测试，直至指标全部通过为止。

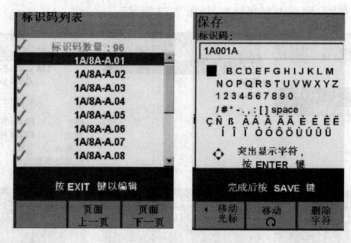

图 7-15　保存测试结果

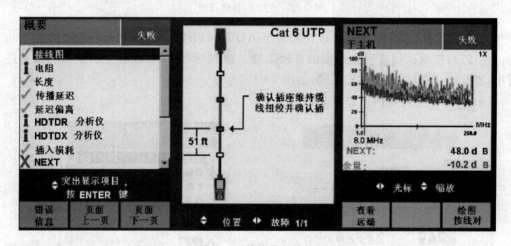

图 7-16　故障诊断结果

（8）结果送管理软件 LinkWare，评估测试报告。通过电缆管理软件生成测试报告后，要组织人员对测试结果进行统计分析，以判定整个综合布线工程质量是否符合设计要求。使用 Fluke LinkWare 软件生成的测试报告中会明确给出每条被测链路的测试结果。如果链路的测试合格，则给出 PASS 的结论。如果链路测试不合格，则给出 FAIL 的结论。

（9）打印输出结果。

4. 故障类型及解决方法

（1）电缆接线图未通过。电缆接线图和长度问题主要包括开路、短路、交叉等几种错误类型。开路、短路在故障点都会有很大的阻抗变化，对这类故障都可以利用 HDTDR 技术来进行定位。故障点会对测试信号造成不同程度的反射，并且不同的故障类型的阻抗变化是不同的，因此测试设备可以通过测试信号相位的变化以及相位的反射时延来判断故障类型和距离。当然定位的准确与否还受设备设定的信号在该链路中的标称传输率

(NVP)值影响。

（2）长度问题。长度未通过的原因可能有：NVP 设置不正确，可用已知长度的好线缆校准 NVP；实际长度超长；设备连线及跨接线的总长过长。

（3）信号衰减。信号的衰减同很多因素有关，如现场的温度、湿度、频率、电缆长度和端接工艺等。在现场测试工程中，在电缆材质合格的前提下，衰减大多与电缆超长有关，通过前面的介绍很容易知道，对于链路超长可以通过 HDTDR 技术进行精确的定位。

（4）近端串扰。产生的原因有：端接工艺不规范，如接头处打开双绞部分超过推荐的 13mm，造成了电缆绞距被破坏；跳线质量差；不良的连接器；线缆性能差；串绕；线缆间过分挤压等。对这类故障可以利用 HDTDX 发现它们的故障位置，无论论它是发生在某个接插件还是某一段链路。

（5）回波损耗。回波损耗是由于链路阻抗不匹配造成的信号反射。产生的原因有：跳线特性阻抗不是 100Ω；线缆线对的绞结被破坏或是有纽绞；连接器不良；线缆和连接器阻抗不恒定；链路上线缆和连接器非同一厂家产品；线缆不是 100Ω 的（例如使用了 120Ω 线缆）等。知道了回波损耗产生的原因是由于阻抗变化引起的信号反射，就可以利用针对这类故障的 HDTDR 技术进行精确定位了。

7.3　知识能力拓展

拓展训练：工程项目测试验收

在老师带领下对某工程施工质量进行现场验收，对技术文档进行审核验收。

1. 现场验收

（1）工作区子系统验收

① 线槽走向、布线是否美观大方，符合规范。

② 信息座是否按规范进行安装。

③ 信息座安装是否做到一样高、平、牢固。

④ 信息面板是否都固定牢靠。

⑤ 标志是否齐全。

（2）水平干线子系统验收

① 槽安装是否符合规范。

② 槽与槽、槽与槽盖是否接合良好。

③ 托架、吊杆是否安装牢靠。

④ 水平干线与垂直干线、工作区交接处是否出现裸线，有没有按规范去做。

⑤ 水平干线槽内的线缆有没有固定。

⑥ 接地是否正确。

（3）垂直干线子系统验收

垂直干线子系统的验收除了类似于水平干线子系统的验收内容外，要检查楼层与楼层之间的洞口是否封闭，以防火灾出现时，成为一个隐患点。线缆是否按间隔要求固定？拐弯线缆是否留有弧度？

（4）管理间、设备间子系统验收

① 检查机柜安装的位置是否正确；规定、型号、外观是否符合要求。

② 跳线制作是否规范，配线面板的接线是否美观整洁。

（5）线缆布放

① 线缆规格、路由是否正确。

② 对线缆的标号是否正确。

③ 线缆拐弯处是否符合规范。

④ 竖井的线槽、线固定是否牢靠。

⑤ 是否存在裸线。

⑥ 竖井层与楼层之间是否采取了防火措施。

（6）架空布线

① 架设竖杆位置是否正确。

② 吊线规格、垂度、高度是否符合要求。

③ 卡挂钩的间隔是否符合要求。

（7）管道布线

① 使用管孔、管孔位置是否合适。

② 线缆规格。

③ 线缆走向路由。

④ 防护设施。

（8）电气测试验收

按本项目中认证测试要求进行。

2. 技术文档验收

（1）FLUKE 的 UTP 认证测试报告（电子文档即可）。

（2）网络拓扑图。

（3）综合布线拓扑图。

（4）信息点分布图。

（5）管线路由图。

（6）机柜布局图及配线架上信息点分布图。

3. 测试验收工具

主要是线缆认证测试分析仪。

项目 **8**

招投标及其相关法规

【项目场景】

A 学校图书馆和教学网络及信息化建设工程,现就 A 校教学网络及信息化建设工程的综合布线系统项目面向社会公开招标。

8.1 知识引入

8.1.1 招标投标法的有关规定

计算机网络工程招标的目的是:以公开、公平、公正的原则和方式,从众多的系统集成商之中选择一个有合格资质、并能为用户提供最佳性能价格比的集成商。

1. 必须招标的项目

我国《招标投标法》规定:在我国境内进行下列工程建设项目包括项目的勘察、设计、施工、监理以及与工程建设有关的重要设备、材料等的采购,必须进行招标。

(1) 大型基础设施、公用事业等关系社会公共利益、公众安全的项目。

(2) 全部或者部分使用国有资金投资或者国家融资的项目。

(3) 使用国际组织或者外国政府贷款、援助资金的项目。

2. 招标方式

招标方式分为公开招标和邀请招标两种。

公开招标是指招标人以招标公告的方式邀请不特定的法人或者其他组织投标。邀请招标是指招标人以投标邀请书的方式邀请特定的法人或者其他组织投标。

招标人采用公开招标方式的,应当发布招标公告。依法必须进行招标的项目的招标公告,应当通过国家指定的报刊、信息网络或者其他媒介发布。招标公告应当载明招标人的名称和地址、招标项目的性质、数量、实施地点和时间以及获取招标文件的办法等事项。

招标人采用邀请招标方式的,应当向三个以上具备承担招标项目的能力、资信良好的特定的法人或者其他组织发出投标邀请书。

招标人可以根据招标项目本身的要求,在招标公告或者投标邀请书中,要求潜在投标人提供有关资质证明文件和业绩情况,并对潜在投标人进行资格审查;国家对投标人的资格条件有规定的,依照其规定。招标人不得以不合理的条件限制或者排斥潜在投标人,不得对潜在投标人实行歧视待遇。

3. 招标文件

招标人应当根据招标项目的特点和需要编制招标文件。招标文件应当包括招标项目的技术要求、对投标人资格审查的标准、投标报价要求和评标标准等所有实质性要求和条件以及拟签订合同的主要条款。

国家对招标项目的技术、标准有规定的,招标人应当按照其规定在招标文件中提出相应要求。

招标项目需要划分标段、确定工期的,招标人应当合理划分标段、确定工期,并在招标文件中载明。

招标文件不得要求或者标明特定的生产供应者以及含有倾向或者排斥潜在投标人的其他内容。

4. 招标的特别规定

招标人不得向他人透露已获取招标文件的潜在投标人的名称、数量以及可能影响公平竞争的有关招标投标的其他情况。招标人设有标底的,标底必须保密。

招标人对已发出的招标文件进行必要的澄清或者修改的,应当在招标文件要求提交投标文件截止时间至少十五日前,以书面形式通知所有招标文件收受人。该澄清或者修改的内容为招标文件的组成部分。

招标人应当确定投标人编制投标文件所需要的合理时间;但是,依法必须进行招标的项目,自招标文件开始发出之日起至投标人提交投标文件截止之日止,最短不得少于二十日。

5. 投标

投标人是响应招标、参加投标竞争的法人或者其他组织。

投标人应当具备承担招标项目的能力;国家有关规定对投标人资格条件或者招标文件对投标人资格条件有规定的,投标人应当具备规定的资格条件。

投标人应当按照招标文件的要求编制投标文件。投标文件应当对招标文件提出的实质性要求和条件做出响应。

投标人应当在招标文件要求提交投标文件的截止时间前,将投标文件送达投标地点。招标人收到投标文件后,应当签收保存,不得开启。投标人少于三个的,招标人应当依照本法重新招标。

投标人在招标文件要求提交投标文件的截止时间前,可以补充、修改或者撤回已提交的投标文件,并书面通知招标人。补充、修改的内容为投标文件的组成部分。

6. 投标的特别规定

投标人不得相互串通投标报价,不得排挤其他投标人的公平竞争,损害招标人或者其他投标人的合法权益。

投标人不得与招标人串通投标,损害国家利益、社会公共利益或者他人的合法权益。

禁止投标人以向招标人或者评标委员会成员行贿的手段谋取中标。

投标人不得以低于成本的报价竞标,也不得以他人名义投标或者以其他方式弄虚作假,骗取中标。

7. 开标

开标应当在招标文件确定的提交投标文件截止时间的同一时间公开进行;开标地点应当为招标文件中预先确定的地点,开标应邀请所有投标人参加。

开标时,由投标人或者其推选的代表检查投标文件的密封情况,也可以由招标人委托的公证机构检查并公证;经确认无误后,由工作人员当众拆封,宣读投标人名称、投标价格和投标文件的其他主要内容。

招标人在招标文件要求提交投标文件的截止时间前收到的所有投标文件,开标时都应当当众予以拆封、宣读。

8. 评标

评标由招标人依法组建的评标委员会负责。

依法必须进行招标的项目,其评标委员会由招标人的代表和有关技术、经济等方面的专家组成,成员人数为五人以上单数,其中技术、经济等方面的专家不得少于成员总数的三分之二。专家应当从事相关领域工作满八年并具有高级职称或者具有同等专业水平,由招标人从国务院有关部门或者省、自治区、直辖市人民政府有关部门提供的专家名册或者招标代理机构的专家库内的相关专业的专家名单中确定;一般招标项目可以采取随机抽取方式,特殊招标项目可以由招标人直接确定。

与投标人有利害关系的人不得进入相关项目的评标委员会;已经进入的应当更换。

评标委员会成员的名单在中标结果确定前应当保密,评标也应在严格保密的情况下进行,任何单位和个人不得非法干预、影响评标的过程和结果。

9. 中标

招标人根据评标委员会提出的书面评标报告和推荐的中标候选人确定中标人。招标人也可以授权评标委员会直接确定中标人。国务院对特定招标项目的评标有特别规定的,从其规定。

中标人的投标应当符合下列条件之一。

(1) 能够最大限度地满足招标文件中规定的各项综合评价标准。

(2) 能够满足招标文件的实质性要求,并且经评审的投标价格最低;但是投标价格低于成本的除外。

中标人确定后,招标人应当向中标人发出中标通知书,并同时将中标结果通知所有未中标的投标人。

中标通知书对招标人和中标人具有法律效力。中标通知书发出后,招标人改变中标结果的,或者中标人放弃中标项目的,应当依法承担法律责任。

10. 签订合同

招标人和中标人应当自中标通知书发出之日起三十日内,按照招标文件和中标人的投标文件订立书面合同。招标人和中标人不得再行订立背离合同实质性内容的其他协议。

招标文件要求中标人提交履约保证金的,中标人应当提交。

8.1.2   系统集成资质

承揽计算机网络工程要求必须有相应的资质条件,不是随便几个人凑在一起就可以承揽计算机网络工程的。我国国家信息产业部已经颁布了《计算机信息系统集成资质管理办法》(试行),并制定了《计算机信息系统集成资质等级评定条件》(试行),规定要承揽网络工程必须具有相应的资质。

1. 《计算机信息系统集成资质管理办法》(试行)介绍

《计算机信息系统集成资质管理办法》(试行)是为适应我国信息化建设和信息产业发展需要,加强计算机信息系统集成市场的规范化管理,保证计算机信息系统工程质量,依据国家有关规定特别制定的。

计算机信息系统集成是指从事计算机应用系统工程和网络系统工程的总体策划、设计、开发、实施、服务及保障。计算机信息系统集成的资质是指从事计算机信息系统集成的综合能力,包括技术水平、管理水平、服务水平、质量保证能力、技术装备、系统建设质量、人员构成与素质、经营业绩、资产状况等要素。凡从事计算机信息系统集成业务的单位,必须经过资质认证并取得《计算机信息系统集成资质证书》。

计算机信息系统集成资质认证由信息产业部设立计算机信息系统集成资质认证管理委员会全面负责。资质认证管理委员会下设:计算机信息系统集成资质认证专家委员会,负责提供技术咨询,参与资质评审;计算机信息系统集成资质认证工作办公室,负责资质认证的日常工作,负责具体组织实施资质认证工作。信息产业部计算机信息系统集成资质认证工作办公室暂设在中国软件评测中心。

计算机信息系统集成资质等级分一、二、三、四级。各级资格应具有的能力分述如下。

一级:具有独立承担国家级、省(部)级、行业级、地(市)级(及其以下)、大、中、小型企业级等各类计算机信息系统建设的能力。

二级:具有独立承担省(部)级、行业级、地(市)级(及其以下)、大、中、小型企业级或合作承担国家级的计算机信息系统建设的能力。

三级:具有独立承担中、小型企业级或合作承担大型企业级(或相当规模)的计算机信息系统建设的能力。

四级:具有独立承担小型企业级或合作承担中型企业级(或相当规模)的计算机信息系统建设的能力。

2. 计算机信息系统集成资质评定条件

(1)一级资质

① 企业近3年完成计算机信息系统工程项目总值2.0亿元以上,并承担过至少1项3000万元以上或至少4项1000万元以上的项目;所完成的系统集成项目中应具有自主开发的软件产品;软件费用(含系统设计费、软件开发费、系统集成费和技术服务费)应占工程项目总值的30%以上(即不低于6000万元);工程按合同要求质量合格,已通过验收并投入实际应用。

② 企业注册资本1200万元以上,近3年的财务状况良好。

③ 企业从事软件开发、系统集成等业务的工程技术人员不少于 100 人,且其中大学本科以上学历的人员所占比例不少于 80%。

④ 企业总经理或负责系统集成工作的副总经理具有 5 年以上从事信息技术领域企业管理工作经历;企业具有已获得信息技术相关专业的高级职称、且从事计算机信息系统集成工作不少于 5 年的技术负责人;企业具有中级职称以上的财务负责人。

⑤ 企业具有较强的综合实力,有先进、完整的软件及系统开发环境和设备,具有较强的技术开发能力。

⑥ 企业已按 ISO 9000 或软件过程能力成熟度模型等标准、规范建立完备的质量保证体系,并能有效地实施。

⑦ 企业具有完备的客户服务体系,并设立专门的机构。

⑧ 企业具有系统的对员工进行新知识、新技术培训的计划,并能有效地组织实施。

⑨ 企业没有出现验收未通过的项目。

⑩ 企业没有触犯知识产权保护等有关法律的行为。

(2) 二级资质

① 企业近 3 年完成计算机信息系统工程项目总值 1.0 亿元以上,并且承担过至少 1 项 1500 万元以上或至少 3 项 800 万元以上的项目;所完成的系统集成项目中应具有自主开发的软件产品;软件费用(含系统设计费、软件开发费、系统集成费和技术服务费)应占工程项目总值的 30% 以上(即不低于 3000 万元);工程按合同要求质量合格,已通过验收并投入实际应用。

② 企业注册资本 500 万元以上,近 3 年的财务状况良好。

③ 企业从事软件开发、系统集成等业务的工程技术人员不少于 50 人,且其中大学本科以上学历的人员所占比例不少于 80%。

④ 企业总经理或负责系统集成工作的副总经理具有 4 年以上从事信息技术领域企业管理工作经历;企业具有已获得信息技术相关专业的高级职称、且从事计算机信息系统集成工作不少于 4 年的技术负责人;企业具有中级职称以上的财务负责人。

⑤ 企业具有先进、完整的软件及系统开发环境和设备,具有较强的技术开发能力。

⑥ 企业已按 ISO 9000 或软件过程能力成熟度模型等标准、规范建立完备的质量保证体系,并能有效地实施。

⑦ 企业具有完备的客户服务体系,并设立专门的机构。

⑧ 企业具有系统的对员工进行新知识、新技术培训的计划,并能有效地组织实施。

⑨ 企业没有出现验收未通过的项目。

⑩ 企业没有触犯知识产权保护等有关法律的行为。

(3) 三级资质

① 企业近 3 年完成计算机信息系统工程项目总值 4000 万元以上;所完成的系统集成项目中应具有自主开发的软件产品;软件费用(含系统设计费、软件开发费、系统集成费和技术服务费)应占工程项目总值的 30% 以上(即不低于 1200 万元);工程按合同要求质量合格,已通过验收并投入实际应用。

② 企业注册资本 100 万元以上,近 3 年的财务状况良好。

③ 企业从事软件开发、系统集成等业务的工程技术人员不少于 20 人,且其中大学本科以上学历的人员所占比例不少于 70%。

④ 企业总经理或负责系统集成工作的副总经理具有 3 年以上从事信息技术领域企业管理工作经历;企业具有已获得信息技术相关专业的中级职称以上或硕士以上、且从事计算机信息系统集成工作不少于 3 年的技术负责人;企业具有助理会计师职称以上的财务负责人。

⑤ 企业具有与所承担项目相适应的软件及系统开发环境和设备,具有一定的技术开发能力。

⑥ 企业已按 ISO 9000 或软件过程能力成熟度模型等标准、规范建立完备的质量保证体系,并能实施。

⑦ 企业具有完备的客户服务体系,并设立专门的机构。

⑧ 企业具有系统的对员工进行新知识、新技术培训的计划,并能有效地组织实施。

⑨ 企业近 3 年内没有出现验收未通过的项目。

⑩ 企业没有触犯知识产权保护等有关法律的行为。

(4) 四级资质

① 企业近 3 年完成计算机信息系统工程项目总值 1000 万元以上;所完成的系统集成项目中应具有自主开发的软件产品;软件费用(含系统设计费、软件开发费、系统集成费和技术服务费)应占工程项目总值的 30% 以上(即不低于 300 万元);工程按合同要求质量合格,已通过验收并投入实际应用。

② 企业注册资本 30 万元以上,近 3 年的财务状况良好。

③ 企业从事软件开发、系统集成等业务的工程技术人员不少于 10 人,且其中大学本科以上学历的人员所占比例不少于 70%。

④ 企业总经理或负责系统集成工作的副总经理具有 2 年以上从事信息技术领域企业管理工作经历;企业具有已获得信息技术相关专业的中级职称以上或硕士以上、且从事计算机信息系统集成工作不少于 2 年的技术负责人;企业具有助理会计师职称以上的财务负责人。

⑤ 企业具有与所承担项目相适应的软件及系统开发环境和设备,具有一定的技术开发能力。

⑥ 企业已建立质量保证体系,并能实施。

⑦ 企业具有完备的客户服务体系,并配备专门人员。

⑧ 企业具有系统的对员工进行新知识、新技术培训的计划,并能有效地组织实施。

⑨ 企业近 3 年内没有出现验收未通过的项目。

⑩ 企业没有触犯知识产权保护等有关法律的行为。

8.1.3　招标和投标的步骤

1. 编制招标文件

招标之前招标人首先要根据招标投标法的有关规定和网络工程建设的实际需要编制招标文件。招标文件的主要内容有网络工程建设的目的、具体的技术要求、对投标人资格审查的标准以及投标报价要求和评标标准等实质性要求和条件,还有拟签合同的主要条款。招标文件可以由网络工程的建设方自己编写,也可以邀请网络工程建设监理公司或其他第三方编写。

2. 发布招标公告

招标人公开发布招标公告或者向各网络工程建设公司发邀标函。其中应明确投标人的条件、招标文件发售时间和价格、投标截止时间及注意事项等内容。

3. 投标单位购买标书

投标人购买标书后,应仔细阅读投标要求和投标须知,在同意并遵循招标文件的各项规定和要求的前提下,提出自己的投标文件。

4. 投标单位制作投标书投标

投标文件应对招标文件的所有要求做出明确的响应,符合招标文件的所有条款、条件和规定。投标人应对项目提出合理的报价,太高的报价很难中标,但低于成本的报价也会被视为废标。

投标文件要包含投标人的各种商务文件,如营业执照、税务登记、企业代码、资质等级证书;已履约的合同和技术文件,如投标方案及其说明等。投标文件应按照招标人的要求密封、装订,按照指定的时间、地点和方式递交,否则投标文件不被接受。

5. 开标和评标

招标人邀集所有投标人在招标文件规定的时间开标,招标人在招标文件要求提交投标文件的截止时间前收到的所有投标文件,开标时都应当当众予以拆封、宣读。

接下来由招标人的代表和有关技术、经济等方面的专家组成人数为五人以上单数的评标委员会,其中技术、经济等方面的专家不得少于成员总数的三分之二,对所有投标文件进行评标。评标委员会以书面评标报告向招标人推荐中标候选人或者直接确定中标人。

6. 中标通知

招标人向投标人发出书面中标通知,还要通知所有未中标的投标人。

8.1.4　招标和投标过程中相关文档的编写

投标人将招标文件的内容作为网络工程设计的重要依据,因此,招标文件应详细说明网络工程项目的具体情况以及建设要求,并明确说明投标的要求以及投标文件的内容要求。

1. 招标公告

招标公告的目的是通知符合要求的投标人前来投标,因此,它应说明对投标人的要求以及招标过程的有关要求。下面是一个招标公告的示例。

1) 封面

××网络工程系统招标

招标编号:ABDC012049ZH067

2) 内容

××招标中心受××委托,对××网络工程系统进行国内招标采购[编号:

ABDC012049ZH067]。现邀请合格的投标人提交密封投标。

（1）网络工程：综合布线及网络机房工程系统（详细内容请参阅招标文件中的相关内容）。

（2）合格投标人基本条件。

① 投标人必须具有建设部颁发专项工程设计证书（证书等级：甲级；业务范围：智能建筑（系统集成，其中消防子系统除外））。

② 投标人必须具有省公安厅安全技术防范管理办公室颁发安全技术防范工程之设计、施工、维修资质（资质等级：壹级；资格范围：安全技术防范工程设计、施工、维修）。

③ 投标人必须具有省级及以上人民政府建设行政主管部门颁发建筑智能化工程专业承包贰级及以上。

④ 投标人必须是中国境内注册的独立法人，并在本省注册设有分公司一年以上的公司，还须具有 ISO 9001 质量认证体系证书。企业法人营业执照：注册资本 1000 万元人民币及以上。

⑤ 投标人必须具有至少 3 个 500 万元以上的相关类似工程案例（其中 1 个在省内，附合同及工程验收报告复印件（验原件））。

⑥ 投标人还必须具有本省公安厅消防局颁发的"自动消防系统工程设计、施工资格证"。此项接受联合投标，但联合体不得超过两家。

（3）招标文件售价：200 元人民币；图纸售价：300 元人民币（售后不退）。

（4）报名及发售招标文件时间：2014 年 3 月 25 日—4 月 12 日每天上午 9:00—11:30，下午 2:30—5:00（北京时间，节假日除外）。

（5）报名注意事项：请携带企业营业执照复印件及法人代表授权书（介绍信）。

（6）投标截止时间及开标时间：2014 年 4 月 14 日上午 8:30。

（7）投标保证金：投标人应提交一份贰拾万元人民币投标保证金，投标保证金是投标文件的组成部分。

（8）售标地点及招标代理机构地点。

招标代理机构：××招标中心

地点：××××

联系人：×××

电话：×××××××

传真：××××××××

E-mail：×××@×××.com

有效期：××××年××月××日

2. 招标文件

招标文件应说明网络工程建设的具体要求，包括招标的目的、需要采购的内容及质量要求、对投标人的要求、付款方式、对售后服务的要求、投标注意事项等。以下是一个招标文件实例，通过实例可以了解招标文件的具体内容和编写方法。招标文件的内容如下。

1）封面

××网络工程招标文件

编号：ABCD20140125

采购项目：网络工程

招标单位（盖章）

××××年××月××日

2）投标须知

（1）招标目的

此次招标的目的是建成先进、实用、可靠、高效、安全的信息网络系统，为学校教学和管理服务。功能上满足数据、语音、实时视频会议的传输要求，采用结构化布线系统实现计算机设备和通信设备与外部通信网的互联，为计算机信息网络提供一套先进的布线系统，实现计算机数据、图形、图像、语音、传感等信息传输，能够满足未来高速信息传输的要求。主要目的是实现学校综合信息管理，为学校的进一步发展提供良好的基础和管理平台。

（2）采购内容

本次招标含：多媒体计算机教室网络系统、中心机房网络系统、多功能演讲厅网络系统、行政办公网络系统（详见附件一"招标项目及要求"）。

（3）采购项目质量要求

① 总体应具有一定的可升级性和前瞻性，保证网上多路视频信号传输流畅，系统工作稳定可靠。

② 本招标书中的设备应为国际、国内知名品牌。布线系统产品需采用经过信息产业部测试的国际、国内知名品牌，需提供厂家产品合格证书、厂家的质量保证授权和系统工程师证明。布线系统原则上质保 15 年，质保证明由厂家出具。

③ 设备的各项要求（品牌、型号、配置）应与中标单位签订合同中条款为准，不得擅自更改。所有的设备到达现场应有完整的包装，随机技术、服务性资料和软件齐全。

④ 工程所用材料符合技术监督部门质量认证。

（4）对投标人的要求

① 注册资金超过叁拾万元人民币、具有设计、施工网络工程及提供相关材料的能力。

② 投标人必须能提供我方要求的售后服务。

③ 有丰富的校园网设计、系统集成与施工经验，并具有相应的认证资格。

④ 有软件开发和售后技术支持及培训服务能力。

⑤ 提供的品牌在社会上有知名度。

⑥ 根据本招标文件提出技术建议书和报价，必须保证设计、施工的合理与完整性。

⑦ 投标人必须遵循有关的法律和招标条例。

（5）工程款支付方式

全部设备进场后经业主清点后支付货款的 30%；在施工完毕，经业主聘请专家组验收合格并签署合格意见书后支付付款达 30%；系统正常运行满一个月支付货款的 30%；余款作为工程质量保证金，正常运转满一年付清。中标人必须开具有效的正式发票。

（6）附属产品提供及售后服务

投标人应按有关规定承诺对业主提供附属产品、售后服务具体措施及保修期限有关文字说明。

3）招标文件的解释

（1）投标人在收到招标文件后，应检查页数是否齐全，如有遗漏，应立即通知采购中心补齐。

（2）投标人对招标文件内容理解有不清楚之处，请在购买招标文件时马上咨询。如采购中心认为有必要，将以招标文件补充文件形式通知所有投标人。招标补充文件为招标文件的组成部分。如文件内容有矛盾，以日期在后的文件为准。

4）中标人的认可

（1）投标人一旦递交投标书，将被视为已经充分理解招标文件的全部内容。

（2）投标人一旦中标，投标书中所承诺的内容，即成为购销双方签订合同的组成部分，不得以任何理由提出附加条件。投标人与任何人口头协议均不影响投标文件的条款和内容。

5）投标文件要求

（1）投标文件应包括的内容如下。

① 投标文件封面、投标意见书

② 投标方案

③ 投标文件说明

（2）投标人应按照投标文件的格式填写，如有修改，修改处应由投标人加盖公章。

（3）投标价格包括校园网投标报价为整体工程一次性报价，包括设备、配套件、原材料、制造商、管理、运杂及施工费用。

（4）投标文件必须于××××年××月××日×时前密封后送（邮）达采购中心（一式五份）。

（5）由于不可抗拒的影响，本中心对投标文件的损坏、遗失不负任何责任。

6）开标和评标

（1）本中心定于××××年××月××日上午×时在××地准时公开开标，迟到即视为自动弃权。

（2）投标人应提交企业法人生产许可证副本或营业执照副本、施工许可证、法定代表人身份证，由法定代表人亲自参加开标和签订购销合同。如法定代表人不能参加可委托他人代理，应提交法定代表人授权委托书，并持代理人身份证及法定代表人复印件参加。

（3）采购中心将成立专门的评标小组，对所有的投标文件进行公正、合理的评审。

（4）本次采取公开招标，一次性报价，密封投标，现场公开开标，根据投标人报价、企业的实力、售后服务等因素进行综合评标，以此确定考察单位，经考察后确定中标单位。

7）合同签订条件

（1）中标人的法定代表人或代理人，必须按要求与本中心签订购销合同。合同由采购中心提供。不按时签订购销合同者，视为自动放弃中标权利，本中心将与综合得分次之者签订。

（2）我方将组织人员对中标单位进行考察，若发现实际情况与投标书所述不一致，我方将取消其中标资格。

（3）有下列情况之一者，采购中心有权取消中标人的中标资格，并不退还投标保证金。

① 中标人未按招标文件规定的时间、地点签订购销合同。

② 中标人不按已为双方确定的招、投标文件中的有关条款或拒绝签订购销合同。

（4）所有投标人不得相互串通，哄抬报价。如有发现，采购中心有权宣布投标无效。

8）投标费用

投标人购买招标文件、编制和递交投标文件的全部费用由投标人自行承担。

9）投标保证金

（1）投标人在购买招标书时，向本中心递交壹万元人民币作为投标保证金。

（2）未中标者，本中心将无息退还。

（3）中标人在工程验收合格后三日内无息退还。

10）本投标须知未尽事宜，由本中心负责解释

联系人：×××

电话：0123-1234567　　传真：0123-1234567

3. 招标项目及要求

招标项目及要求要明确说明网络工程项目的建设内容及要求，作为投标人制作投标方案的依据，应包括如下例所示的内容。

1）工程名称

××学校教学网络及信息化建设工程。

2）系统构成及功能与应用

（1）多媒体计算机教室网络系统

① 系统功能与应用

- 具有一般多媒体计算机教师的教学功能：声音广播、屏幕广播、屏幕监控、远程控制、视频点播、黑屏肃静、语音对讲、分组讨论、电子白板、文件传输、作业提交、电子抢答、电子举手、语音跟读、网上消息、课件管理、课程管理、座位管理、远程重启、远程关机等。
- 满足多层次的培训对象和培训内容的需要，如计算机、电子政务等。
- 实现与 X 地分校连接的远程在线考试及本地各种在线考试。

② 多媒体计算机教室网络系统设备清单（略）

（2）中心机房网络系统

① 系统功能与应用

- 实现与 CERNET 宽带连接。
- 校园网络的管理中心和控制中心。

② 中心机房设备清单（略）

（3）多功能演讲厅网络系统

① 系统功能与应用

- 应用各类电子课件、演示文稿完成教学、会议、演讲等。
- 具有连接 Internet 和校园网服务器功能。
- 实时和非实时的远程教学。

• 播放 DVD、VCD、CD 光碟。

② 多功能演讲厅设备清单(略)

(4) 行政办公网络系统

① 系统功能与应用：通过楼层交换机将不同楼层的计算机连接起来,建立起基本的办公网络,指定的信息点能实现与 CERNET 的连接。

② 行政办公网络系统设备清单：略。

3) 工程进度要求

××××年××月(由业主通知)初期设备进场,一个月内完成整个工程,整个系统在竣工一个月后组织专家组验收。

4) 其他说明

(1) 多媒体计算机教室面积约 $100m^2$,中心机房面积约 $50m^2$,多功能演讲厅约 $200m^2$,网络线、水晶头、PVC 管、电源线、电源插座、电源插板等辅助材料费、人工费照实计算。

(2) 投标时需提供详细的网络工程及所有设备的售后服务保证书。

(3) 投标时应根据我校信息化建设实施方案中的具体要求,提供详细的网络工程解决方案(含设计方案、工程施工图等)。

技术联系人：×××   TEL：0123-1234567,1234567

×××TEL：0123-1234567

4. 投标文件

投标文件应包括投标意见书、法定代表人授权书、投标方的相关资料以及投标方案。

(1) 投标意见书格式

××中心：

本单位全面研究了你中心关于××项目的招标文件(ABCD20140125,网络工程)和招标补充文件(×××)。本单位同意并将遵从招标文件的有关规定,承担本单位的全部责任和义务。

① 工程所用材料的质量要求和相关资料

按质检部门的有关规定承诺对工程所用材料达到质量等级,以及相关资料的提供。

② 完工期限

明确工程完工期限,同时明确违约责任。

③ 工程款的支付方式

明确要求工程验收、交付使用后工程款的支付方式。

④ 附属产品提供及售后服务问题的处理

明确附属产品提供及售后服务问题处理的具体措施。

⑤ 投标保证金

如果我单位中标后单方面要求更改招标文件和招标补充文件的内容、修改投标项目、撤回投标文件、拖延或拒绝签订购销合同,则由你中心单方面取消我单位的中标资格,同时,投标保证金不予退还。

投标人（盖章）：　　　　　　法人代表（盖章）：

联系人（盖章）：　　　　　　地址（邮政编码）：

电 话：传 真：

日期：××××年××月××日

（2）法定代表人授权书格式

兹委托我单位_____为法人授权代表，参加××中心组织的网络系统工程招标活动，并全权代表我单位处理投标活动中的一切事宜，在招标活动中以我单位名义签署的一切文书我单位均予认可。

委托期限：××××年××月××日至××××年××月××日

法人代表（签章）：

日期：××××年××月××日

投标人（盖章）：

附法人授权代表情况：

姓名：　　　　　　性别：

年龄：　　　　　　职务：

身份证号码：

详细通讯地址：

电话：　　　　　　　　　传真：

（3）投标人应具备的资料

① 营业执照副本、税务登记证复印件并携带原件。可提供网络设计和施工许可证复印件并携带原件。

② 法定代表人身份证复印件一份。若法定代表人不能参加开标需委托他人代理的，还应提交法定代表人授权代表委托书、代理人身份证复印件一份。

③ 经有关部门审核的年终财务报表（资产负债表和损益表）。

④ ××品牌网络设备经营许可证。

⑤ 工程所用其他材料的经营许可证。

⑥ 曾做过的相关工程的说明文件。

⑦ 能体现投标人信誉实力的其他文件。

（4）投标方案

① 投标总报价（大写）。

② 投标报价的构成及用材（按照"招标项目及要求"中的每部分设备清单标明品牌、规格及型号等）。

③ 施工图（含拓扑结构图）。

④ 售后服务。

⑤ 其他说明。

以上材料均需装订成册。

（5）合同

开标后，招标方应与中标方签订合同，以便正式开始网络工程施工。合同应包括以下内容。

　　甲方：网络工程的建设方

　　乙方：中标方

　　甲乙双方根据××中心招标情况就甲方网络工程签订如下协议。

　　工程名称：

　　① 材料的规格、型号数量、单价及计量单位

　　② 材料的技术要求(含质量要求)

　　③ 工程进度

　　④ 合同标的(工程的总价款)

　　⑤ 工程款支付方式：同城转账、异地电汇。中标人必须开具有效的正式发票

　　⑥ 用材的运输方式

　　⑦ 验收办法

　　⑧ 结算方式

　　⑨ 违约责任

　　⑩ 纠纷解决办法

　　⑪ 乙方向××中心的投标文件是本合同的组成部分,具有同等的法律效力

　　⑫ 合同一式两份,甲乙双方各一份

　　甲方　　　　　　　　　　乙方

　　单位名称：　　　　　　　单位名称：

　　单位地址：　　　　　　　单位地址：

　　邮编：　　　　　　　　　邮编：

　　代表签字：　　　　　　　代表签字：

　　电话：　　　　　　　　　电话：

　　传真：　　　　　　　　　传真：

　　开户行：　　　　　　　　开户行：

　　银行账号：　　　　　　　银行账号：

　　××××年××月××日

8.2　项目任务

任务：编写某高校图书馆综合布线系统项目招标书

图书馆综合布线系统项目招标书

招标编号：ZNFX08091010

　　为满足教学发展的需要,我校正在建设一个智能化图书馆,现就图书馆的综合布线系统项目面向社会公开招标,欢迎前来投标。

　　一、综合布线建设需求情况

　　1. 综合布线系统包括：有线网络系统布线点数 593 个,无线网络系统布线点数

25 个，VoIP 语音网络系统布线点数 99 个，监控安防系统布线点数 11 个，背景音乐系统布线点数 175 个，有线电视内部面线点数 112 个，由参加投标单位负责施工。详见附件。

2. 有线网络设备和背景音乐系统设备供货，详细配置请见附件要求。

3. 机房 UPS 电源、防雷及接地系统，详见附件要求。

4. 弱电线槽：按我校提供的点位图自行设计出规范与科学的具体路径，并安装（含墙壁内暗埋管道）和布线施工。

5. 综合布线系统所有线路均使用线槽、线管安装。

6. 技术方案：依照学校提供现有的图纸进行施工，同时参加投标的单位自行考察施工现场，并对结果负责。

7. 中标单位负责协助图书馆信息发布系统和安防系统中标单位的施工。

二、投标人资质要求

1. 投标人必须是具有国家信息产业部颁发的计算机信息系统集成三级以上（含三级）或建筑智能化工程专业承包资质三级以上（含三级）资质。

2. 所投标的产品在武汉市有常年售后服务机构和专业维修人员。

3. 投标人必须持有有效的产品技术标准、产品质量证书和产品检测报告，凡属于国家强制性产品认证目录内的产品须通过 3C 认证。

三、投标事项

1. 招标文件的发售：有意向的投标人可以在 2014 年 3 月 6 日前携带相关资格证明材料（营业执照副本、税务登记证副本、组织机构代码证副本及业绩证明材料）原件或加盖公章的复印件到我校资产处进行报名后购买招标文件，招标文件售价人民币 300 元/套，售后不退。

2. 招标文件的答疑：投标人对招标文件有任何疑问，可以书面形式或电话形式与我校资产处沟通，不另设答疑会。

3. 投标文件的递交：投标人应于 2014 年 3 月 12 日 16:30 前将五份密封的投标文件递交到学校。

4. 开标时间和地点：由我校相关部门另行通知。

四、投标文件的编写

投标方应认真编写招标文件所要求提供的文件资料，并按照招标文件所要求的投标文件格式进行编写。

1. 投标书目录（此页面须用黑体字打印，标书请按下列顺序装订，且必须打印页码）。

2. 投标函。

3. 投标方委托人授权书和有效证明。

4. 采用分项报价方式，明确注明各种料费、工费、税金等等的价格。同时提供分项投标产品明细材料清单，注明产品名称、品牌、规格型号、产地、数量、单价、合计。

5. 请在我校所给图纸基础上设计施工，并给出综合布线施工方案、隐蔽工程的节点图和结构拓扑图。

6. 投标方的工商营业执照、税务登记证书件及相关资质复印件及投标人近三年在武汉地区的经营业绩。

7. 投标方认为有必要提供的其他技术资料。

8. 详尽的、切实可行的质保、售后服务承诺书。

以上文件均应采取"A4统一纸型"打印,且所提供的资质证明材料均加盖单位公章。

五、付款方式

安装调试结束后由学校相关部门等部门进行设备的签收。签收通过后,支付合同总价款的50%;签收,试运行三个月情况良好,正式验收后支付合同总价款的40%;合同总价的10%留作质量保证金,质保期满一年后,设备性能符合技术标准要求,且售后服务良好方可支付质量保证金。

六、开标、评标

开标、评标由招标方邀请的专家组成评标小组,按照招标方制定的评分方法进行评分计分,当众启封投标文件,确认有效投标文件;评标小组对投标方进行资格审查,对投标书的内容进行评定。

七、其他

1. 投标人务必认真阅读招标书的全部内容,严格按招标书所载明的内容和格式要求编制投标书,投标书出现与招标书相背离的,评标时均酌情扣分。投标方的投标文件经招标方开标后不予退还。

2. 联系电话:

资产处:0731-1234567(fax)　　联系人:刘老师

A大学南校区

2014年2月22日

参 考 文 献

[1] 邓文达,邓宁,等.网络工程与综合布线[M].北京:清华大学出版社,2009.

[2] 余明辉,陈兵,等.综合布线技术与工程[M].北京:高等教育出版社,2008.

[3] 裴有柱,李怡然,等.网络综合布线案例教程[M].北京:机械工业出版社出版,2008.

[4] 信息产业部.综合布线系统工程设计规范(GB 50311—2007)[S].北京:中国计划出版社,2007.

[5] 信息产业部.综合布线工程验收规范(GB 50312—2007)[S].北京:中国计划出版社,2007.

[6] 邓文达,雷军环.网络工程设计的需求分析[J].长沙通信职业技术学院学报,2004(12).

[7] 李立高.通信工程概预算[M].北京:北京邮电大学出版社,2010.

[8] 张云杰,张艳明.AutoCAD 2010 基础教程[M].北京:清华大学出版社,2010.